拆解科学系列

生物笔记（下）

［英］海伦·皮尔彻 著

燕子 译

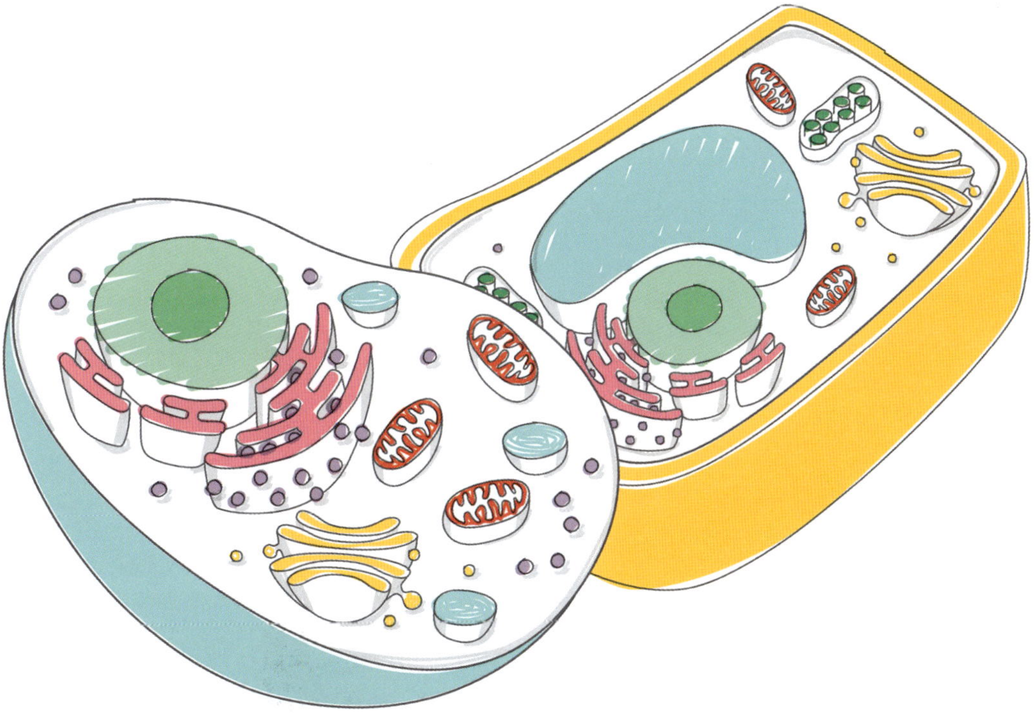

中国大百科全书出版社

Original Title: Barron's Visual Learning: Biology
Copyright © UniPress Books Limited 2021
The simplified Chinese translation rights arranged through Rightol Media
（本书中文简体版权经由锐拓传媒旗下小锐取得）

北京市版权登记号：图字 01-2022-6196

图书在版编目（CIP）数据

生物笔记. 下/(英)海伦·皮尔彻著；燕子译
. --北京：中国大百科全书出版社，2023.2
（拆解科学系列）
ISBN 978-7-5202-1268-7

Ⅰ. ①生… Ⅱ. ①海… ②燕… Ⅲ. ①生物-少儿读
物 Ⅳ. ①Q-49

中国版本图书馆CIP数据核字(2022)第240708号

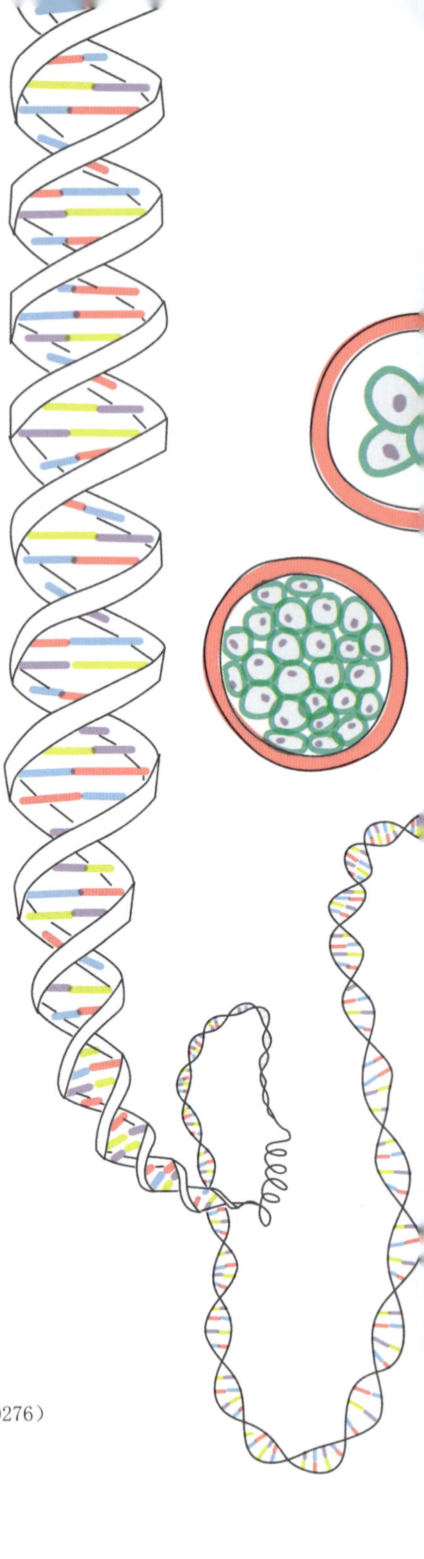

拆解科学系列：生物笔记（下）

出 版 人：刘祚臣
策 划 人：海艳娟　赵　鑫
责任编辑：赵　鑫
专业审核：季永然
特约编审：朱菱艳
美术编辑：郑若琪
责任印制：邹景峰
出版发行：中国大百科全书出版社有限公司
（北京市阜成门北大街17号　邮编：100037　电话：010-88390276）
印　　刷：北京瑞禾彩色印刷有限公司
开　　本：787毫米×1092毫米　1/16
印　　张：6.5
版　　次：2023年2月第1版　2023年8月第3次印刷
字　　数：190千
书　　号：ISBN 978-7-5202-1268-7
定　　价：98.00元（上、下）

目录

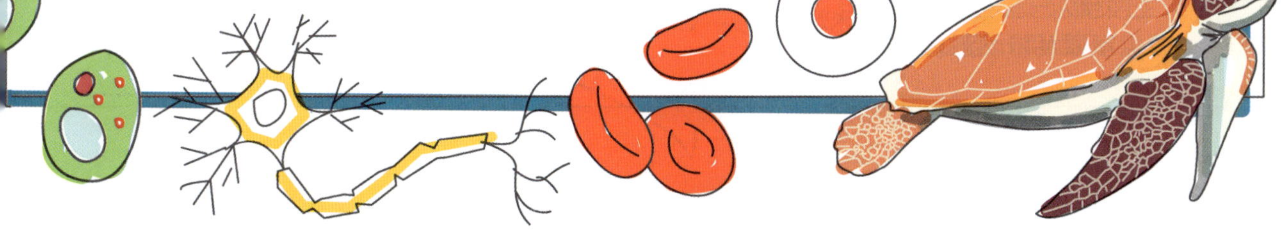

第六章

新陈代谢

构成生物体的细胞时时刻刻都在繁忙地进行各种各样的化学反应，这些成千上万的化学反应至关重要。新陈代谢就是用来描述所有这些发生在生物体内部的化学反应的术语。这些化学反应受一种称为酶的蛋白质控制。许多新陈代谢反应对于不同生物群体是相通的，例如支撑能量生成的反应；但另外一些反应是特定的，例如只有植物、藻类和某些细菌会发生光合作用。在本章里，你将了解到很多新陈代谢反应，这些反应决定着生物的生存与发展。

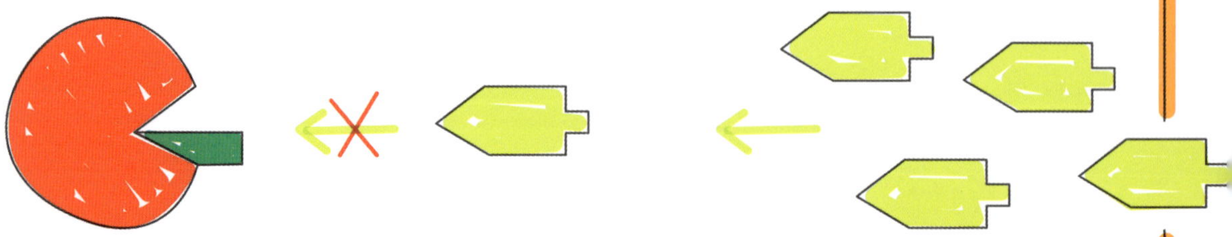

化学反应和代谢途径

细胞的世界格外繁忙。为了使它们正常工作，每时每刻都有许多不同的化学反应发生。通常多项单个化学反应聚合在一起，形成更大规模的反应。

当化学反应聚合在一起时，更加复杂的化学反应途径就形成了。称为“**酶**”的蛋白质在这些途径中控制着反应的各个进程。

复杂的化学反应途径

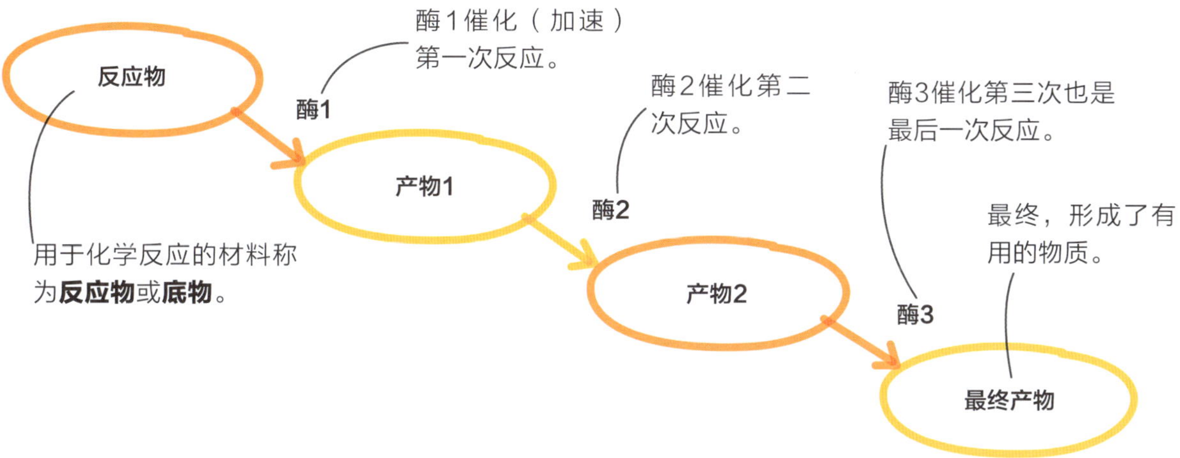

分解代谢反应

新陈代谢反应形式可以是分解代谢，也可以是合成代谢。**分解代谢反应**把大分子分解成各种小分子，并释放能量。呼吸作用就是分解代谢葡萄糖的过程。多余的蛋白质也被分解并代谢，产生尿素，随尿液排出体外。

合成代谢反应是把小分子聚合成大分子，这需要能量。光合作用就是合成代谢反应的一种方式。葡萄糖分子聚合在一起形成淀粉、纤维素等碳水化合物，这是另外一种合成代谢反应。

合成代谢反应又称**生物合成反应**，因为这有助于形成生物学上有用的分子。例如，细胞把葡萄糖和硝酸盐离子合成氨基酸，用来生成蛋白质。蛋白质有着重要的生物学意义，它帮助细胞之间传递信息，并控制细胞内的反应。

合成代谢反应

酶

酶是生物**催化剂**。这意味着酶可加速化学反应，但它们本身不会因这些反应而有所改变。酶有成千上万种，每种酶作用于不同的反应物。酶是一种有着精准三维结构的蛋白质分子，其构造极复杂，这使反应物小分子能够附着在其上面。

酶促反应的锁钥模型描述了酶如何与它的反应物相互作用而发生化学反应。

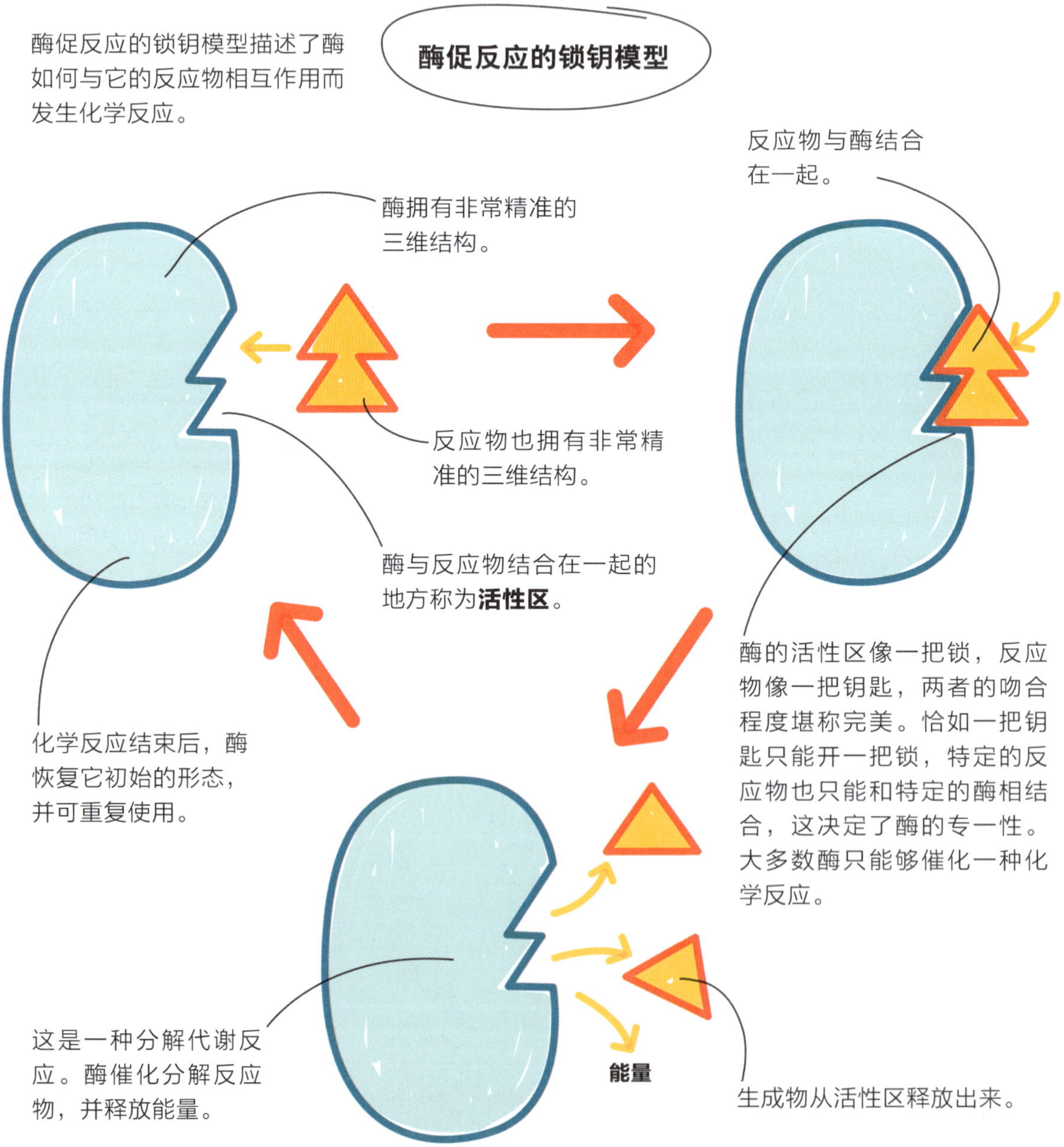

影响新陈代谢速度的因素

通常情况下，新陈代谢反应的速度不尽相同，受多种不同因素的影响，反应物浓度是其中之一。

当反应物分子的数量增加时，即有更多的“钥匙”要来“开锁”，这会加快反应速度，但这仅在饱和点以前。

当所有的活性区都被占用后，就没有更多的“锁”来匹配“钥匙”了，这称为酶的**饱和**。在饱和点上，在酶中加入再多的反应物也不会影响反应速度。

反应物浓度的影响

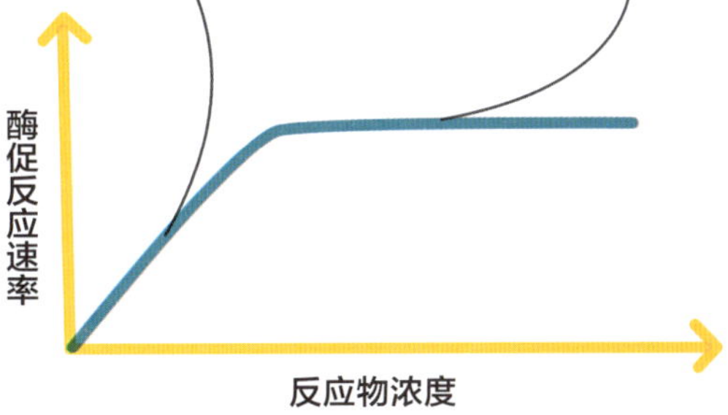

温度对新陈代谢反应速度也有影响。

当温度升高时，反应速度加快。

每个反应都有一个**最佳温度**。达到这个最佳温度时，反应速度最快。

温度的影响

超过最佳温度，反应速度就会降低。这是因为过高的温度会使活性区的形态发生变化，使反应物不能与活性区结合在一起，导致反应速度降低或反应停止。此时称为**酶的变性**。

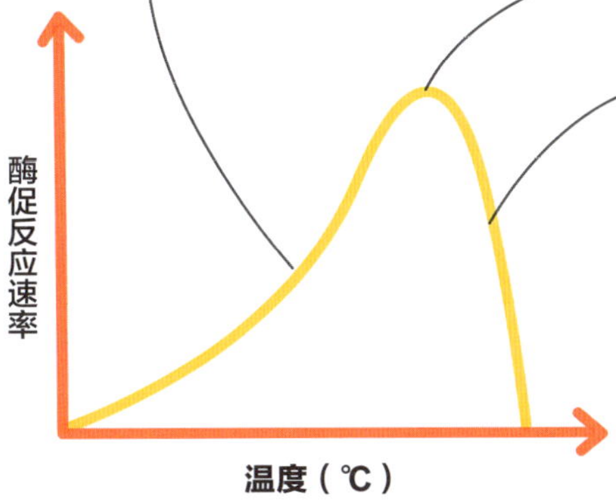

酶还会受到周围环境**酸碱度（pH值）**的影响。酸碱度是用来衡量物质酸性或碱性的程度。每种酶都有发挥最佳作用的特定的或最理想的酸碱度，这受酶反应发生地的影响。

酸碱度（pH值）的影响

在胃里，酶的最佳反应环境为酸性状态。

在大多数人类细胞中，酶最佳的工作条件是中性酸碱度环境（pH值为7左右）。

如果酸碱度偏离最佳值太多，反应速度就会降低。这是因为活性区的形态发生了变化，反应物不能与酶结合在一起，酶再次发生了变性。

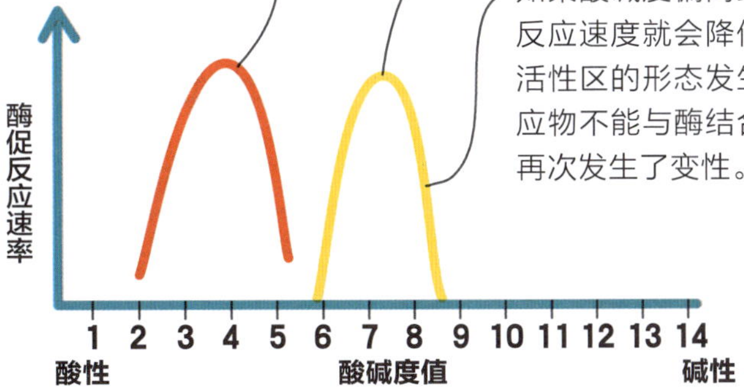

新陈代谢速率

一个生物体的新陈代谢速率是指它在特定时间内（通常是24小时）所消耗的能量，使用焦耳（J）、卡路里（cal）或大卡（kcal）等单位进行测量。1大卡等于1000卡路里或约等于4200焦耳。

新陈代谢速率取决于活动。当一个生物体休息或睡觉时，新陈代谢速率就会较低，这称为**基础代谢率**。在此期间，生物体需要的能量也相对较少，仅仅有用来保持心脏、肺和大脑等重要器官正常工作的能量即可。

食物中的能量（焦耳每克）=水的质量（克）x温度上升幅度（摄氏度）x 4.2 / 食物的质量（克）

如果燃烧1克的食物，10立方厘米水的温度上升15摄氏度，10立方厘米水的质量是10克，那么食物含有的能量=10 x15 x4.2/1，即630焦耳每克。

测量新陈代谢速率

新陈代谢速率可以用不同的方法测量，包括耗氧量、二氧化碳生成量和产生的热量。

热量计是用来测量新陈代谢速率的仪器，实验室专用的精确热量计可用来测算食物中的能量。下图展示的是一套简易热量计装置。

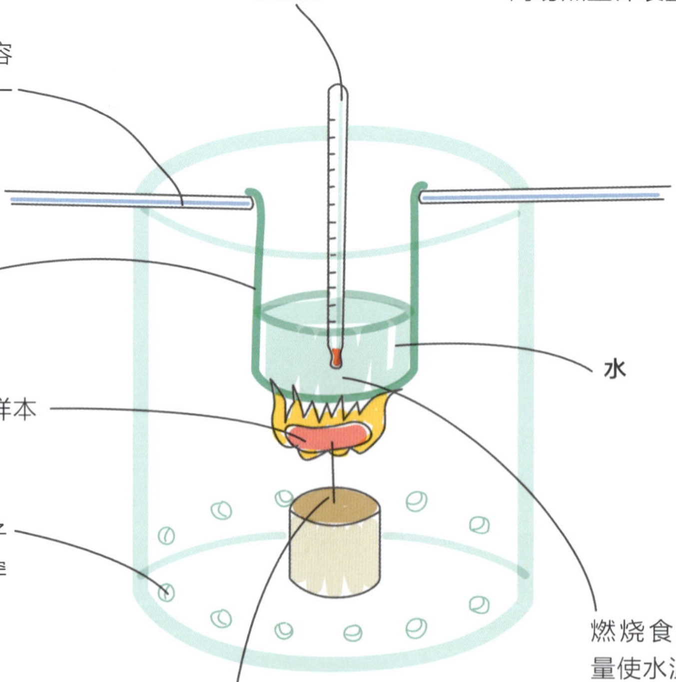

能量的需求

不同生物和不同个体之间的能量需求及新陈代谢速率各不相同。

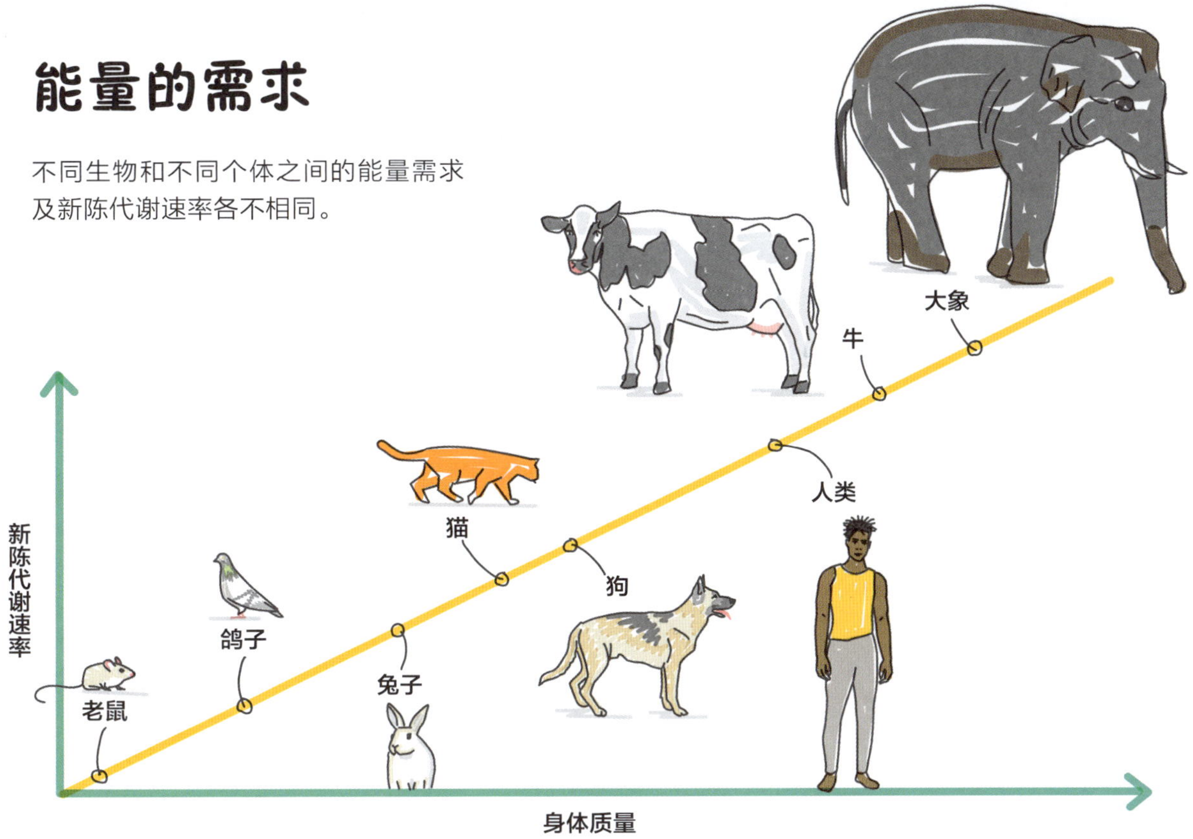

一般来说，质量大的生物比质量小的生物新陈代谢速率高，例如，大象的新陈代谢速率比老鼠高。这很容易理解，因为体形大的动物有更多的细胞，身体需要为这些细胞提供更多的能量。可以说，体形的大小与新陈代谢速率成正比。

新陈代谢速率较高的动物需要它们的身体高效地向细胞输送氧。就新陈代谢速率而言，鸟类和哺乳动物比爬行动物及两栖动物高，而爬行动物和两栖动物又高于鱼类。它们身体的解剖学研究证明了这一点。

心脏构造反映代谢速度

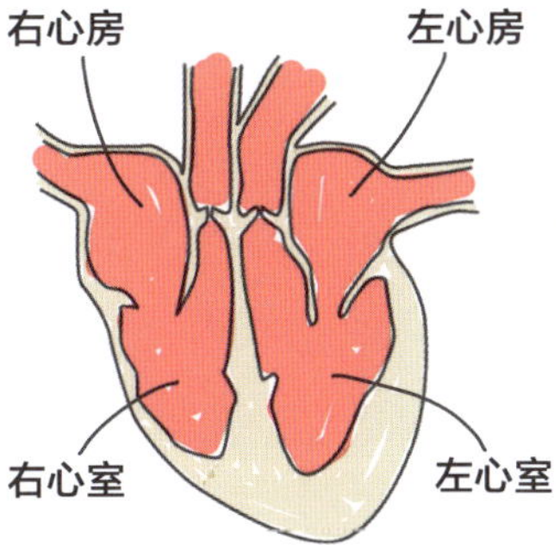

哺乳动物和鸟类都拥有四腔心脏和复杂的血液循环系统，这套系统的功能是分离充氧血液和缺氧血液。

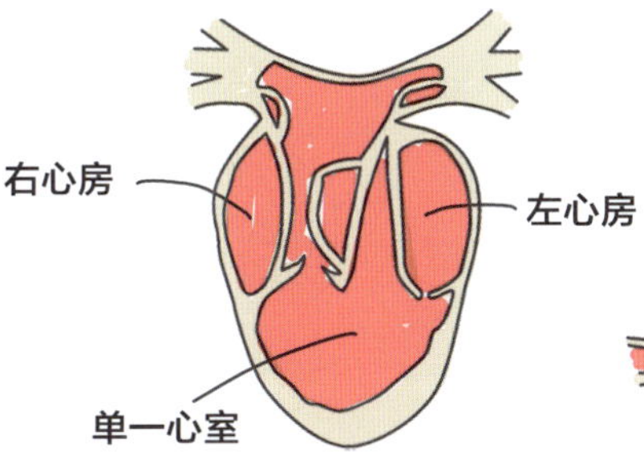

两栖动物和多数爬行动物有三腔心脏，这限制了充氧血液与缺氧血液的交换。

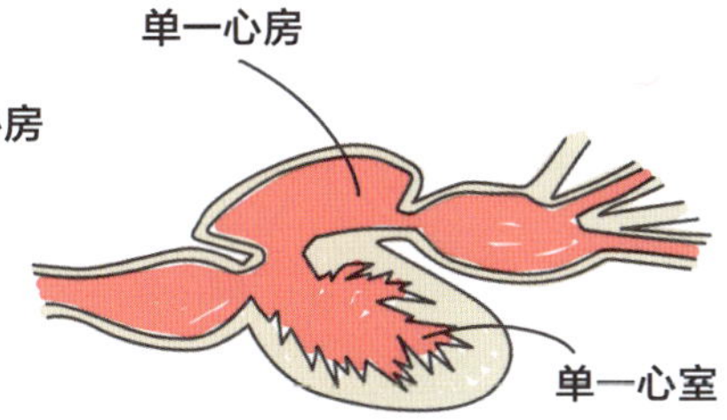

鱼类有两腔心脏，它可以把缺氧血液输送到鳃部，在那里转换成充氧血液，之后传送到身体的其他部位。

新陈代谢的调控

名为**抑制剂**的分子可以阻止酶的作用，进而影响新陈代谢。药品生产商经常使用这类分子制造新药。

生物体内有许多天然的酶抑制剂，而许多人工合成的药物也可以发挥同样的作用。

抗生素是由微生物产生的具有杀灭细菌或抑制细菌生长的化合物及其衍生物。例如，青霉素通过堵塞细菌生成细胞壁的酶活性区，造成其细胞壁缺损，进而杀死细菌。

有些毒素，如沙林、水银和氰化物也是酶抑制剂。沙林可附着在一种叫作乙酰胆碱酯酶的活性部位并阻断它，这种酶能控制神经细胞的工作方式。

多数酶抑制剂是无害的。它们是新陈代谢的正常组成部分，并帮助身体里的细胞正常运转。身体许多代谢途径受到基因机制的影响。一些关键的基因决定着何时何地激活某种酶。

对某些生物群类而言，代谢途径是独特的。例如，南极犬牙鱼拥有可以产生抗冻蛋白质的代谢途径。这些蛋白质帮助南极犬牙鱼在低于零度的环境中生存。

其他代谢途径应用比较广泛，如作为呼吸作用一部分的**糖酵解**，它将食物中的糖转化为能量，这是复杂代谢途径的第一步，涉及10种酶的催化反应，在所有动物、植物和细菌中都一样。因为糖酵解是从这些生物的共同祖先那里经过漫长时间进化而来的。

南极犬牙鱼

酶抑制剂

酶抑制剂不同，其工作方式也不同。当酶抑制剂附着在酶活性区并阻止正常反应物与活性部位结合时，**竞争性抑制**就会发生。

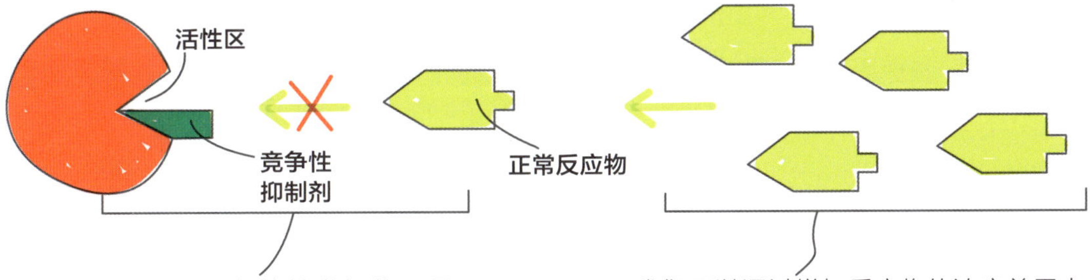

竞争性抑制剂能够发挥作用是因为它们与正常的反应物有类似的三维结构。

我们可以通过增加反应物的浓度并用大量反应物分子“填满”整个酶活性区或“锁”住更多的活性位点来控制竞争性抑制的发生。

当一种抑制剂与酶非活性区的一部分结合时，**非竞争性抑制**就会发生。

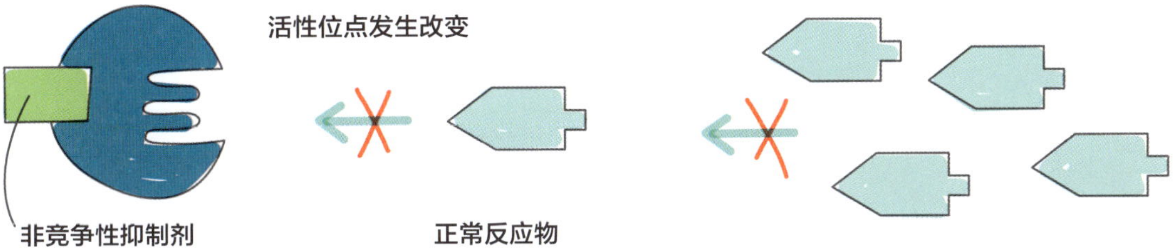

当一种非竞争性抑制剂与酶结合时，它会改变酶活性区的形状，使正常的反应物无法与之结合，代谢反应因此减速。

与竞争性抑制不同，非竞争性抑制不能通过增加反应物的浓度来消除。

当一个代谢途径的最终产物发生“反馈”，并在该途径开端与酶重新结合时，**反馈抑制**就会发生。这种抑制将关闭代谢途径。

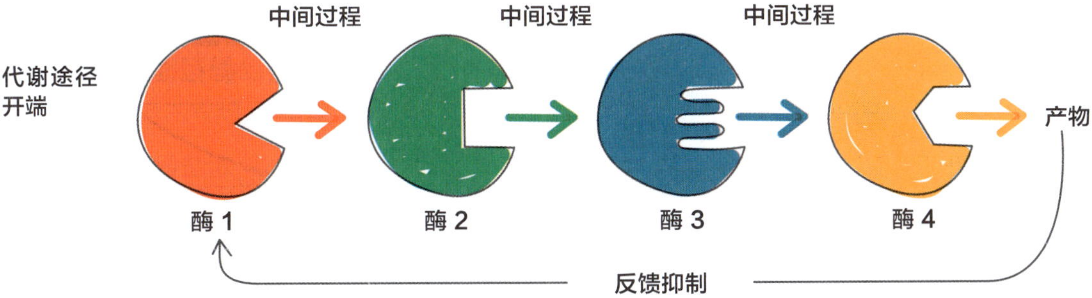

反馈抑制是一种**负反馈**的形式，也就是说，单一的事件会导致总体功效的降低。反馈抑制是**体内稳态**的一个例子，生物系统会自我调节来保持生存的最佳状况。

反馈抑制是可逆的。当抑制剂浓度下降时，酶能够再次变得活跃，反应将被再次催化并重新开始。

呼吸作用

呼吸作用是一种主要的代谢途径。它发生在所有的生物体细胞内，涉及一系列步骤和许多不同的酶。呼吸作用非常重要，因为它从食物中释放能量，为生物体提供生长、修复和运动等重要的生命过程所需的能量。

有氧呼吸

有氧呼吸需要氧气。在有氧呼吸过程中，葡萄糖与氧反应产生二氧化碳、水和能量。

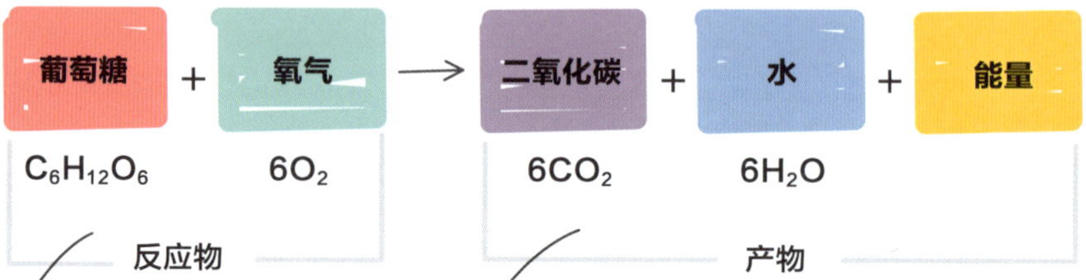

有氧呼吸的原料来自大自然。氧气来自我们呼吸的空气。葡萄糖来自我们摄入的食物。

我们呼气时排出二氧化碳。水被我们的细胞利用。能量以三磷酸腺苷分子的形式产生。

大多数能量被细胞消耗，但也有一些流失到大自然中。向大自然传输能量的反应称为**放热反应**。

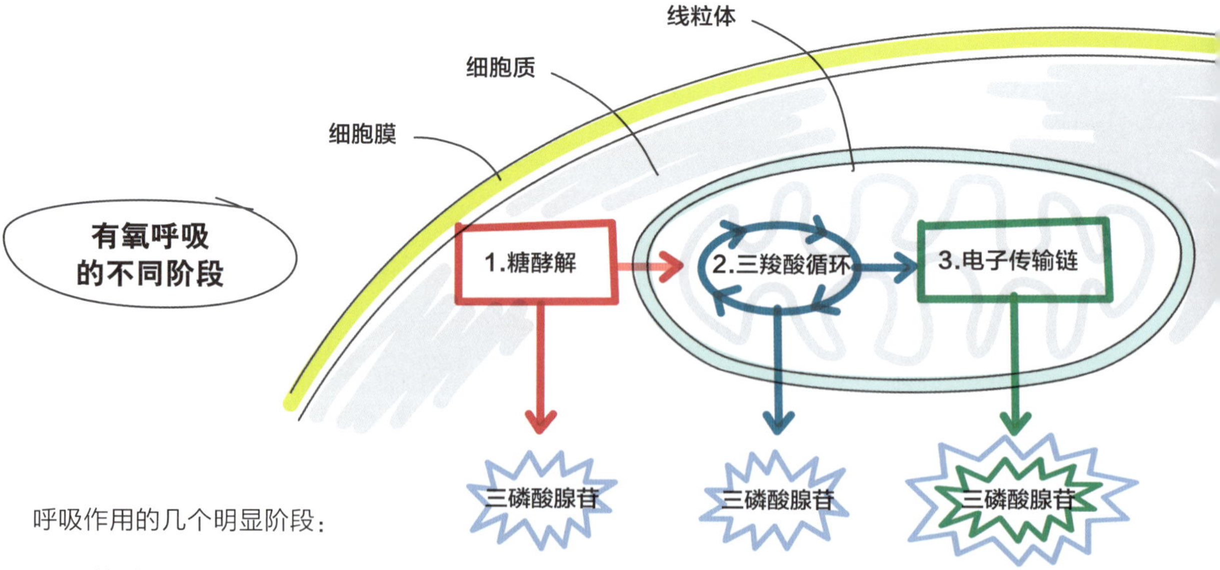

呼吸作用的几个明显阶段：

1. 糖酵解发生在细胞质内。葡萄糖被分解为小分子，释放出小部分三磷酸腺苷。
2. 糖酵解的产物为第二阶段反应提供燃料。第二阶段称为三羧酸循环，发生在线粒体内，同样释放出少部分三磷酸腺苷。
3. 三羧酸循环产物为第三阶段提供燃料。第三阶段称为电子传输链，它也发生在线粒体内，并释放出大量的三磷酸腺苷。

无氧呼吸

无氧呼吸不需要氧气，在无氧呼吸过程中，葡萄糖被分解并产生各种物质，包括能量。

大多数生物体的呼吸都属于有氧呼吸。但是，当氧气缺乏时，有些生物开始进行无氧呼吸，例如，人体的肌肉可在缺氧的情况下进行无氧呼吸。

无氧呼吸有两大弊端：

1 生成乳酸，导致肌肉疼痛和疲劳。额外的乳酸需要肝脏分解，这个过程消耗氧气。分解乳酸的氧气量被称为**氧债**。这就解释了为什么人在停止锻炼时会气喘吁吁，因为身体在偿还氧债。

2 葡萄糖不能被充分分解，这使得无氧呼吸的效率低于有氧呼吸。单位葡萄糖分子产生的能量更少。

动物的无氧呼吸

葡萄糖 → **乳酸** + **能量**

在动物体内，葡萄糖被分解生成乳酸和能量。

植物和微生物的无氧呼吸

葡萄糖 → **乙醇** + **二氧化碳** + **能量**

植物也进行无氧呼吸。在植物的无氧呼吸过程中，葡萄糖被分解生成乙醇、二氧化碳和能量。

微生物也可以进行无氧呼吸。在微生物的无氧呼吸过程中，有时会生成乳酸，有时会生成乙醇和二氧化碳。微生物的无氧呼吸称为**发酵**。

从经济意义上讲，发酵很重要。例如，酵母可以用于生产啤酒。无氧呼吸的酵母细胞能够产生制作啤酒所需的乙醇及形成泡沫的二氧化碳。

酵母也用来制作面包。无氧呼吸靠生面团中的糖提供燃料，生成的二氧化碳使面包蓬松，同时生成的酒精在面包烘烤时挥发掉了。

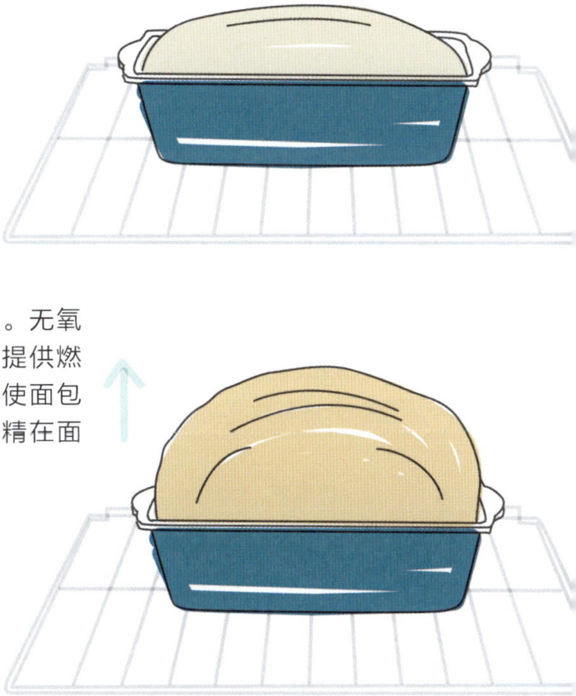

光合作用

植物的另外一个主要的代谢途径是光合作用。这是植物制造食物的过程，其副产品是氧气。植物具有很多能够帮助它们进行光合作用的特殊适应性。

光合作用是如何进行的

反应物：光合作用的原料都来自自然环境。

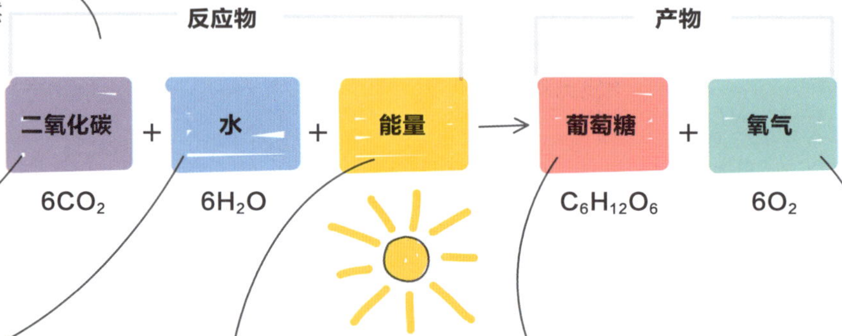

空气中有二氧化碳。

水以雨的形式降下，并渗透到土壤和河流中。

能量来自太阳。像这种需要从自然中吸收能量的代谢反应称为**吸热反应**。

植物生成葡萄糖作为食物源。

氧气被释放到空气中。当我们呼吸时吸入这些氧气。

立即使用的能量

一些葡萄糖通过呼吸作用转化为能量，并立即使用。

储存分子

部分葡萄糖被转化为其他分子并储存起来。这些分子以后会被分解，并提供能量。例如，在秋天落叶的落叶植物，它们将储存的能量用来过冬，并作为春天生长的“燃料”。

其他分子

当葡萄糖与硝酸盐、矿物质离子结合时就会产生氨基酸。这些氨基酸聚合在一起生成蛋白质。

纤维素

在植物的细胞壁中含有纤维素，它能够给植物提供强力支撑。

淀粉

淀粉储存在叶子中，有时候还储存在地下块茎中。例如，马铃薯和其他块根类蔬菜含有大量淀粉，人类将淀粉用作能量源。

光合作用与呼吸作用之间的关系

光合作用与呼吸作用之间的关系十分密切。这种关系使地球上的生物能够生存。光合作用的产物是呼吸作用的反应物，而呼吸作用的产物又是光合作用的反应物。呼吸作用的化学反应式与光合作用的化学反应式正好相反。

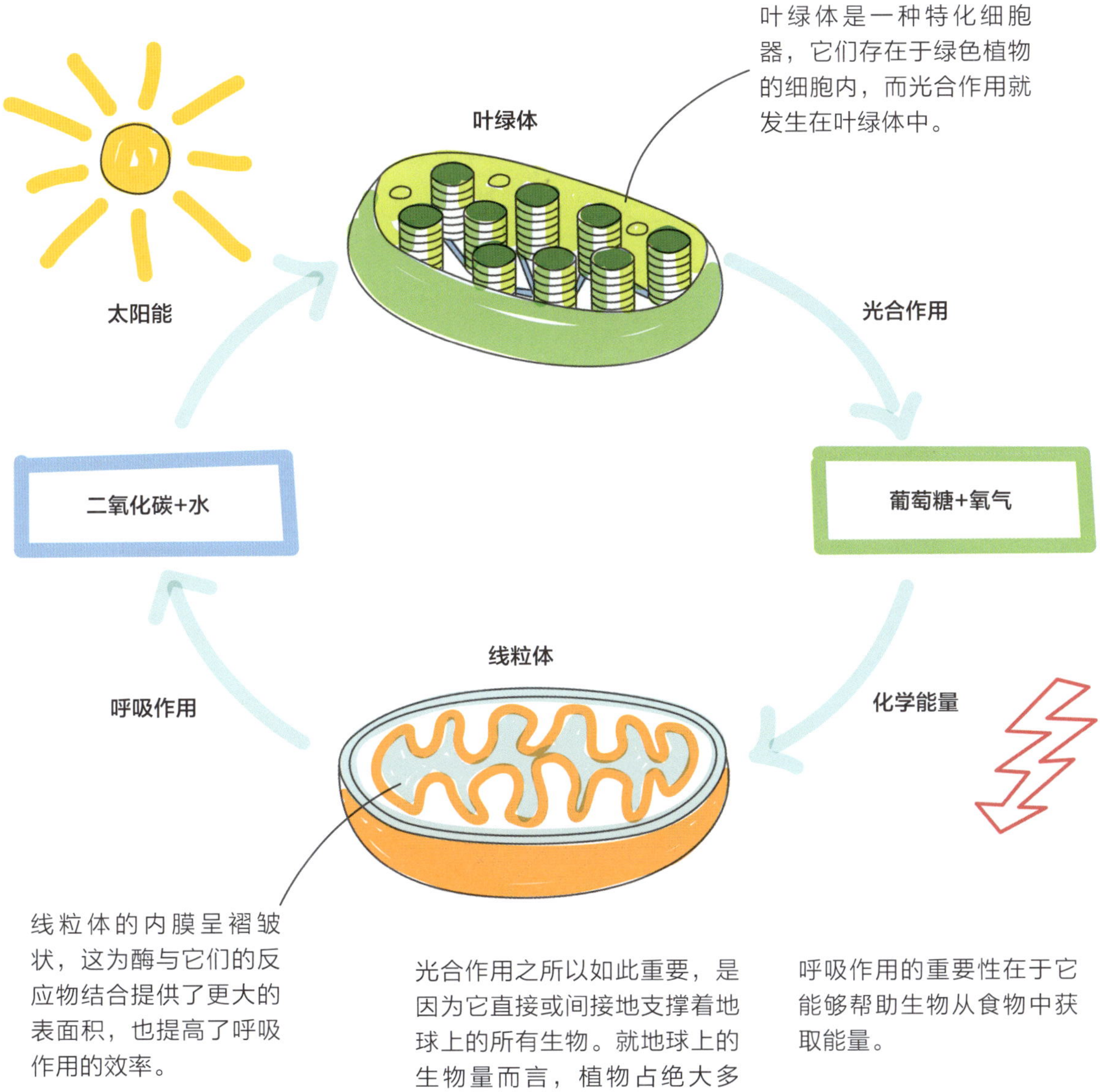

光合作用之所以如此重要，是因为它直接或间接地支撑着地球上的所有生物。就地球上的生物量而言，植物占绝大多数。当植物被吃掉时，植物体内的营养物仍然能够进入生物的食物链。据估计，光合作用每年产生的碳水化合物约1500亿吨。碳水化合物既是我们的食物，又能够作为肥料促进植物生长。

呼吸作用的重要性在于它能够帮助生物从食物中获取能量。

呼吸作用和光合作用的重要性还体现在它们成为碳循环的一部分。碳循环是在自然环境中实施碳回收利用的一整套途径。

小结

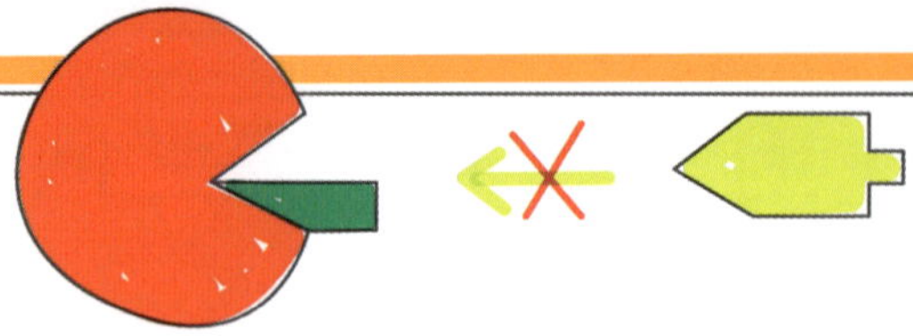

酶是生物催化剂，能够加速化学反应，在反应中自身不发生变化。

催化剂

抑制剂阻止酶起作用，分为竞争性和非竞争性两种。另外还可能有反馈抑制现象发生。

抑制剂

锁钥模型

酶促反应的锁钥模型描述了一种特殊的化学反应，反应物（钥匙）与酶的活性区（锁）相结合。

酶

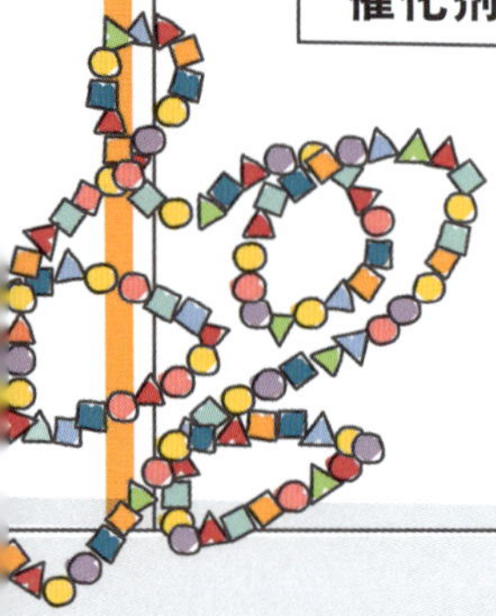

新陈代谢

呼吸作用

呼吸作用是一种放热反应，生物通过这个过程制造能量。

无氧呼吸

无氧呼吸没有氧气参与反应。

葡萄糖 → 乳酸 + 能量

葡萄糖 → 乙醇 + 二氧化碳 + 能量

有氧呼吸

有氧呼吸需要氧气参与反应。

葡萄糖 + 氧气 → 二氧化碳 + 水 + 能量

二氧化碳 + 水 + 能量 → 葡萄糖 + 氧气

光合作用是一种吸热反应，植物通过这个过程制造食物。

光合作用

反应物 → 产物1 → 产物2 → 最终产物

反应物通过酶的催化反应形成产物。这个过程通常需要多重步骤和多种酶。

复杂的化学反应途径

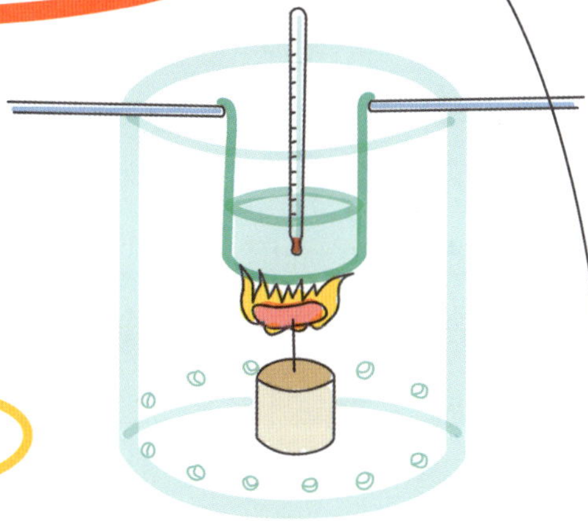

化学反应

新陈代谢速率

新陈代谢速率是指在特定时间内（通常是24小时）所消耗的能量，可用热量计测量。不同个体和不同物种之间存在差异。

分解代谢反应将大分子分解成小分子，并释放能量。例如，多余的蛋白质被分解形成尿素。

合成代谢反应将分子聚集起来，这个过程需要能量，也称为生物合成反应。

分解代谢反应 —— 对比 —— **合成代谢反应**

第七章

植物结构和功能

植物是应答敏感、枝干均衡、协调统一的生物体。和动物一样，它们的组织和器官都由细胞组成，同时构成协同高效工作的生产体系。植物有自己显著的特点，它们能从土壤中汲取水分和矿物质，并通过太阳光进行光合作用产生养分。它们的叶子具有排列复杂的细胞结构，它们的维管系统专门用来输送水分和养分。植物可以向上和向四周生长，它们大部分的活动都需要激素的协助。植物也会生病或出现缺陷，但它们进化出了一整套高度发达的适应能力以保持旺盛的生命力。在本章里，让我们来了解更多的植物知识。

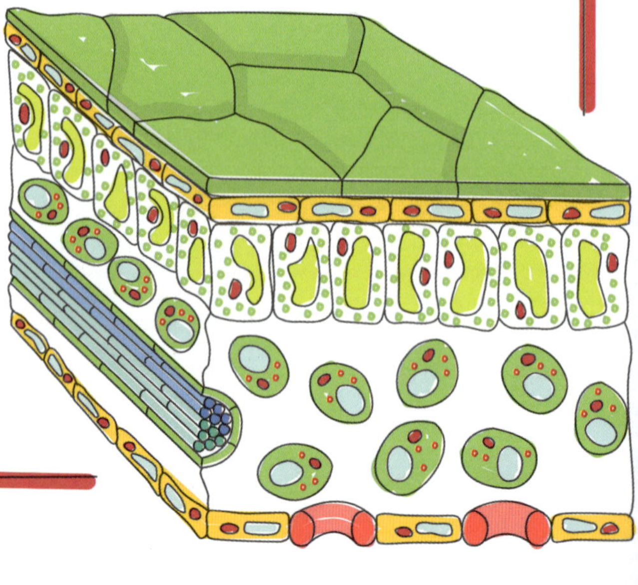

蒸腾作用

植物需要持续不断的水分供应来进行光合作用，帮助其生长。水通过根系进入植物，然后被输送到茎干和叶子，最后蒸发在大气中，这一过程称为蒸腾作用。

蒸腾流

→表示水的移动方向

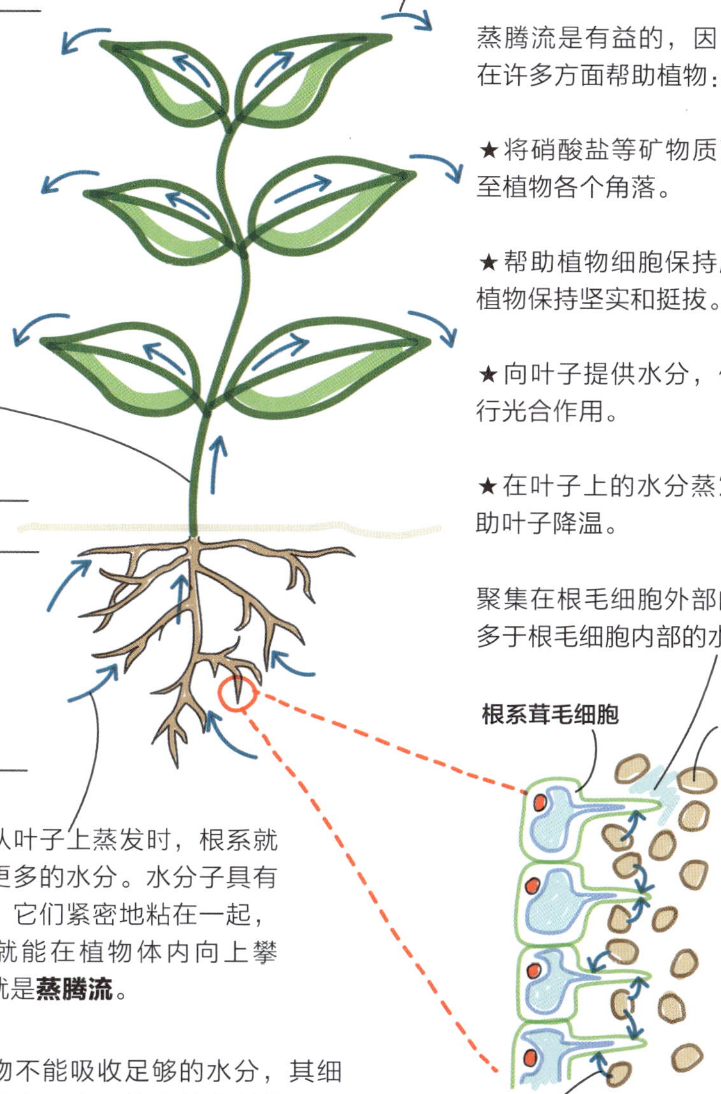

植物的**枝叶系统**由叶和茎干组成。它将水和矿物质输送到植物的全身，供植物生长和进行光合作用。

在专门的木质部细胞作用下，水经过茎干向上输送给叶子。

植物的**根系**将植物固定在土壤中，并使植物能够吸收周围土壤中的水分和矿物质。

水通过叶子蒸发时，蒸腾作用就发生了。

蒸腾流是有益的，因为它能够在许多方面帮助植物：

★将硝酸盐等矿物质离子输送至植物各个角落。

★帮助植物细胞保持膨胀，使植物保持坚实和挺拔。

★向叶子提供水分，使植物进行光合作用。

★在叶子上的水分蒸发时，帮助叶子降温。

聚集在根毛细胞外部的水分要多于根毛细胞内部的水分。

当水分从叶子上蒸发时，根系就会汲取更多的水分。水分子具有凝聚性，它们紧密地粘在一起，这样水就能在植物体内向上攀升。这就是**蒸腾流**。

水通过渗透作用进入根系茸毛细胞。

如果植物不能吸收足够的水分，其细胞液泡就会干瘪，植物就会枯萎。离开了水分供应，光合作用就会停止，植物就会死亡。

维管系统

和动物一样，植物也具有一套维管系统。植物的维管系统帮助它们将关键分子输送至全身各处。不同于动物身上的动脉和静脉，植物的维管系统由一系列特化细胞组成的中空管道构成。植物有两种不同的维管组织：木质部和韧皮部。

木质部

木质部从根系将水和矿物质离子运送到茎干和叶子。

木质部刚形成时，它们由活细胞构成，但随着时间推移，一种称为**木质素**的化学物质在这些细胞中间形成了空螺旋。细胞死亡了，但留下了用木质素搭建的中空管道。

木质化的细胞也称“木头”。木质素螺旋很牢固，它们为植物提供了结构性支撑，帮助植物直立起来。

细胞壁

通过蒸腾作用，水和矿物质只能向一个方向流动，即向上方流动。

韧皮部

韧皮部将光合作用产生的糖运送到植物的其他部位直接利用或储存起来，如用于分生组织或储存到球茎和块茎中。

韧皮部细胞是一种端壁上有多个细孔的拉长的活细胞。这些细孔可以让水和溶解物通过维管从一个细胞穿到另一个细胞。为了给通过的营养成分留有更大的空间，韧皮部细胞缺失包括细胞核和核糖体在内的许多基本细胞器。

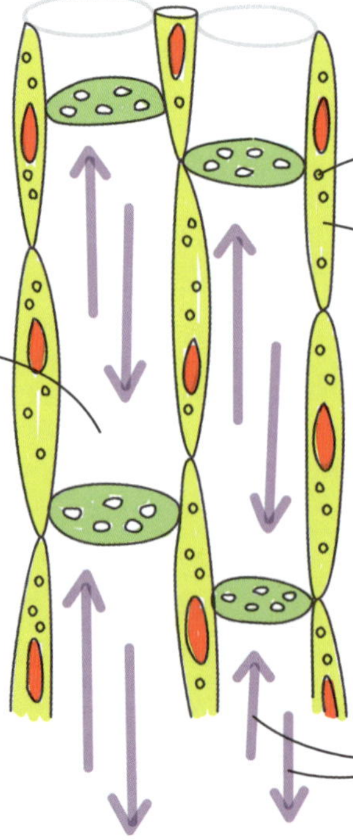

线粒体

一个或多个伴胞附着在每一个韧皮部的细胞上。伴胞拥有很多线粒体并为韧皮部细胞提供能量。

溶解的糖能够双向流动，这个过程称为**转运**。转运是一个耗能过程，所以它需要能量。

植物生长

与大部分动物不一样，植物在其整个生命周期中都在生长。植物能够做到这一点是因为它们具有一种被称为**分生组织**的专门的生长区。分生组织内含有主动分裂的干细胞，这些干细胞生成新的植物组织。

初生生长

植物根系生长、枝芽长长，以及植株长高都被称为初生生长。初生生长的发生是因为根系和枝芽末端有分生组织，这些分生组织称为**顶端分生组织**。

一些新细胞是干细胞。它们在分生组织中保留下来继续生产更多的新细胞。

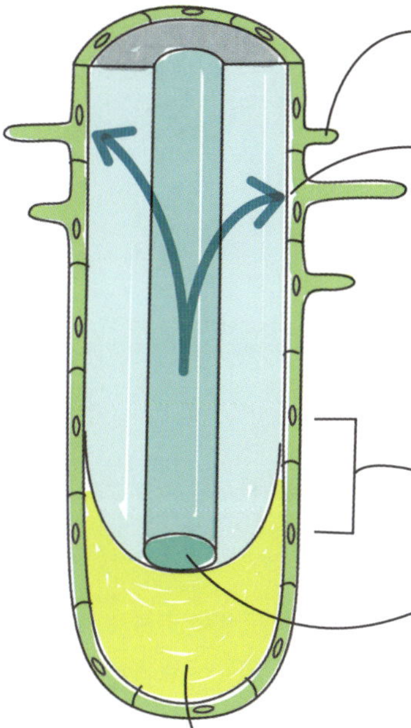

次生生长

某些植物，例如树，它们也能圆周式生长，这是由于次生生长的缘故。植物的次生生长是缘于这些植物的茎干包含另外的分生组织。这些**侧生分生组织**分布在发生分裂的细胞周围。

当新细胞产生，茎干或主干的直径就会增大。次生生长产生树的年轮。年轮有时候被用来确定树龄。

侧生分生组织包含能通过有丝分裂生成新细胞的干细胞。这是次生生长。

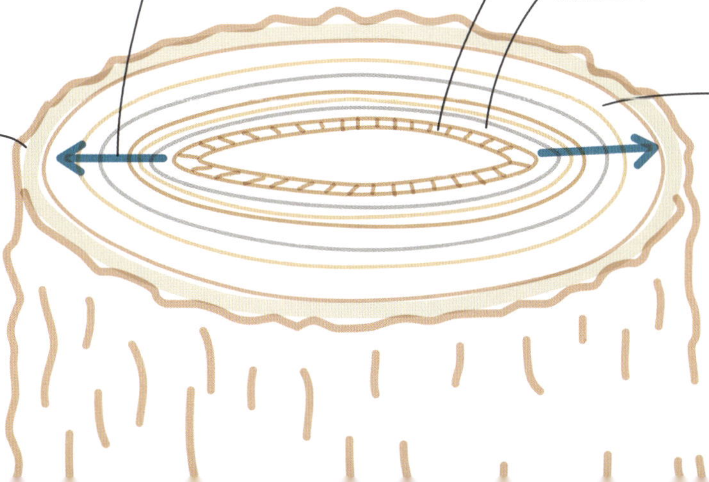

叶片结构

植物的器官同样非常特别。植物的叶子特别适合将光合作用的效果最大化，并将各种物质运入给植株或运出植株。它们有各种类型的组织，细胞内含有称为**叶绿体**的特殊细胞器。光合作用就发生在这些细胞器中。叶绿体内含有能从阳光中吸收能量的绿色色素，即叶绿素。

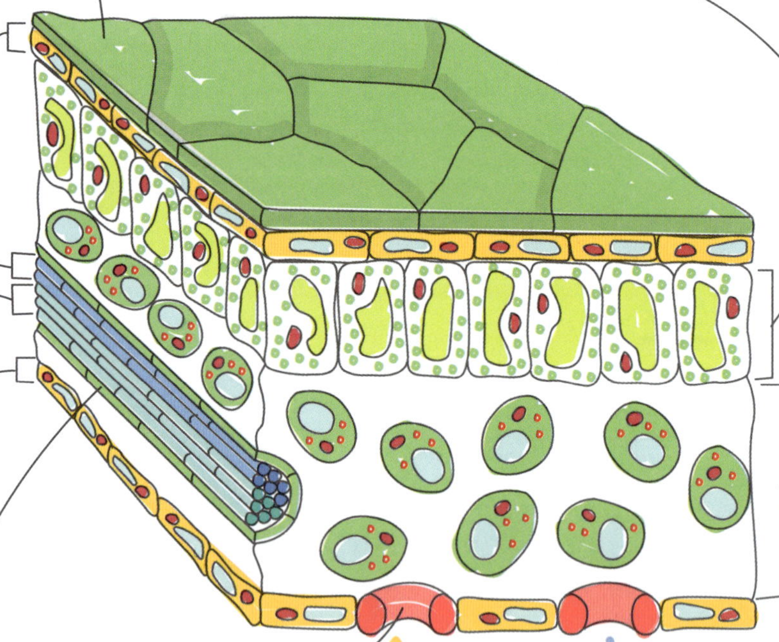

气体交换

气体通过气孔进出叶子。**气孔**是分布在叶子、茎干以及植物其他器官表皮上的微孔。

植物需要获取二氧化碳进行光合作用，然后将产生的氧气排出。气孔帮助完成这个过程。

蒸腾作用受到温度、湿度和风力等环境条件的影响。植物通过气孔的张合对环境变化做出反应，控制蒸腾作用。

气孔

白天

大部分植物白天打开气孔以促进光合作用。如果天气特别干燥或气温很高，植物可能会在白天关闭气孔以防止水分过量流失。

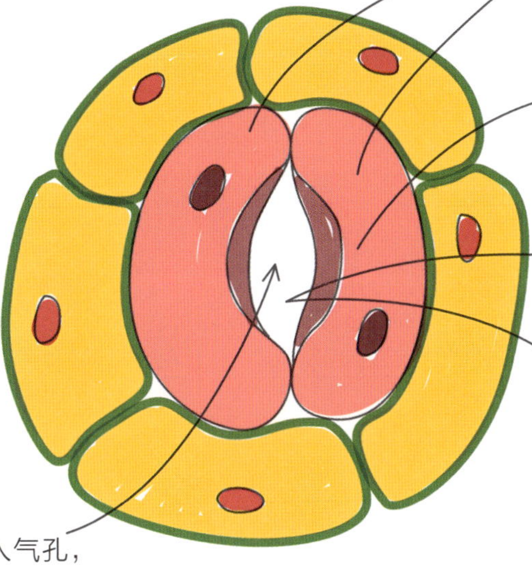

保卫细胞是围绕气孔分布的一些特化细胞。它们控制着气孔的孔径和气孔的开合。

当保卫细胞鼓起时，气孔就会打开。这时，气体可以进出细胞。

氧气从气孔中扩散出去进入大气。

水分从气孔中蒸发出去进入大气。这就是蒸腾作用。

二氧化碳扩散进入气孔，然后进入植物细胞中。

夜晚

夜晚没有阳光用来进行光合作用，所以大部分植物在夜晚关闭气孔。

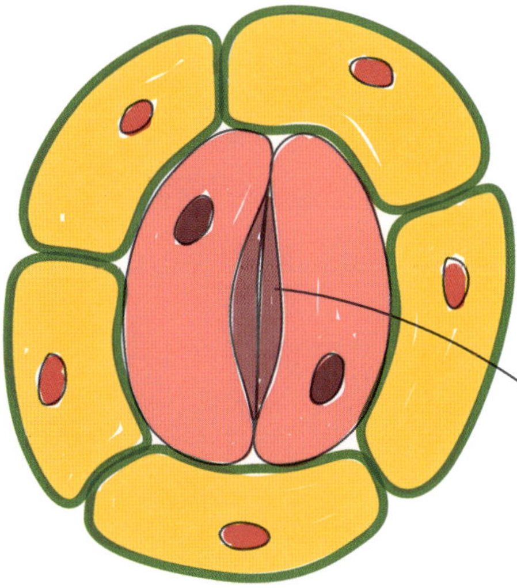

当气孔关闭时，任何气体都不能进出细胞。

植物激素

植物利用激素分子对环境变化做出反应。**生长素**是一种植物生长激素。生长素控制根尖和枝芽末梢的生长。它在根须和枝芽上会起相反的作用，从而影响植物应对重力的方式。

植物的向地性

植物需要自己的根系向下生长，以便它们能够从土壤中吸收水分和养分。

在地下，当植物的根须向四面生长时，重力导致生长素沉淀到根的下侧。位于根须下侧的生长素要多于位于根须上侧的生长素。

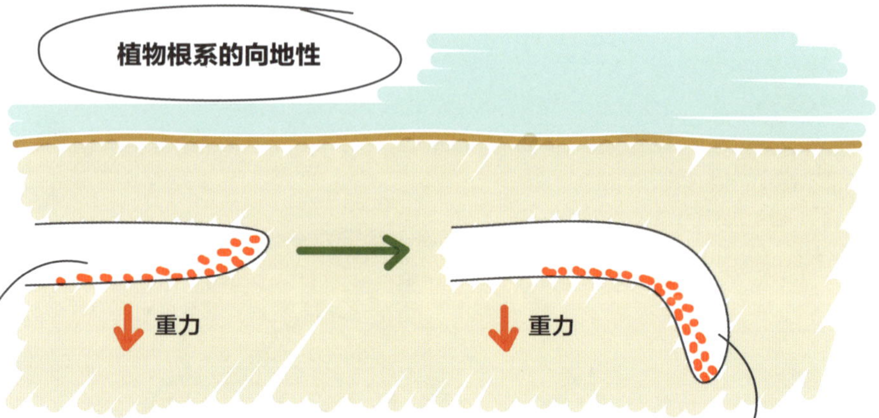

植物的根系朝着重力方向生长，所以它们呈现出**正向地性**。

在植物的根系中，生长素抑制生长。根须上侧的植物生长得多，而下侧生长得少。根须弯曲向下。

植物应对重力的方式称为向地性。

植物的枝芽逆着重力方向生长，所以它们呈现出**负向地性**。

植物需要它们的枝芽向上生长，以便叶子能够吸收太阳光，并通过光合作用制造养分。

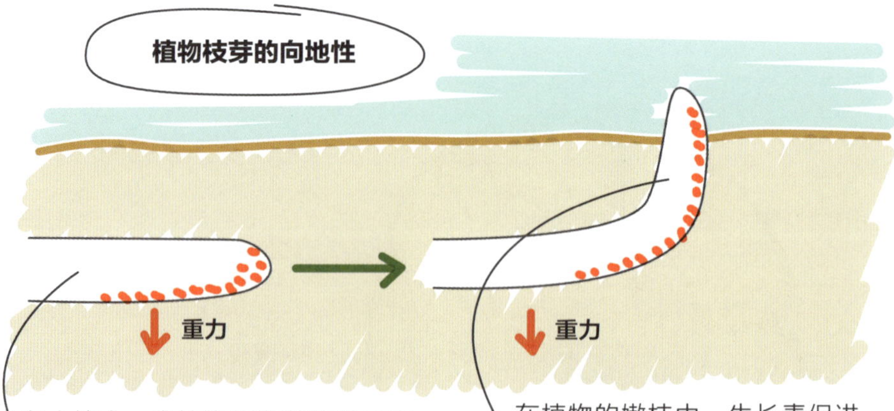

在土壤中，当植物新发芽的种子向侧面长出新芽时，新芽下段的生长素要多于新芽上段的生长素。

在植物的嫩枝中，生长素促进生长。植物嫩枝上段生长得慢，下段生长得快，枝芽会向上弯曲。

植物的向光性

植物对光有不同的反应，这种反应称为向光性，它也是由生长素控制的。在嫩枝中，生长素促进细胞生长。

生长素的人工应用：

除草剂：当生长素喷洒到杂草的叶子上时，这些杂草的细胞就会不受控制地进行分裂，导致这些杂草死亡。

生根粉：园丁将植物茎干或根的切口蘸上生长素粉，以促进根系生长。

植物枝芽的向光性

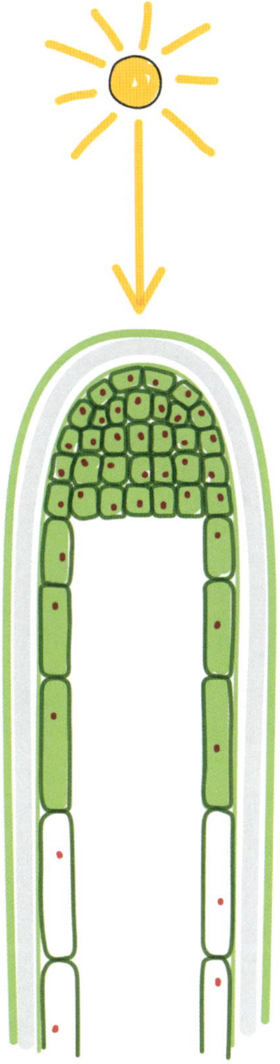

如果植物从正上方接受光线照射，生长素会均匀地分布在枝芽的顶端，位于顶端的枝芽就会垂直向上生长。

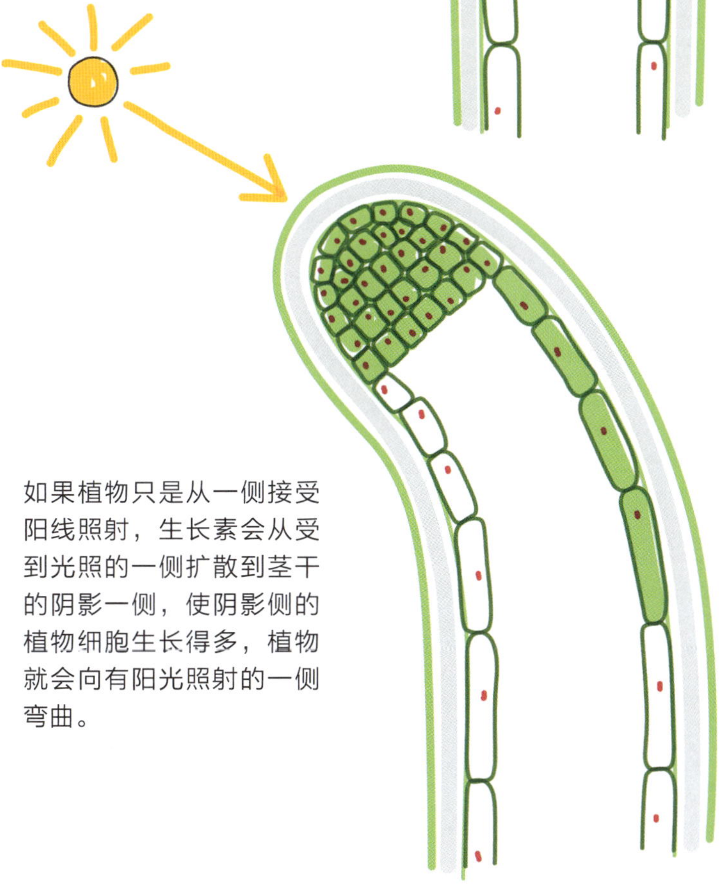

如果植物只是从一侧接受阳线照射，生长素会从受到光照的一侧扩散到茎干的阴影一侧，使阴影侧的植物细胞生长得多，植物就会向有阳光照射的一侧弯曲。

赤霉素是另一类植物激素。它可以促进种子发芽、茎干生长以及植物开花。例如，种植者使用赤霉素加速种子发芽，并能确保同一批次的所有种子在同一时间发芽。在鲜切花行业，赤霉素被用来使植物全年保持开花状态。

乙烯也是一种植物激素。乙烯是气体，因此它比较特别。它对植物的生长和果实的成熟产生影响。例如，香蕉常常在其还是绿色且并未成熟时被采摘下来，在运往超市途中用乙烯进行处理。经过乙烯处理的香蕉短期内可达到被顾客食用的成熟标准。

植物的营养不足、病害和防御

植物的生长需要多种营养物质。如果这些营养物质得不到满足，植物就不能健康生长。植物也会因不同的致病微生物或病原体而生病，为此，植物已经进化出了各种防御疾病、保护自身的机能。

营养不足

植物需要从土壤中获取各种矿物质。它们通过主动运输的方式来实现这一目标。除了氮、镁、钾以外，植物对大多数矿物质的需求量并不大。

如果矿物质的摄入量不能达到平衡，植物不但不能健康生长，还会产生不同形式的缺陷。

矿物质和矿物质缺乏

矿物质	被细胞用于：	对……十分关键	缺乏后……
硝酸盐	制造蛋白质	细胞生长	发育不良 叶子变黄
磷酸盐	产生脱氧核糖核酸（DNA）	呼吸作用 细胞生长	根系生长不良 叶子脱色
钾化合物	促进酶的作用	呼吸作用 光合作用	花和根系生长不良 叶子脱色
镁化合物	产生叶绿素	光合作用	叶子变黄

植物的向光性

植物对光有不同的反应，这种反应称为向光性，它也是由生长素控制的。在嫩枝中，生长素促进细胞生长。

生长素的人工应用：

除草剂： 当生长素喷洒到杂草的叶子上时，这些杂草的细胞就会不受控制地进行分裂，导致这些杂草死亡。

生根粉： 园丁将植物茎干或根的切口蘸上生长素粉，以促进根系生长。

植物枝芽的向光性

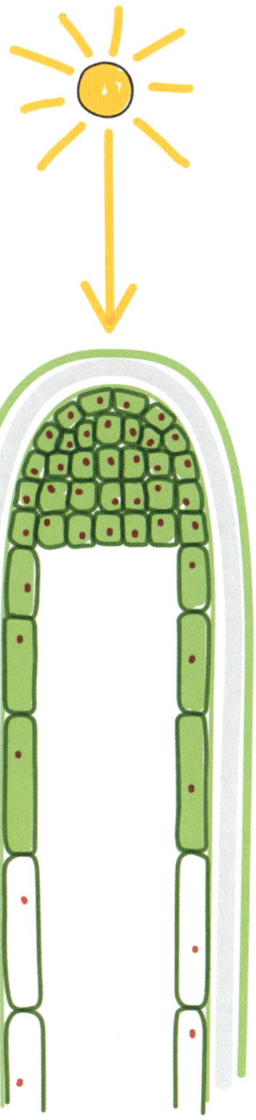

如果植物从正上方接受光线照射，生长素会均匀地分布在枝芽的顶端，位于顶端的枝芽就会垂直向上生长。

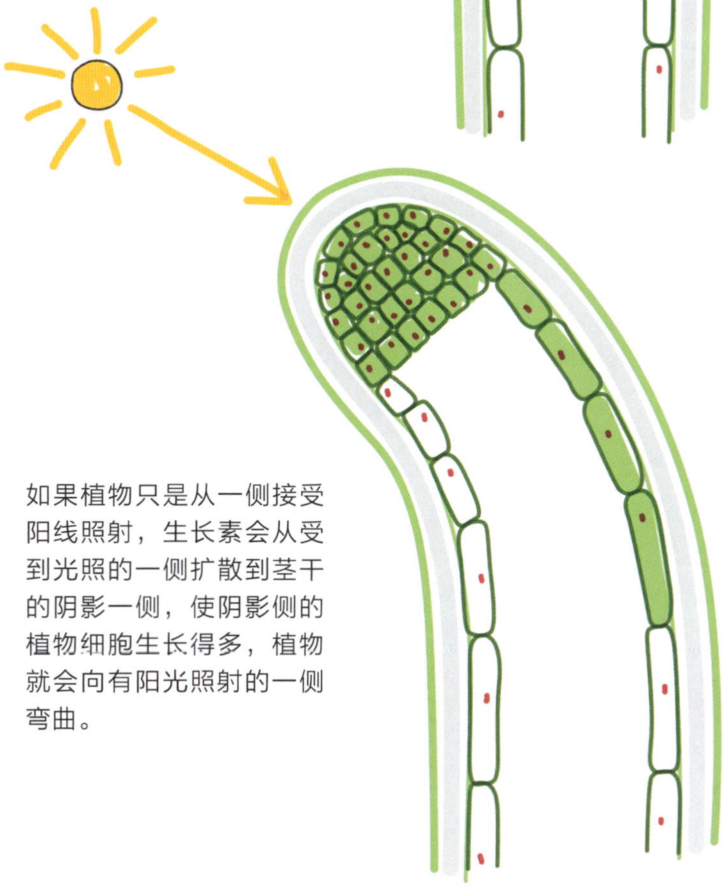

如果植物只是从一侧接受阳线照射，生长素会从受到光照的一侧扩散到茎干的阴影一侧，使阴影侧的植物细胞生长得多，植物就会向有阳光照射的一侧弯曲。

赤霉素是另一类植物激素。它可以促进种子发芽、茎干生长以及植物开花。例如，种植者使用赤霉素加速种子发芽，并能确保同一批次的所有种子在同一时间发芽。在鲜切花行业，赤霉素被用来使植物全年保持开花状态。

乙烯也是一种植物激素。乙烯是气体，因此它比较特别。它对植物的生长和果实的成熟产生影响。例如，香蕉常常在其还是绿色且并未成熟时被采摘下来，在运往超市途中用乙烯进行处理。经过乙烯处理的香蕉短期内可达到被顾客食用的成熟标准。

植物的营养不足、病害和防御

植物的生长需要多种营养物质。如果这些营养物质得不到满足，植物就不能健康生长。植物也会因不同的致病微生物或病原体而生病，为此，植物已经进化出了各种防御疾病、保护自身的机能。

营养不足

植物需要从土壤中获取各种矿物质。它们通过主动运输的方式来实现这一目标。除了氮、镁、钾以外，植物对大多数矿物质的需求量并不大。

如果矿物质的摄入量不能达到平衡，植物不但不能健康生长，还会产生不同形式的缺陷。

矿物质和矿物质缺乏

矿物质	被细胞用于：	对……十分关键	缺乏后……
硝酸盐	制造蛋白质	细胞生长	发育不良 叶子变黄
磷酸盐	产生脱氧核糖核酸（DNA）	呼吸作用 细胞生长	根系生长不良 叶子脱色
钾化合物	促进酶的作用	呼吸作用 光合作用	花和根系生长不良 叶子脱色
镁化合物	产生叶绿素	光合作用	叶子变黄

病害

植物会受到各种害虫以及细菌、病毒、真菌等病原体的侵害。植物的病害表现为不同症状，如叶子异常、生长不良、腐烂和出现肿块等。

带斑点且脱色的叶子

玫瑰黑斑病是一种真菌病，表现为叶子上出现斑点并造成叶子脱落。这种病会阻碍光合作用，从而导致植物不能健康成长。处理玫瑰黑斑病的方法是摘去受感染的叶子，并喷洒杀真菌剂。

蚜虫是一种微小的吸液昆虫，是卷心菜和土豆等农作物的主要害虫。蚜虫会给农作物造成严重损害，人们常用杀虫剂杀死蚜虫。

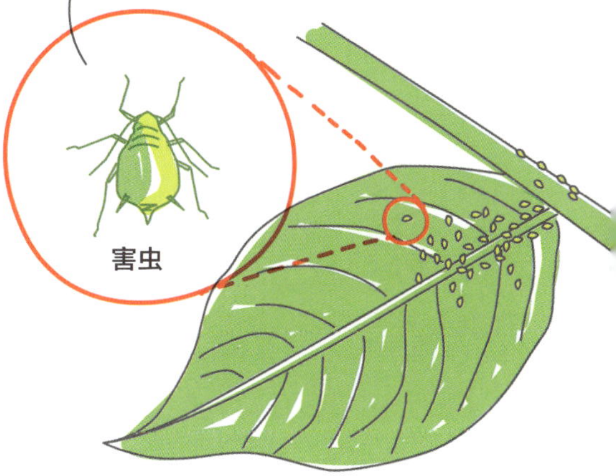

畸形的茎干和叶子

防御

植物进化出了多种防御机能来保护自身、抵御病害。

物理性防御

★植物的蜡状角质层为抵御病原体提供了一道屏障。

★纤维素组成的细胞壁成为抵御病原体的一道额外屏障。

★树皮是由死去的植物细胞组成的厚厚的一层。它是植物的又一道保护层。

化学性防御

★有些植物能产生抗菌的化学物质。例如，草本植物百里香含有可杀死某些病毒、细菌和真菌的化合物。

★有些植物能产生毒素，吓退要吃它们的动物。例如，雪莲花和风信子都能产生有毒的化合物，使一些动物不敢吃它们。

机械性防御

★有些植物长有刺，如玫瑰等。这些刺可以防止植株被动物啃食。

★有些植物的叶子很奇特，一旦昆虫落上去，叶子就会下垂或卷曲，让昆虫从叶子上跌落。例如，当有东西碰到含羞草的叶子时，它就会折叠并垂下来。

小结

植物结构和功能

植物生长

初生生长

初生生长是指植株长高及根系生长、枝芽长长，通过顶端分生组织完成，发生在根系和嫩枝上。

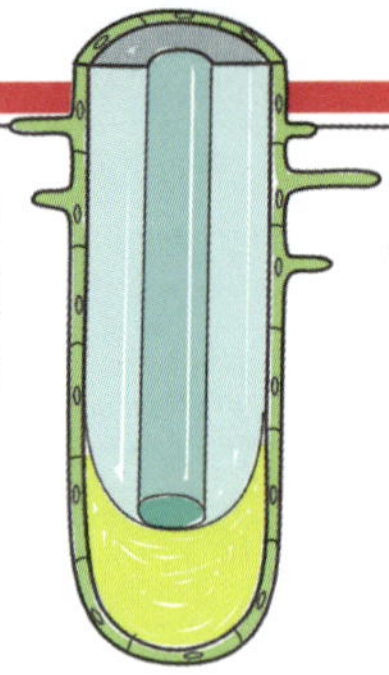

根系

根系将植物固定在土壤中，专门用来吸收土壤中的水分和矿物质。

次生生长

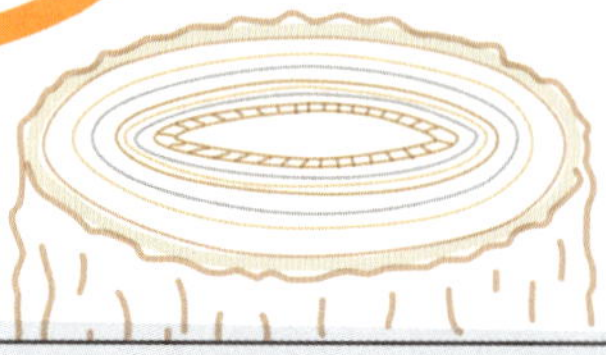

次生生长是圆周式生长，通过侧生分生组织完成。树就是这样生长的。

植物激素

乙烯

乙烯影响植物的生长和果实的成熟，可用于给超市中的水果催熟。

赤霉素

赤霉素促进种子发芽、茎干生长和开花。

生长素

生长素控制植株对阳光的反应，并促进植物的生长。在根系和枝芽上起相反的作用。

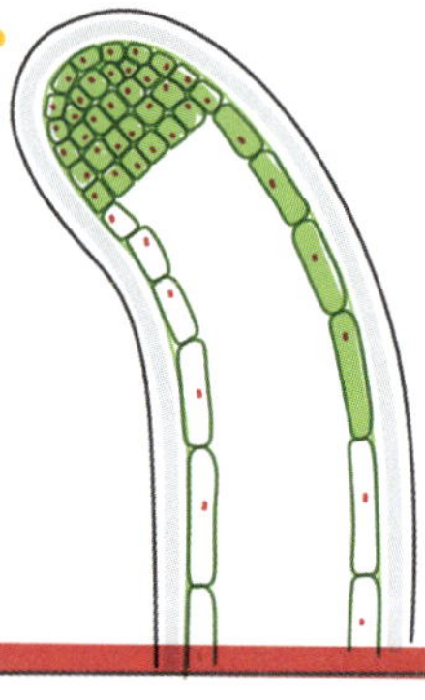

植物健康

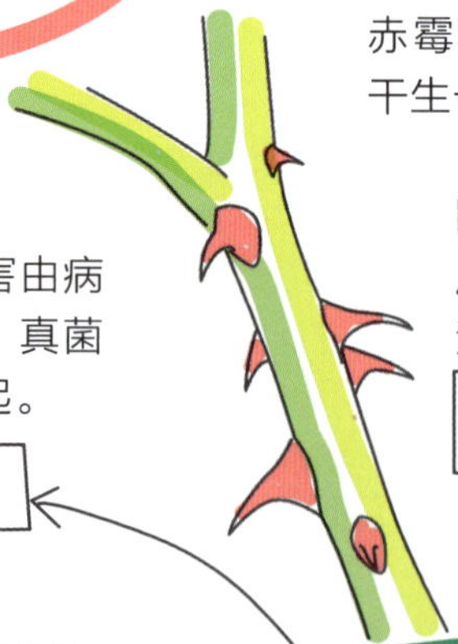

防御

防御有物理性的，如树皮；有化学性的，如毒素；有机械性的，如刺。

病害

植物的病害由病毒、细菌、真菌和害虫引起。

营养不足

矿物质缺乏导致植物生长不良和死亡。

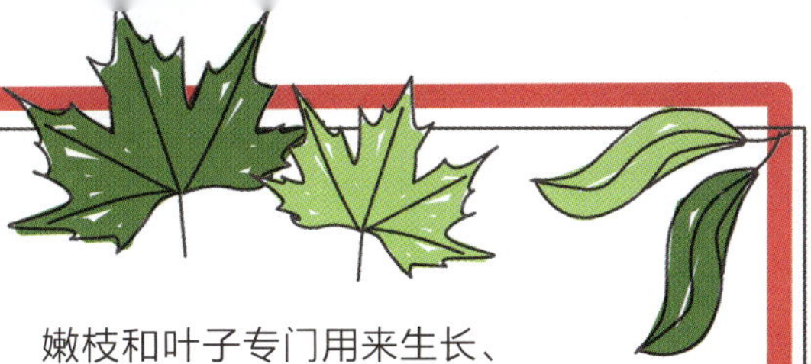

根系和枝叶系统

枝叶系统

嫩枝和叶子专门用来生长、进行光合作用和运输物质。

叶片结构

角质层

角质层是一层蜡状外层，可减少水分损失和预防病虫害。

表皮层

表皮层是一层表皮细胞，可为植物提供保护。表皮透明，所以阳光能够穿过。

栅栏组织

栅栏组织是含有大量叶绿体的排列紧密的细胞层。光合作用在这里进行。

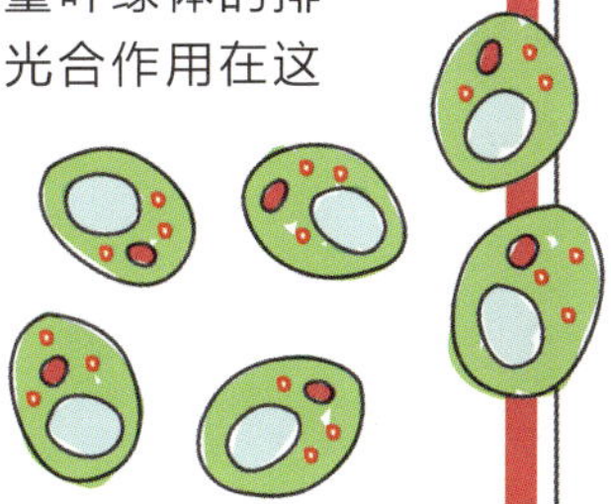

海绵组织

海绵组织是一层由气泡包裹着的、分布疏松的细胞内层组织，气体由此进出。

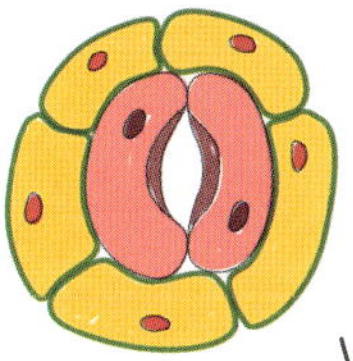

气孔

气孔是保卫细胞围绕着的微孔。它控制物质进出叶子。

运输管道

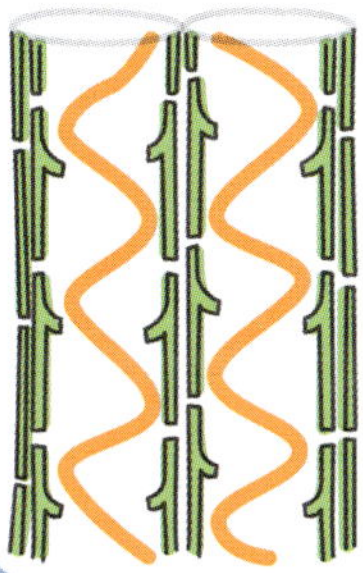

木质部

木质部通过死去的木质化细胞输送水和矿物质离子。

韧皮部

韧皮部通过端壁带孔的特化活细胞输送糖。

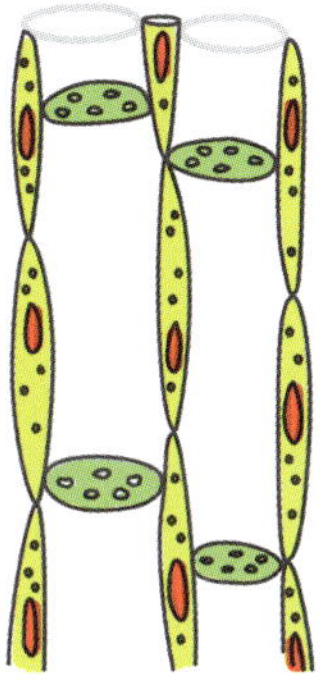

维管系统

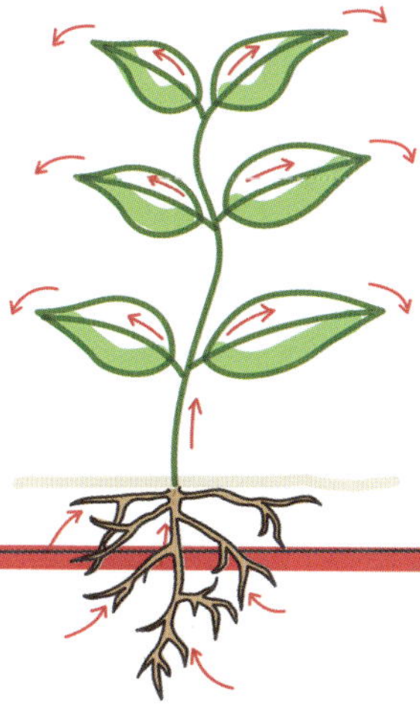

蒸腾作用

水分被汲取进入根系并输送到植物体内。水分从叶子蒸发并扩散出去。

转运

溶解的物质在植物体内移动。

第八章

人体结构和功能

在这一章里，你将了解到面对不断变化的外部环境，人体是如何始终保持一个相对稳定的内部环境的。你还有机会近距离观察那些帮助我们感知外部环境变化的特殊感觉器官。大脑能够通过神经和激素的活动，迅速处理感知到的信息，并指挥和协调相应的器官对这些信息做出应答反应。呼吸和消化等特定器官也发挥着重要作用。其他动物的身上也有类似的系统，这些系统共同工作帮助生物保持活力。

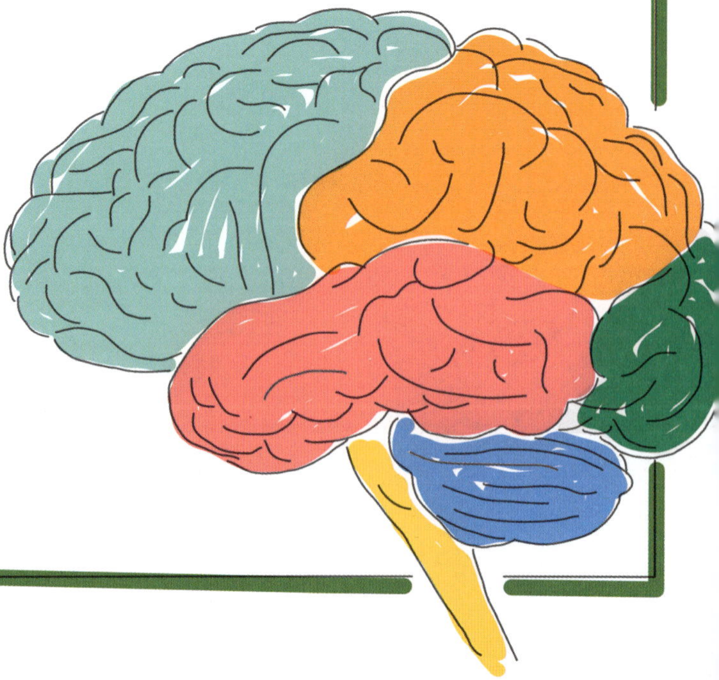

人体器官系统

动物的身体由细胞组成，细胞有机组合形成组织和器官，这些组织和器官一起协调工作构成完整的系统。人体包含11个不同的器官系统。

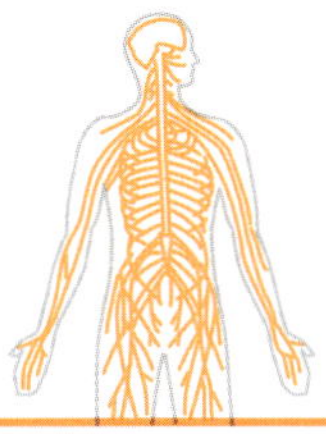

神经系统：对环境的刺激做出反应，在体内传导电信号，组织器官做出适当的反应。

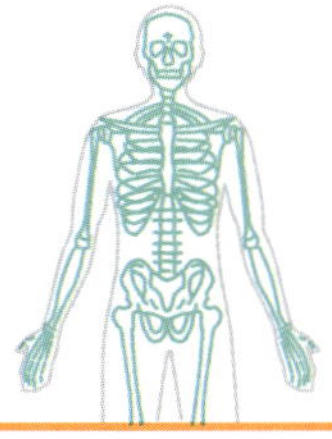

骨骼系统：身体全部的骨骼和关节，对身体提供支撑和保护，使身体能够运动，并制造血细胞。

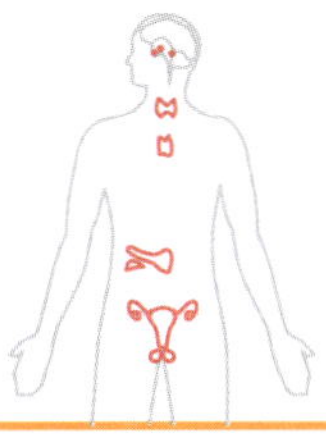

内分泌系统：控制分泌激素的各种腺体，使其将激素分泌到相应的器官中，帮助各器官发挥各自的功能，如生长、发育和新陈代谢。

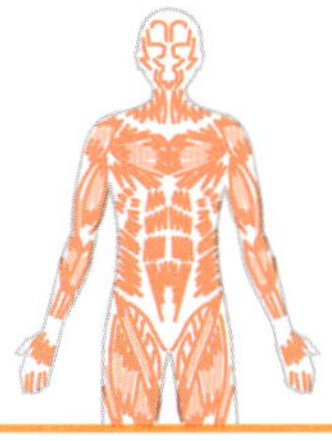

肌肉系统：帮助维持身体姿势、控制运动、对抗阻力，并保持关节系统的稳定。

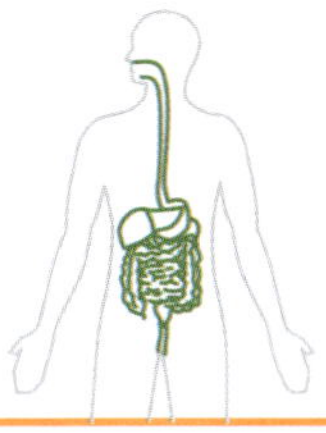

消化系统：把食物分解成尽可能小的碎片，从而使营养物能够被身体吸收。

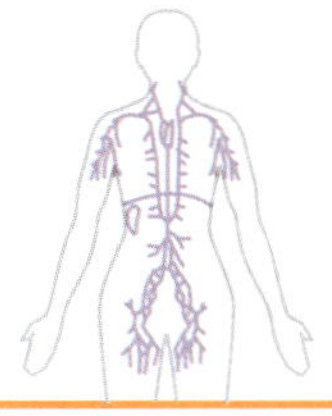

淋巴系统和免疫系统：帮助身体开展免疫反应，并向全身输送白细胞，帮助身体免受疾病侵害。

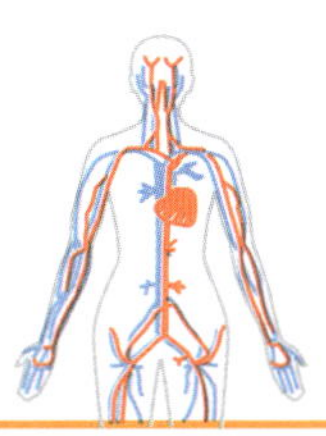

循环系统：包含心脏、血管和血液的闭环网络。该系统供应身体所需的氧气和营养物，输送激素并清除身体内的废物。

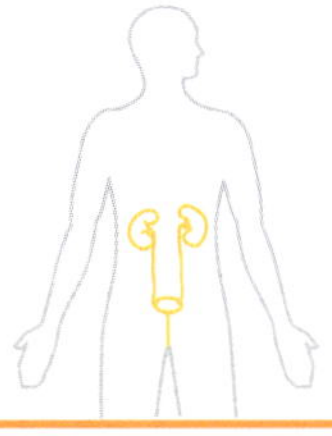

泌尿系统：将身体内的废物随着尿液一起排出体内；调节血液中的水和盐的水平。

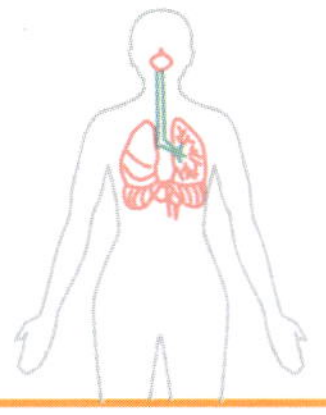

呼吸系统：包含肺在内的一套能够进行气体交换的器官。这些器官能够将氧气输送到人体内，并将二氧化碳排出体外。

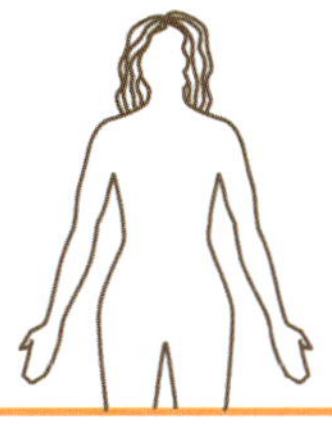

皮肤系统：包括皮肤、头发和指甲，它们的主要功能是充当屏障，保护身体免受外界的影响。

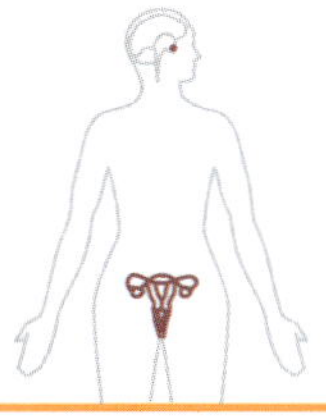

女性生殖系统：产生卵子，帮助养育和保护发育中的胚胎。

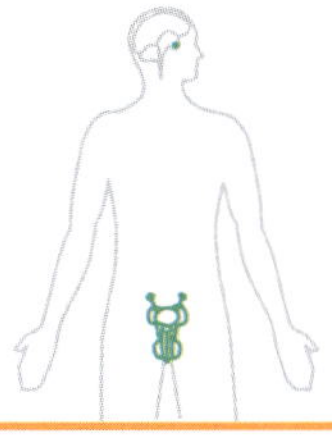

男性生殖系统：产生精子，精子能使卵子受精。

稳态

为了保持身体正常运行，生物体必须能够控制自己体内所有器官的状态。例如，体温和血糖水平必须保持在一定范围之内。无论外部环境如何改变，生物体和细胞都必须保持一个稳定而持续的体内动态平衡，即稳态。

稳态是身体自动控制的，你不需要刻意关注或调控它。稳态是由各种激素和神经系统实现的**自动控制系统**。这个自动控制系统包含一个感受器、一个效应器和一个调节控制系统。

稳态是通过**负反馈**完成的。例如，如果体温升高，控制中心就会降低温度。如果体温下降，控制中心就会升高温度。

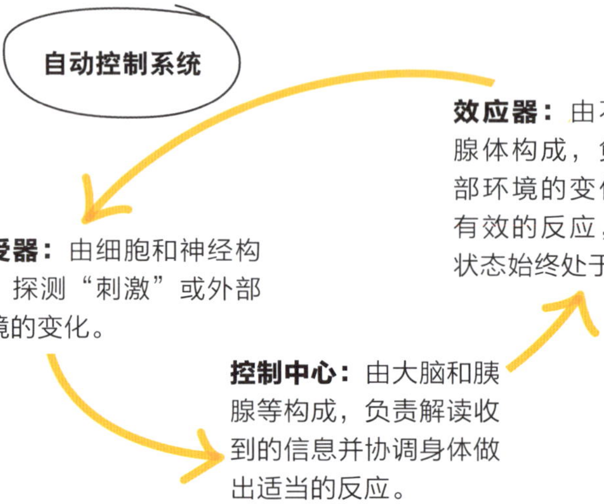

感受器： 由细胞和神经构成，探测“刺激”或外部环境的变化。

控制中心： 由大脑和胰腺等构成，负责解读收到的信息并协调身体做出适当的反应。

效应器： 由不同的神经和腺体构成，负责对各种外部环境的变化和刺激做出有效的反应，并保持体内状态始终处于最佳水平。

调节血糖

胰岛素和胰高血糖素负责调节人体血液里的葡萄糖水平。这两种激素都由胰腺产生，它们通过负反馈机制调节血糖并使血糖水平保持在正常范围。

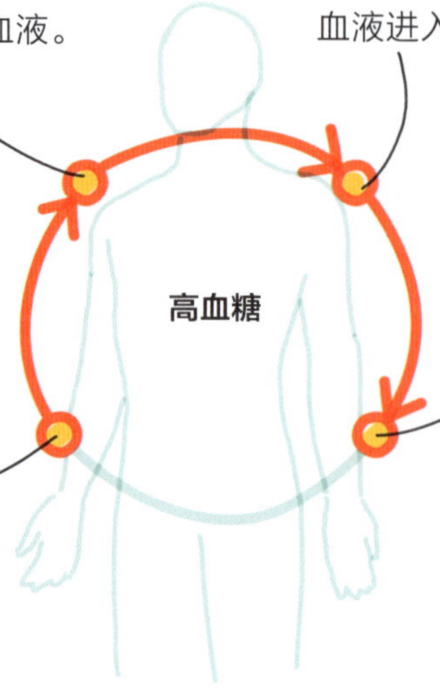

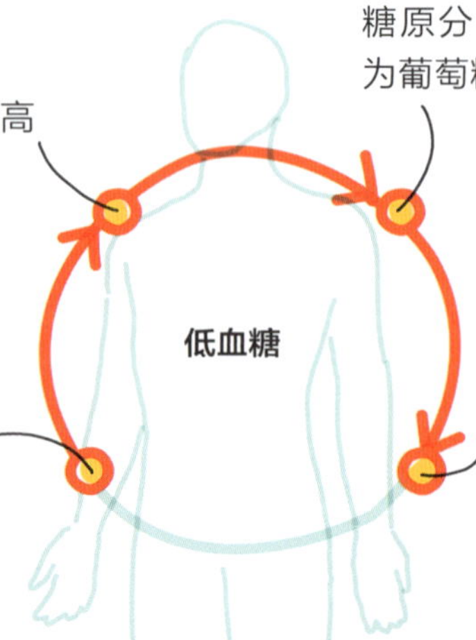

调节身体温度

人类是恒温动物，体温在37摄氏度左右时，身体机能处于最佳状态。如果一个人的体温过高或过低，身体会立刻探测到这样的变化并做出一系列自动调控反应。

大脑中的**下丘脑**能够通过温度感受器解读信息，之后它会发送神经脉冲到身体的不同效应器。

温度感受器是人体中的特化感觉细胞，它们能够察觉到温度的变化。

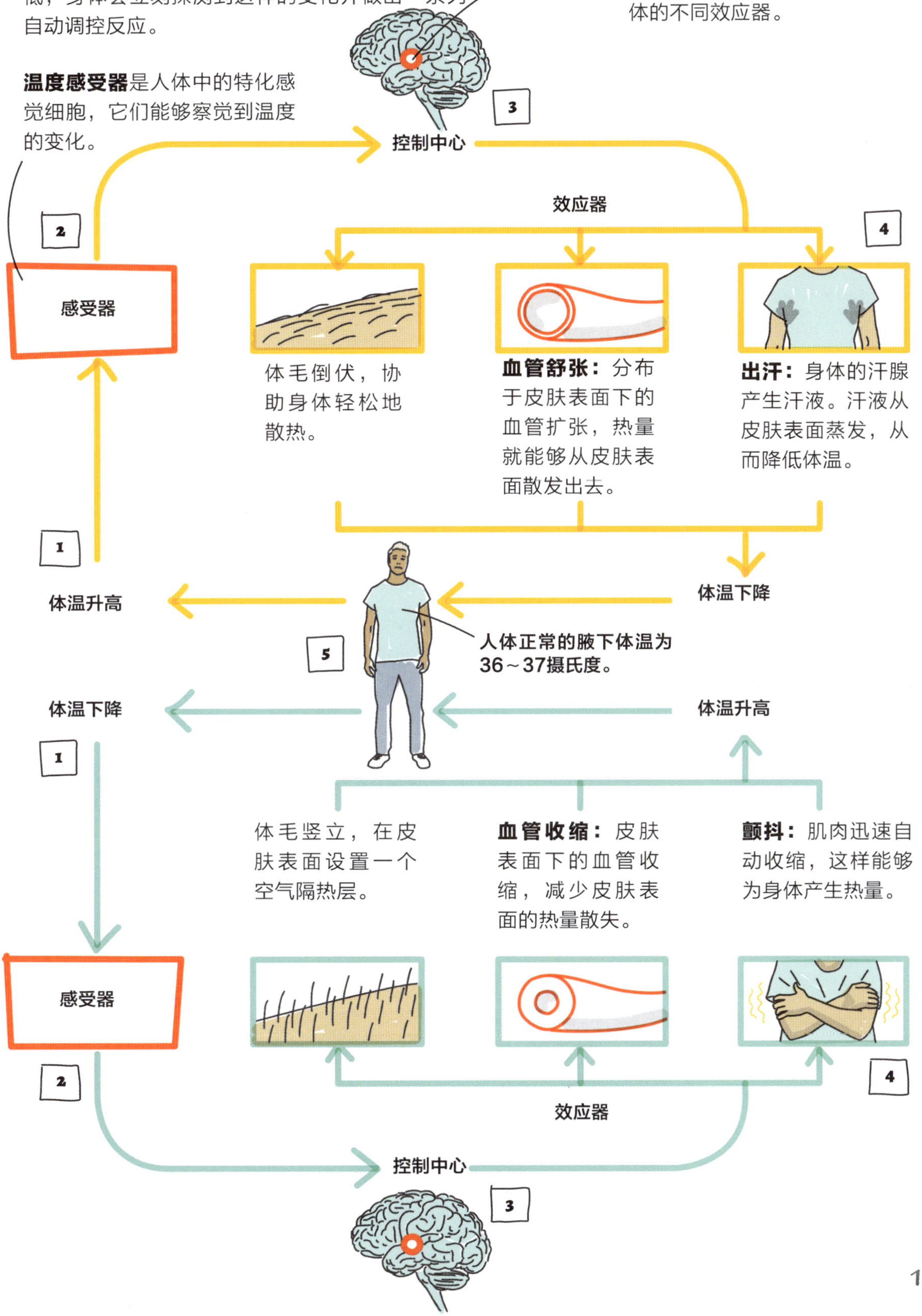

人体的神经系统

人体的神经系统帮助我们对周围环境做出反应，并统筹和协调身体的行为。它由大脑、脊髓以及将这些器官与身体其余部分连接在一起的数千根神经或**神经元**组成。神经利用电信号和称为神经递质的化学物质传送信息。

中枢神经系统：包含大脑和脊髓，是身体的控制中心。中枢神经系统从神经末梢的感觉细胞，即感受器，接收信息，然后通过效应器协调做出反应。

周围神经系统：包含将中枢神经与身体其余部分连接起来的所有神经。周围神经系统能够通过神经末梢的感受器感知外部刺激和变化，并执行来自中枢神经的指令。

突触：两个邻近神经元之间存在的间隙

运动神经元：将来自中枢神经的电脉冲传递到效应器的神经元

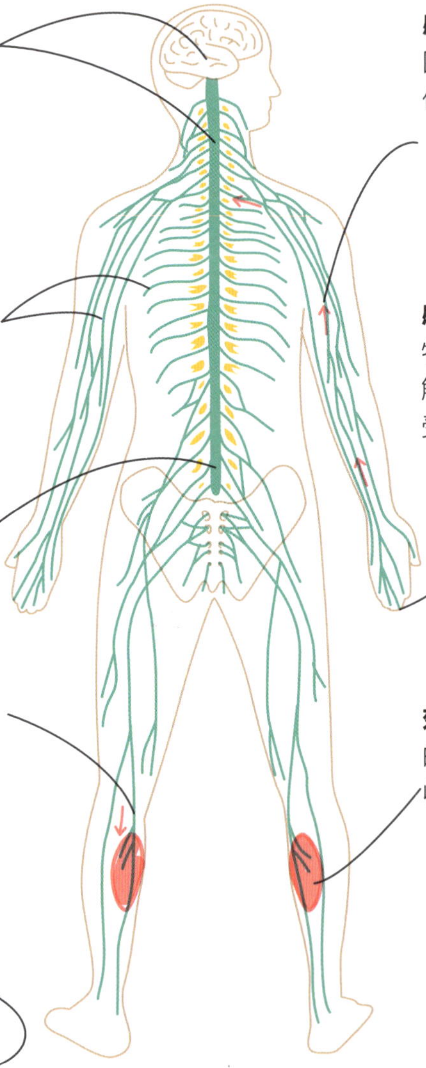

感觉神经元：将来自身体周围神经末梢感受器的电脉冲传递到中枢神经的神经元

感受器：能够探测环境变化的特化感觉细胞，如位于手指的触觉感受器、口腔中的味觉感受器和眼球内的光感受器。

效应器：对电脉冲做出反应的所有肌肉和腺体，如肌肉收缩或舒张。

一个沿着神经元传递的电脉冲

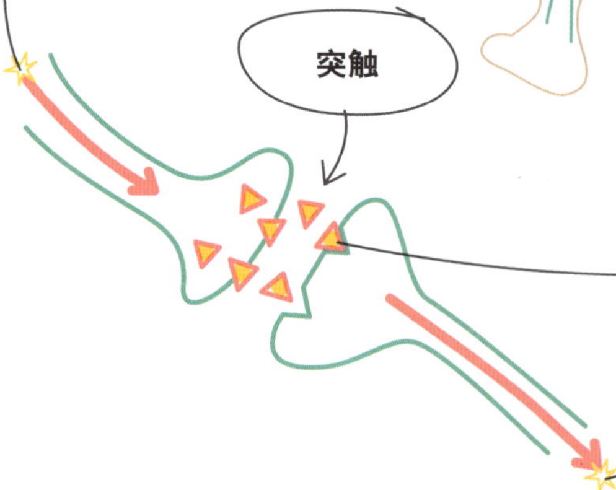

当电脉冲到达突触时，它会引起一种称为**神经递质**的化学物质的释放。神经递质有多巴胺和血清素等，能够穿过突触间隙扩散到下一个神经元的特定位置。

现在，电脉冲在它的路径上能够继续传导。

反射

神经元能迅速传递信息。有时这个过程是有意识的，有时是自发的。这种不经过大脑思维的自动反应更快，我们称其为反射。

反射是一个自动反应。例如，如果有人用强光照你的眼睛，你的瞳孔会自动收缩，不需要经过你的任何思考。

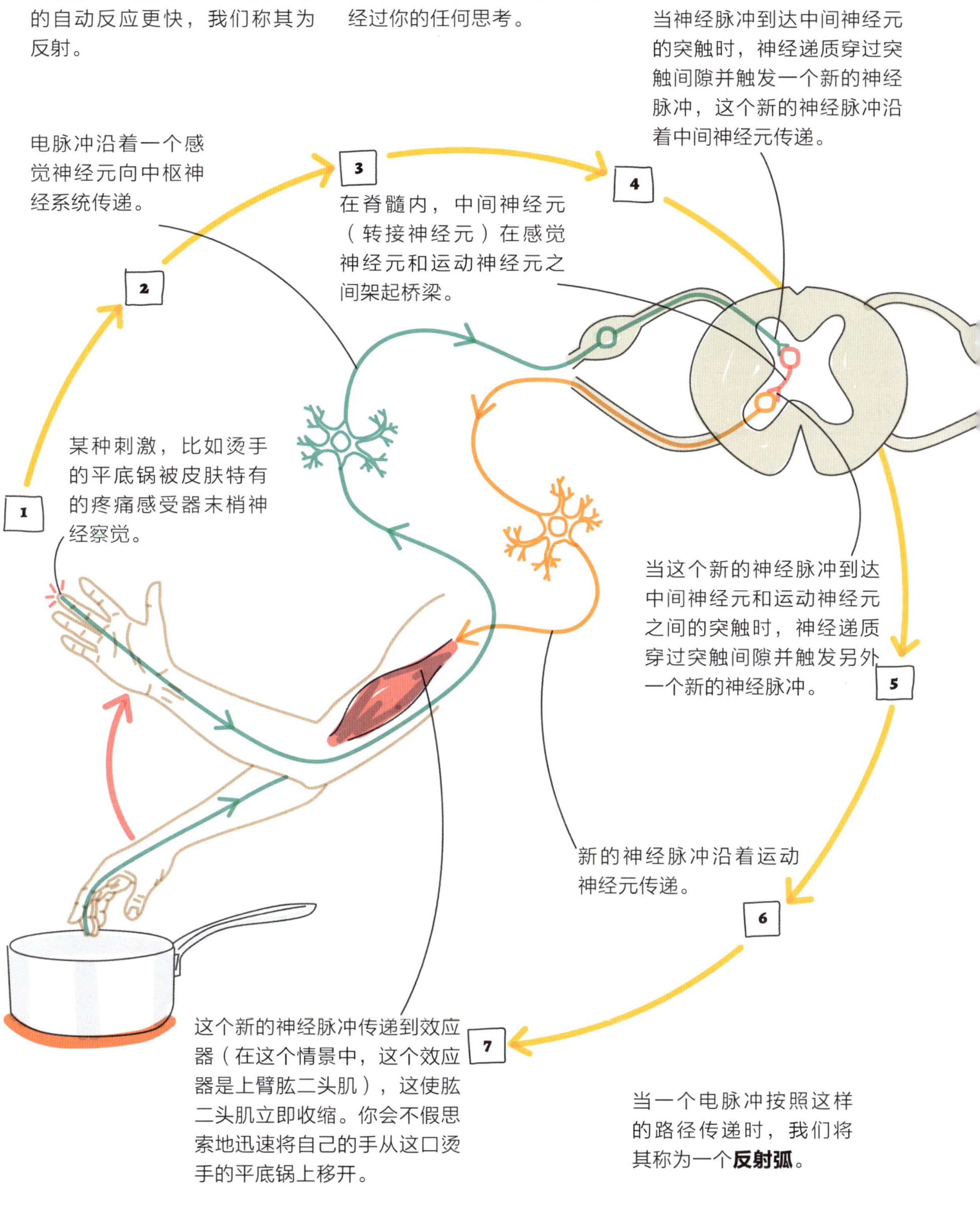

当一个电脉冲按照这样的路径传递时，我们将其称为一个**反射弧**。

人的大脑

人的大脑是世界上最复杂的“电脑”。它含有几十亿个神经元，通过数万亿个突触的连接进行相互沟通。大脑控制着从思考、学习、感觉，到观看、呼吸和行动的每件事情。

一个成年人大脑的重量约为1.3千克，与一只宠物兔的重量大体相当。人的脑浆像黏稠的燕麦粥一样，既柔软又黏糊。

大脑由称为**脑膜**的柔韧细胞膜和称为**头盖骨**的骨骼层保护。人的大脑分为不同的区域，每一个区域都有不同的功能。

外脑部分

大脑额叶包含帮助控制身体动作的**运动皮质**和帮助思考及解决问题的**前额皮质**。大脑额叶也包含**布罗卡氏区**。布罗卡氏区一旦受到损害，人就会发生语言障碍。

顶叶包含解读感觉的**躯体感觉皮质**，如触觉、痛温觉和压迫感等。因此，你的运动皮质会让你去端起一杯咖啡，而你的躯体感觉皮质会告诉你那只杯子烫手。

枕叶处理来自眼睛的视觉信息。

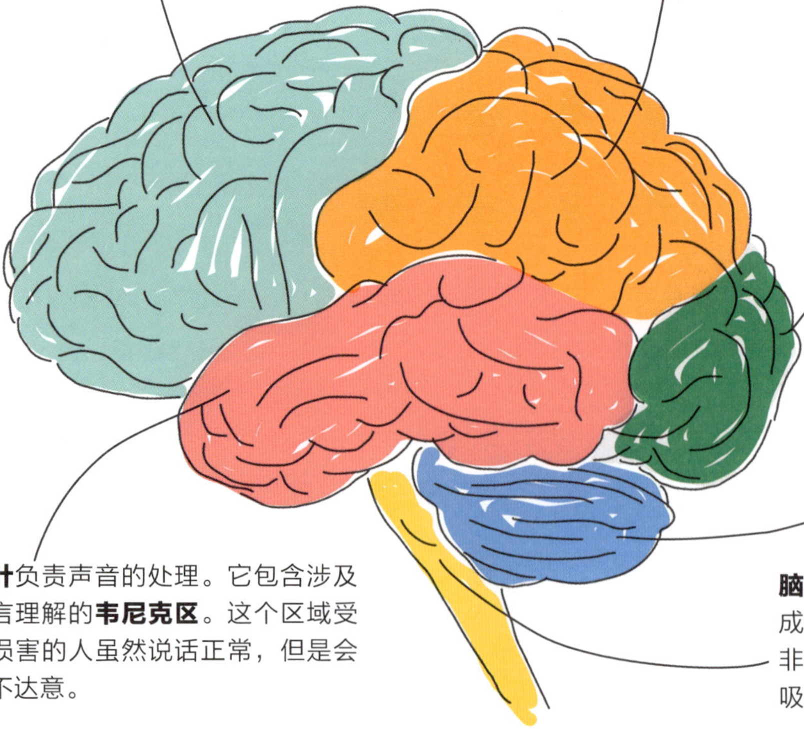

小脑帮助协调身体的姿态、平衡、动作和语言。

颞叶负责声音的处理。它包含涉及语言理解的**韦尼克区**。这个区域受到损害的人虽然说话正常，但是会词不达意。

脑干由一些较小的结构组成，它控制着身体器官的非自主活动，如心跳、呼吸等。

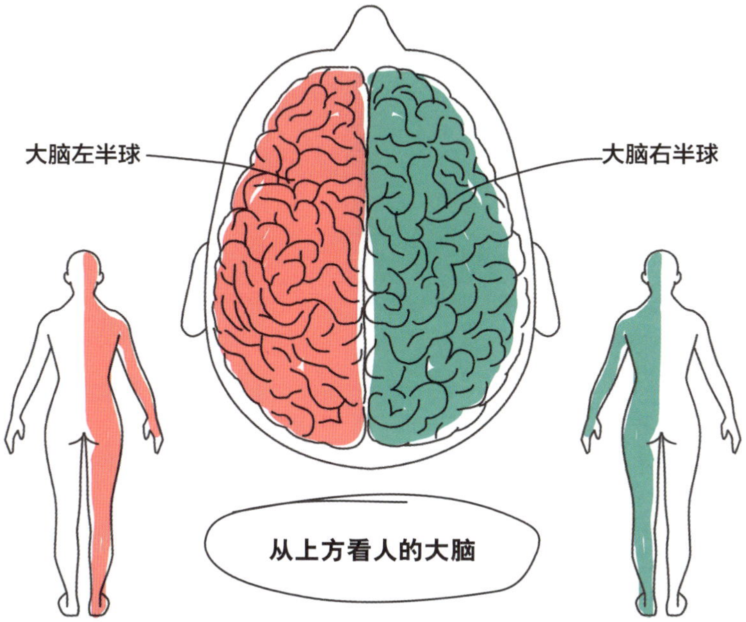

大脑是一层灰色、褶皱状沟回组织。大脑帮助控制身体的一些随意运动，如思考、语言和活动等。

大脑的表面称为**大脑皮层**。大脑沿着中间被分成两个半球。**左半球**控制身体的右边，**右半球**控制身体的左边。

大脑的内部

下丘脑通过脑（下）垂体连接神经系统和内分泌系统。它产生和释放激素，并控制着体温、饥饿感、口渴感和血压等。

丘脑处理来往脊髓的信息。

小脑帮助控制平衡，使身体保持协调并控制肌肉活动。

海马体用于学习和记忆。

脑（下）垂体通过分泌激素帮助身体维持稳态。

髓质是脑干的一部分。它控制无意识活动，如呼吸、心率和血压等。这里的特化细胞也控制打喷嚏和呕吐等动作。

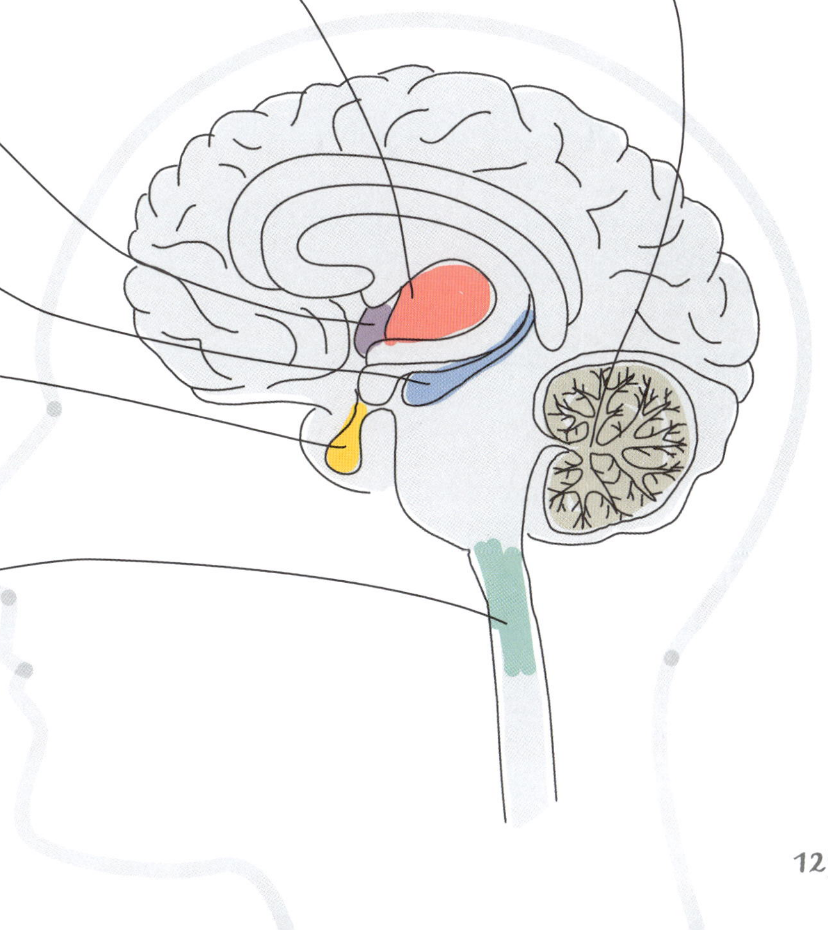

感觉器官

我们的身体包含各种各样的感觉器官，如眼睛、耳朵和舌头等，这些器官帮助我们感知环境的变化。感觉器官将信息传递到中枢神经系统，使我们能够应对这些变化并做出反应。

虹膜： 调节瞳孔大小的一圈肌肉，控制进入眼睛光线的量。

悬韧带： 通过舒张和收缩控制晶状体的形状。

视网膜： 一个由感光细胞组成的感光层

角膜： 在眼睛前面的透明膜。它能折射进入眼睛的光。

瞳孔： 位于眼睛中间的孔，光线通过此孔进入眼球。

晶状体： 屈光并将景物聚焦到眼球的后部。

睫状肌： 通过舒张和收缩控制晶状体的形状。

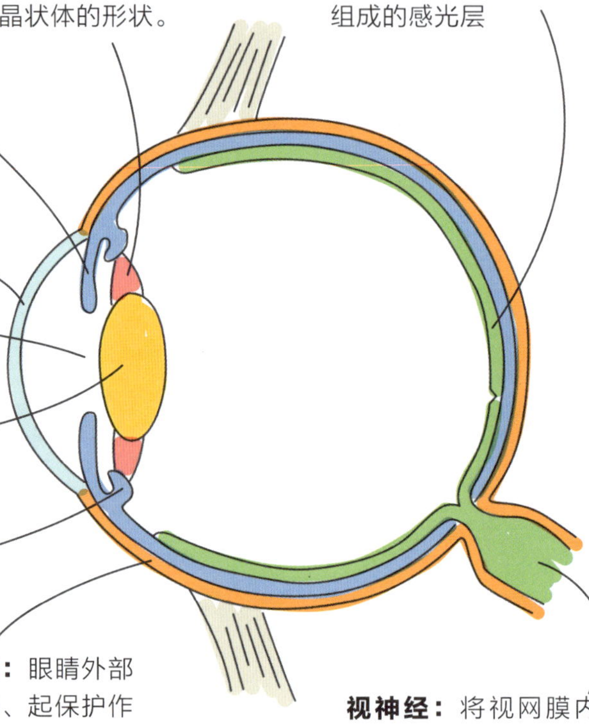

巩膜： 眼睛外部坚韧、起保护作用的外层

视神经： 将视网膜内的光感受器的神经脉冲信号传递到大脑。

眼睛

眼睛是身体的一个重要感觉器官，它能够感知复杂的刺激因素，如对比度、颜色和动作等。眼睛看起来是一个独立的单元，但实际上是中枢神经系统的一个延伸部分。这是因为在眼睛后面就有直接连接大脑的视神经。

视杆细胞： 主要分布在视网膜周边的一种细胞，功能是感知周围的物体。它们在光线较暗的环境中也能正常工作。

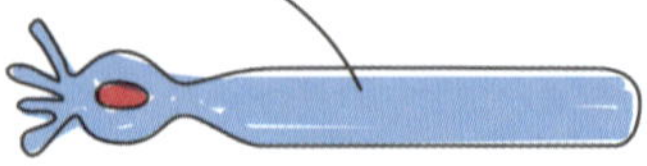

视锥细胞： 在视网膜里的一种细胞。视锥细胞产生色彩视觉，在光线充足的条件下能更好地发挥作用。人的眼睛有三种不同类型的视锥细胞，分别对红、绿和蓝光敏感。这三种细胞对可见光谱不同分区的敏感程度各有不同。

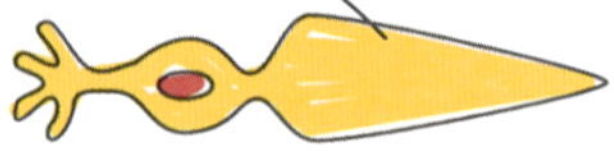

虹膜反射

太亮的光会损伤眼睛。当视网膜里的光感受器探测到强光时，它会引发一个反射，让瞳孔收缩变小。

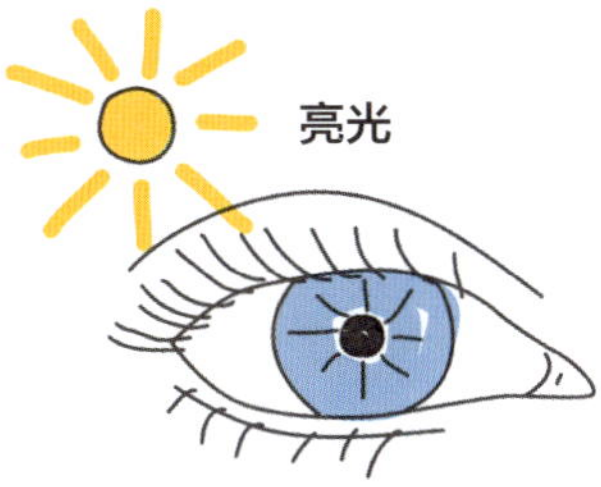

★轮匝肌收缩。
★睫状肌舒张。
★瞳孔缩小。
★少量的光进入眼睛。

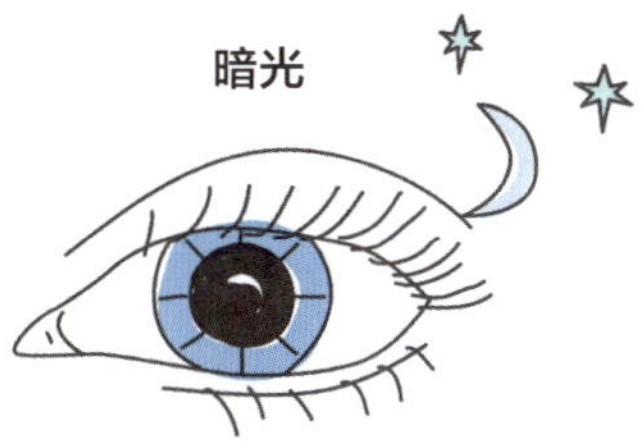

★轮匝肌舒张。
★睫状肌收缩。
★瞳孔放大。
★大量的光进入眼睛。

焦距的远近

眼睛能够聚焦位于不同距离的各种目标。通过肌肉的舒张和收缩，眼睛将物体聚焦在视网膜上，并生成清晰的图像。

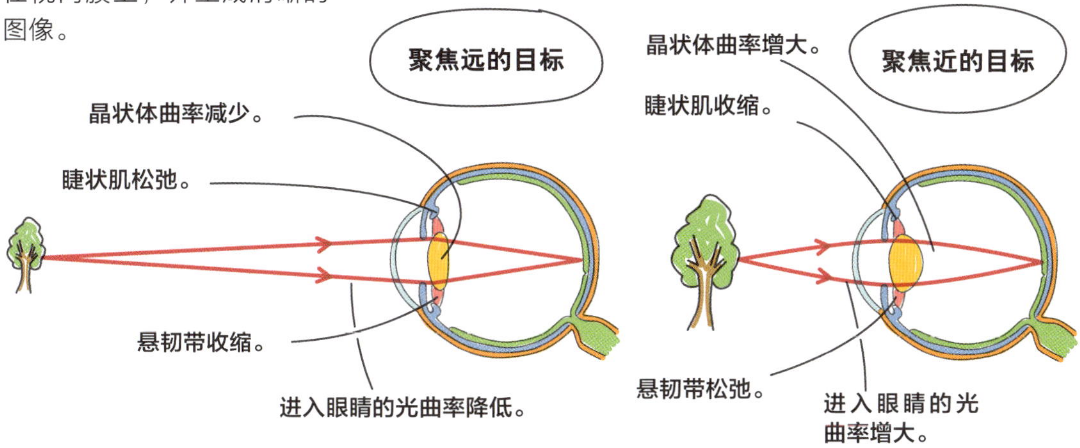

远视和近视

人的远视和近视可以利用透镜校正。

近距离物体的影像在视网膜后面聚焦。这导致影像看起来模糊。

这个问题可以使用凸透镜进行校正，这种透镜能够将光聚焦在视网膜上。

远视

远视的人对近距离的物体聚焦困难。

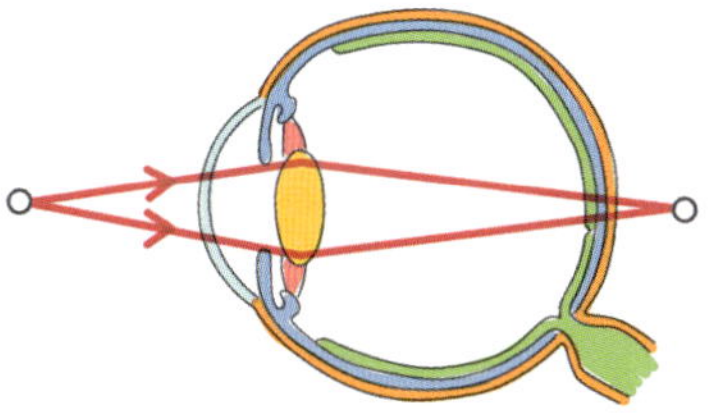

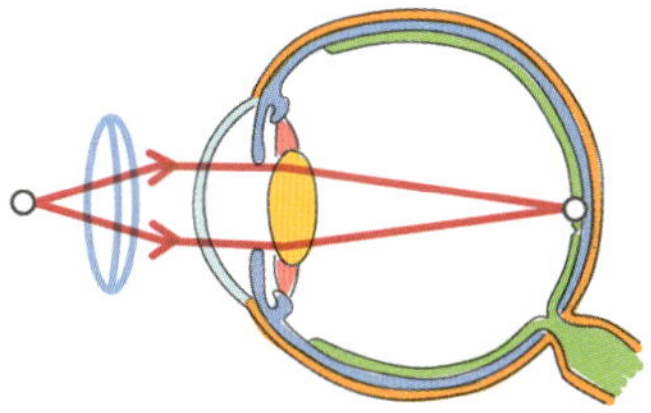

近视

近视的人对远距离的物体聚焦困难。

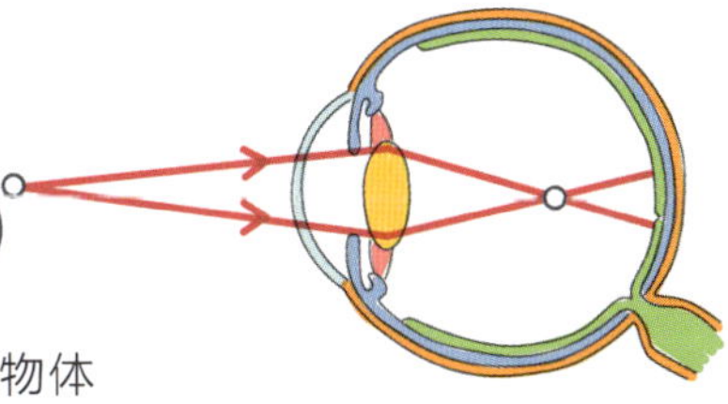

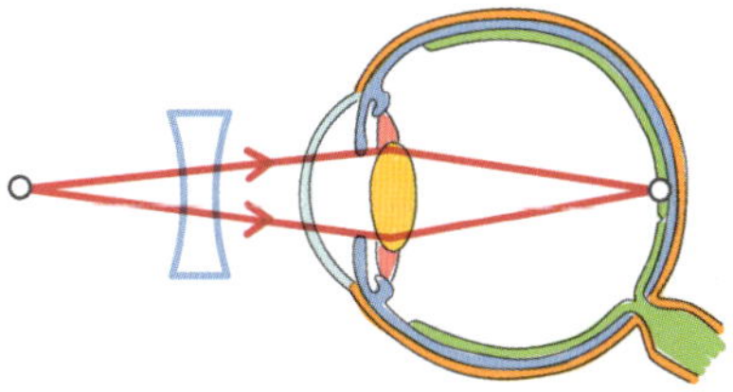

远距离物体的影像在视网膜前面聚焦。这导致影像看起来模糊。

这个问题可以通过凹透镜进行校正，这种透镜能够使光聚焦在视网膜上。

耳朵

耳朵的功能是接收和分辨声波，它能够将声波转换成电信号，并将这些信号传送到大脑。

锤骨：中耳内的3块听小骨之一，声波能够使锤骨产生振动。

半规管：3根微小、充满液体的管子，主要功能是保持人体的平衡。

砧骨：中耳内的3块听小骨之一，当锤骨由声波引起振动时，砧骨也随之振动。

外耳或耳郭：耳朵的可见部分，其形状像一个漏斗，它的功能是收集声波并将其传送到内耳。

镫骨：中耳内的3块听小骨之一，它随砧骨的振动而振动。

耳蜗：一个充满液体的螺旋腔，当镫骨振动时，液体随之产生波动并引发电脉冲信号。

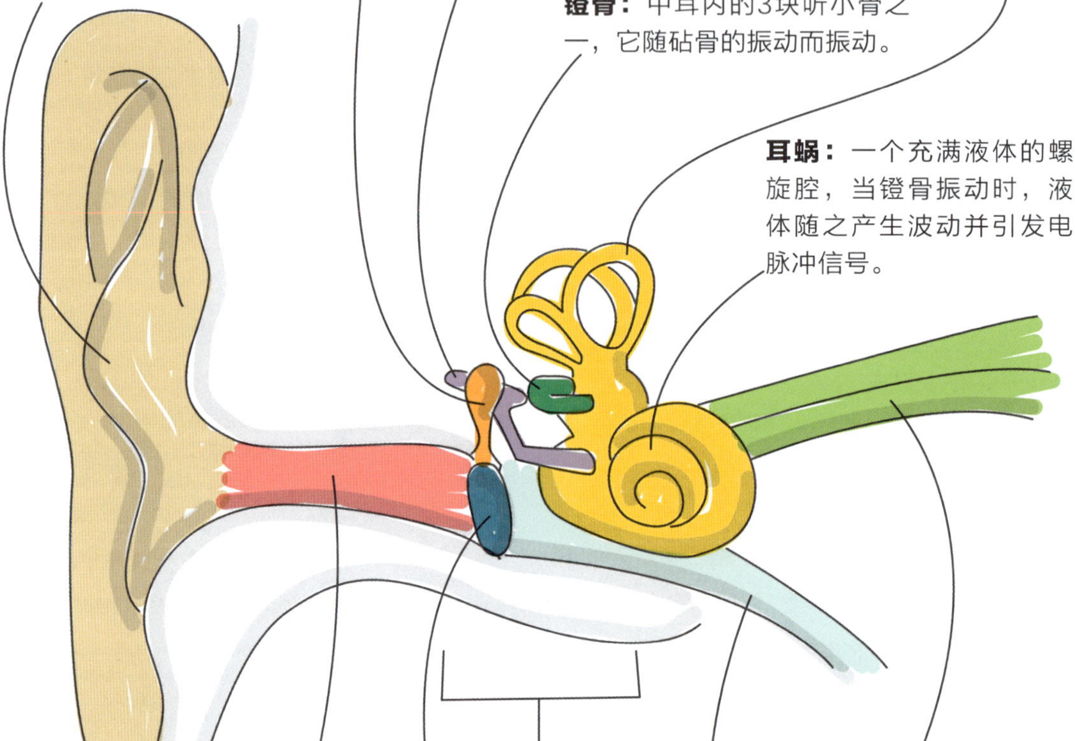

听觉神经：将电脉冲从耳蜗传送到大脑，大脑将其转化为声音。

鼓膜：一层薄而透明的膜，声波可使其产生振动。

耳道：连接外耳和内耳的管道。耳道的功能是传导声波，它的内部遍布产生耳垢的细胞。耳垢能够保护和湿润耳道皮肤，并具有一定的抗菌作用。

咽鼓管：一根从中耳到喉咙和鼻腔的管子，它控制着中耳内的压力。

外耳

内耳

口腔

食物进入口腔，经过咀嚼后进入消化系统的后续环节。我们在吞咽食物之前，先品其味道。**舌头**上有各种特化的味觉细胞，帮助我们享受美食。

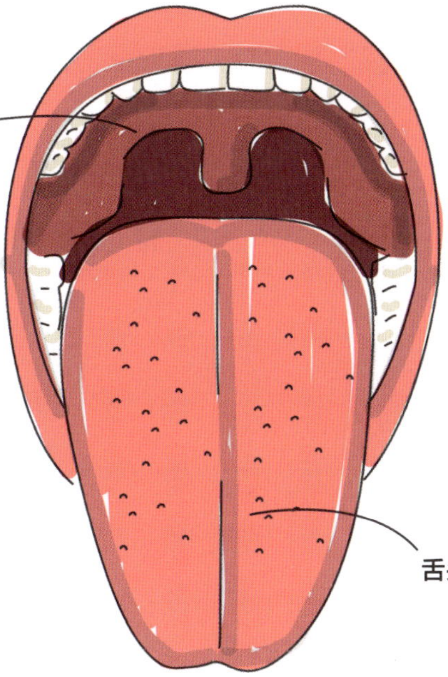

舌头是口腔内的器官之一，其肌肉发达。它的功能是咀嚼和吞咽食物，并能发出声响。唾液能够使舌头保持湿润。舌头上的神经和血管丰富。舌头表面布满了微小**乳头状突起**，其中一部分称为**机械乳头状突起**，它们帮助我们感觉食物的品质；另外一些称为**味觉乳头状突起**，它们帮助我们感觉食物的味道。

其他感觉器官

人体有5种典型的感觉——视觉、听觉、味觉、嗅觉和触觉。但是，科学家认为实际上人体的不同感觉类型可能有50种之多。

人体的感觉器官有的十分明显，如眼睛、耳朵和鼻子等，有的则不然，它们是遍布在全身的许多特化感觉细胞。

这些分布在全身的感觉细胞帮助我们识别其他感觉，例如：

★**饥饿感**是需要吃食物的感觉。

★**温度感**是感觉不同温度的能力。

★**疼痛感**是对疼痛的感觉。

★**平衡感**是感觉身体平衡状态的能力。

★**本体感**是对身体不同部位认知的能力。例如，当你将闭上眼睛时，你仍然能够摸到自己的鼻子。

内分泌系统

内分泌系统帮助身体对环境变化做出反应。它由各种各样的腺体组成。腺体释放**激素**进入血液。这些激素随血液在全身流动，并在特定器官里发挥作用。

甲状腺：位于颈前部，能够产生甲状腺激素，调节人体的新陈代谢。它们还能影响儿童的生长和发育。

脑（下）垂体：位于大脑底部的一个豌豆大小的腺体。它能够分泌许多不同的激素，如催乳素和生长激素。催乳素能刺激乳房分泌乳汁，而生长激素能够调节身体的生长和新陈代谢。

因为脑垂体控制着其他腺体的活动，所以脑垂体通常被称为“内分泌腺之首”。例如，垂体激素对肾上腺、甲状腺、卵巢和睾丸发出指令，使它们产生各类其他激素。

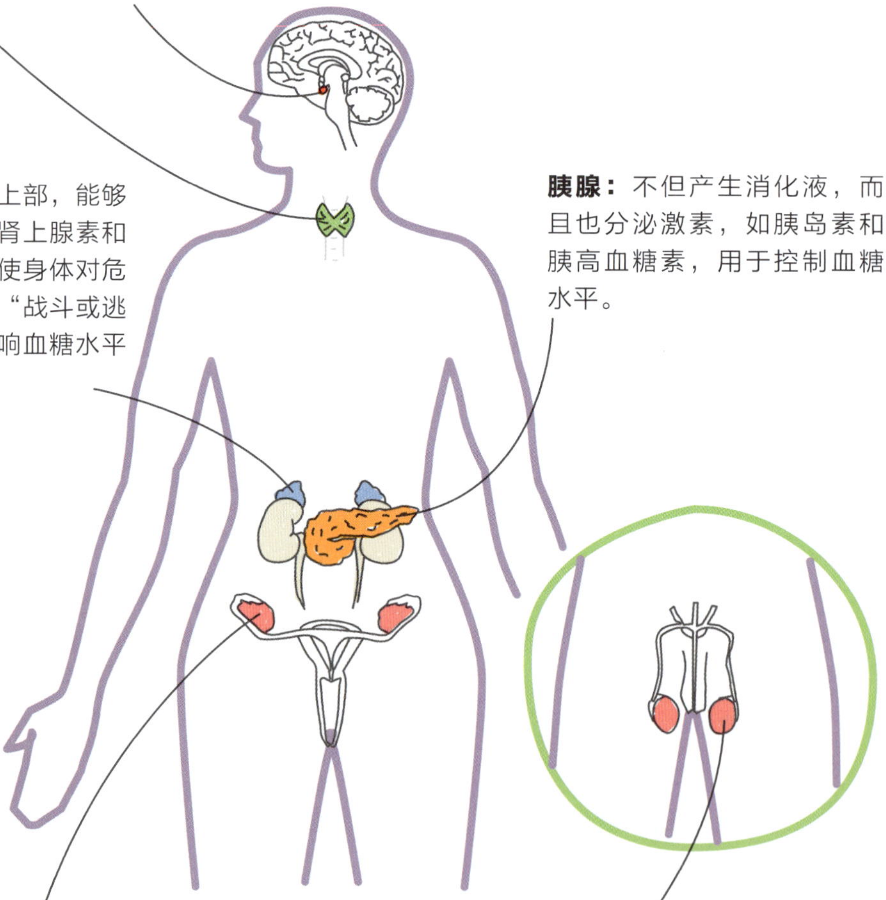

肾上腺：位于肾脏上部，能够产生多种激素，如肾上腺素和皮质醇。肾上腺素使身体对危险迅速做出反应（“战斗或逃跑”）；皮质醇影响血糖水平和新陈代谢。

胰腺：不但产生消化液，而且也分泌激素，如胰岛素和胰高血糖素，用于控制血糖水平。

卵巢（女性性腺）：分泌雌性激素，影响乳房、阴毛和女性其他第二性征的发育，调节月经周期并有助于生育。

睾丸（男性性腺）：分泌睾丸素。睾丸素不但能够影响胡须和喉结的生长，还影响男性其他第二性征的发育和精子的产生。

战斗或逃跑反应

大部分激素都有长效作用，但有时候这种作用也可能很短暂，战斗或逃跑反应就是一个很好的例子。

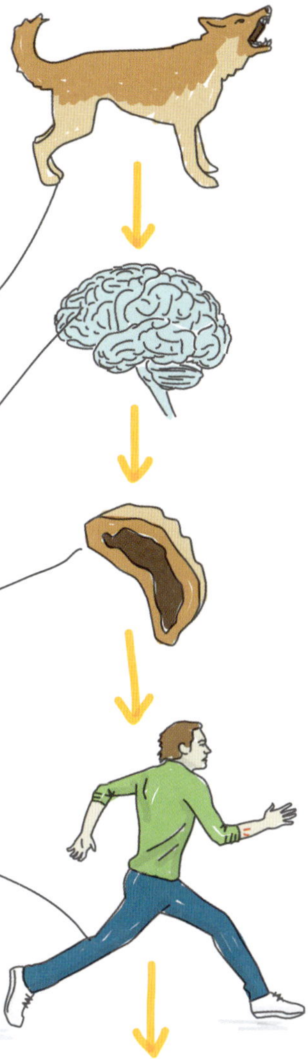

威胁： 感觉到危险或紧张的情况。

大脑： 处理收到的信号。

肾上腺： 分泌肾上腺素和皮质醇到血流里。

身体作用： 激素会使身体做好准备，在保卫自己或逃跑中做出选择。

内分泌系统和神经系统的区别

内分泌系统通过分泌多种激素并使其进入血液循环来对特定组织产生影响。激素效应的发挥是在较长的时间里缓慢进行的，直到最终激素被分解。此外，这种效应作用于体内血液循环所及的广泛区域。与此相反，神经系统是通过神经对肌肉和腺体产生影响，神经冲动在极短的时间内就能够产生作用，其反应范围仅限于身体的特定区域。

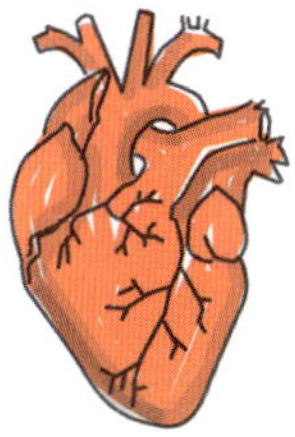

心率和血压升高。更多的血液被注入大脑和肌肉等重要器官里，为身体采取行动做好准备。

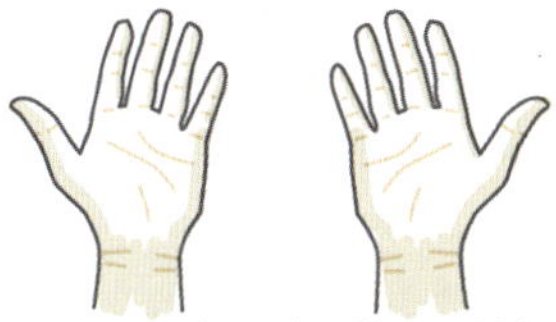

体内血液重新分配以保障重要器官发挥正常功能，这样可能会使四肢的末梢血液循环减少，因此感觉手和脚冰凉或湿冷。

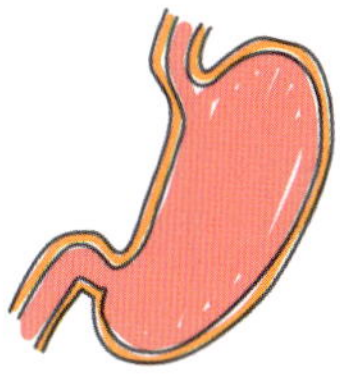

消化过程变慢。因此身体能够集中于战斗或逃跑反应。

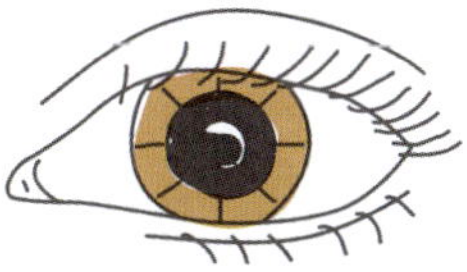

瞳孔扩大，更多的光能够进入眼睛，使视力得到改善。

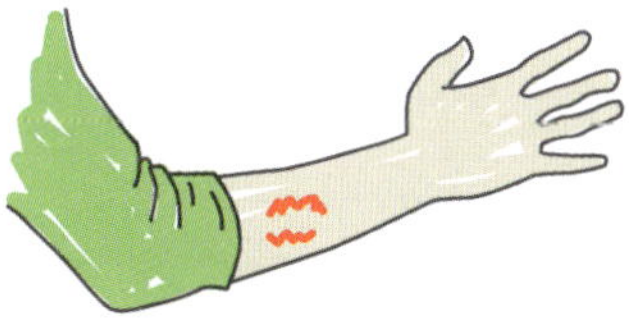

对疼痛的反应变得迟钝。有时候可能会忽略自己身上的某些创伤。

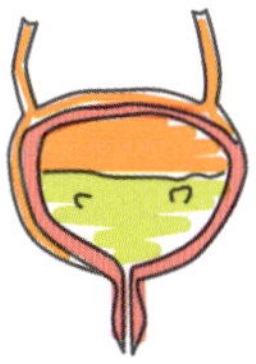

在非常紧张的情况下，有些人的膀胱会失控甚至发生尿失禁。

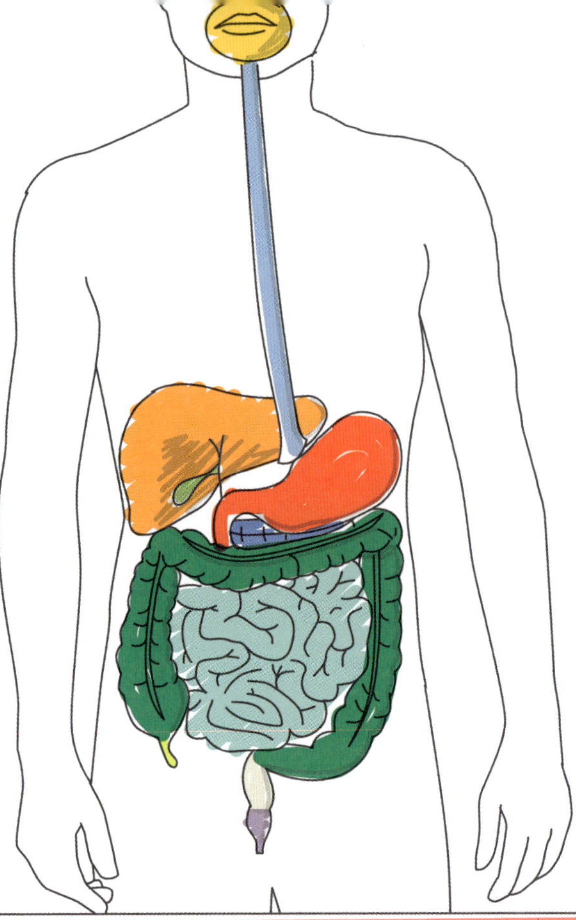

人体的消化系统

成年人的消化系统可长达9米，其中包含许多不同的器官，如口腔、食道、胃、小肠、大肠、直肠和肛门等。食物在穿过消化系统时被分解成细小的碎片。这个过程既包含机械方式，即咀嚼；也伴随着化学反应方式，即释放各种各样的酶进入消化道。当食物被分解完成，身体会吸收其中的有益分子作为我们身体的营养和能量，并将所有未被消化的食物排出体外。

口腔

口腔是消化过程的起点，在此食物被咀嚼成更小的碎末。味蕾分辨食物中的化学成分，并促进消化系统细胞释放多种消化食物的酶。唾液中的唾液淀粉酶用化学方式消化食物中的碳水化合物。

食道

食道是一根由肌肉组成的管道，它将口腔和胃连接在一起。肌肉收缩将食物沿着食道挤压进胃部，这个过程称为**蠕动**。这样的蠕动方式也帮助食物通过胃和肠。

胃

胃帮助人体储存和消化食物。这个富有弹性的器官能够储存高达2升的食物和液体。胃液是由胃内层的各种腺体分泌的，它能够使食物碎片变成汤汁状的混悬液。胃液中含有能够分解蛋白质的盐酸和蛋白酶，这类酶能够将蛋白质分解成更小的分子。

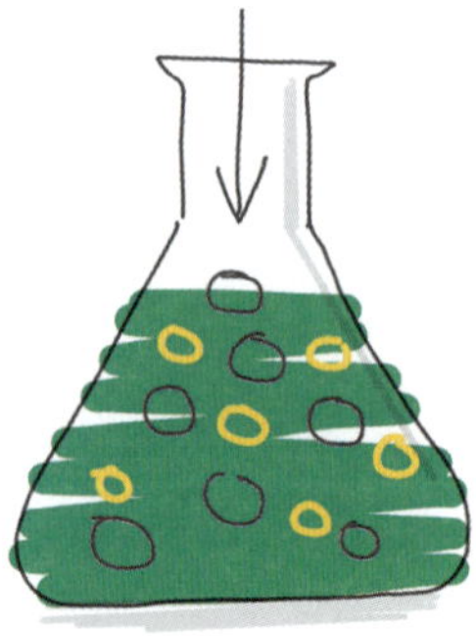

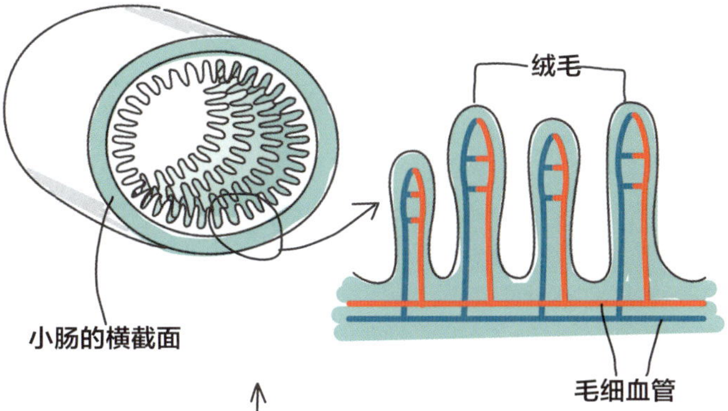

小肠

接下来，被初步消化的食物进入小肠。实际上，小肠并不小，它的长度约7米，是大肠的4倍。但是小肠的直径很小。在肝脏和胰腺的帮助下，小肠能够将食物分解成更小的分子。然后，营养物被输送到血液里，再通过血液输送到全身。在小肠内壁表面覆盖着叫作“绒毛”的微小褶皱。这些绒毛上还有更小的微肠绒毛，它们大幅地增加了消化吸收的表面积。

胰腺

胰腺产生消化液，并将其释放到小肠里。胰腺液含有多种消化酶，将脂肪、碳水化合物、蛋白质和脱氧核糖核酸（DNA）分子分解为更小的碎片。

肝脏

肝脏分泌一种称为**胆汁**的暗黑色液体，并将其释放到小肠内。胆汁内的分子能够帮助乳化脂肪，将其变成混悬液，这样它们就更容易被消化。

胆囊

胆囊用于储存并浓缩胆汁，需要时释放胆汁，使其进入小肠。

阑尾

阑尾是一个小袋子样的囊状组织，在免疫系统中可能发挥一定的作用。

大肠

未经消化的食物被挤压进大肠。在大肠中，水和一些电解质再次被吸收进入血流。

直肠

在通过大肠后，仍未被消化的食物进入直肠，这些残余物形成排泄物并储存在直肠内。

肛门

肛门是消化系统最后的部分，也是直肠对外部开放的部分。人体的排泄物在恰当的时候将通过肛门排出体外。

循环系统和呼吸系统

循环系统和呼吸系统协同工作向全身提供血液，将二氧化碳排出体外，并向体内提供氧气。循环系统涉及心脏、血管和血液。呼吸系统的主要器官是肺。

心脏

心脏是身体最重要的器官之一，包含2个心房和2个心室。心脏壁由肌肉组成，肌肉收缩将血液输送到全身。心脏内有瓣膜，瓣膜使血液只能按照正确方向流动。

心脏的工作方式：

1 充氧血液通过肺静脉进入心脏。脱氧血液通过腔静脉流回心脏。

2 心房收缩，将血液输送到心室内。

3 心室收缩，驱使充氧血液进入主动脉，并使脱氧血液进入肺动脉。

4 血液通过动脉流到各个器官，并通过静脉返回。

5 心房充满血液，然后同样的循环再次开始。

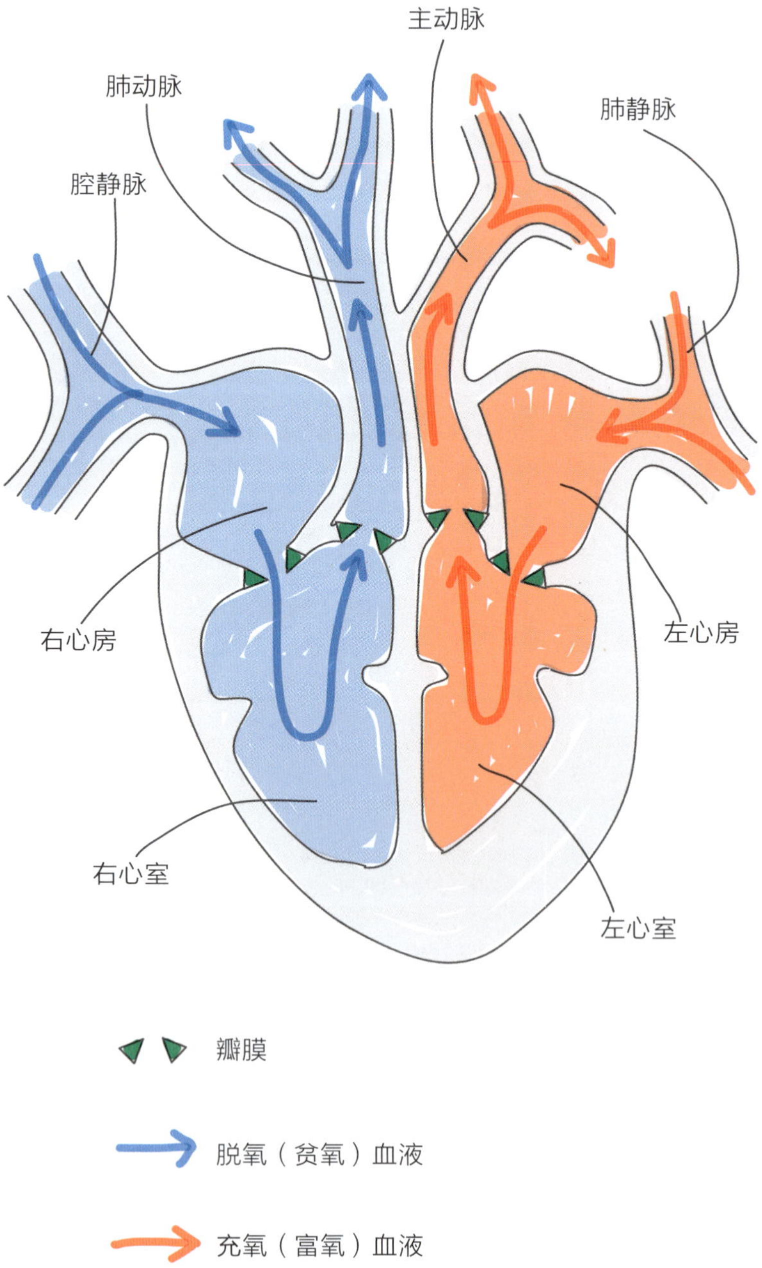

双循环系统

循环系统由2个连接在一起的循环构成。

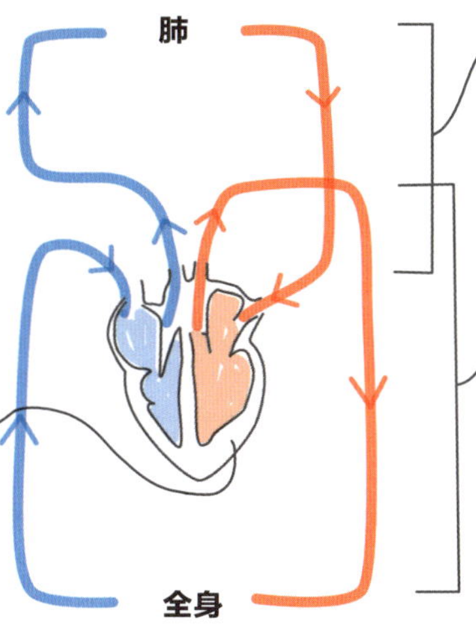

肺循环： 右心室泵出脱氧血液，并将其输送到肺部，使其获得氧气。然后，充氧血液返回心脏。

体循环： 左心室泵出充氧血液，并将其输送到全身。当全身细胞和器官耗尽氧气，血液脱氧后再返回心脏，由肺循环再输送回肺，使其重新获得氧气。

因为左心室需将充氧血液泵出注满全身，形成体循环，所以左心室心肌较右心室心肌更加厚实有力。

肺

肺是专门进行气体交换的器官。循环系统将脱氧血液输送到肺，血液被充氧后通过心脏注满全身。

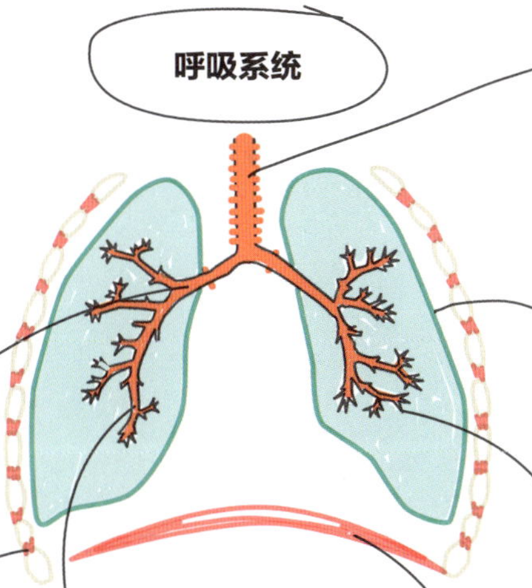

气管： 带有软骨环、直径较大的管道，它将口腔与支气管连接在一起。

胸膜： 包裹肺并保持其密封的湿性膜

支气管： 连接气管与肺的主要气流通道。人体有左、右两组支气管。

肺泡： 在细支气管末端上的微小气囊。这是发生气体交换的场所。氧气从这里扩散到附近的血管中，二氧化碳从附近的血管里扩散出去。

肋间肌： 肌肉舒张或收缩使胸腔容积增大或减小，驱使气流吸入或呼出，从而完成呼吸过程。

细支气管： 支气管逐级分成的越来越小的气管

隔膜： 大而薄的片状肌通过收缩和舒张辅助呼吸。

血管

血液在血管内流经全身。血管有3种类型：毛细血管、静脉血管和动脉血管。

毛细血管

★是一个由微小血管组成的庞大网络。

★有薄壁，其厚度仅为1个细胞的厚度，这使得气体交换成为可能。

静脉血管

★在低压下携带脱氧血液从身体回到心脏（除了肺静脉以外）。

★有包含瓣膜的薄壁，能保持血液按正确的方向流动。

★有宽松的通道，血液因此能够自如地流动。

动脉血管

★在高压下携带充氧血液从心脏流至全身（除了肺动脉以外）。

★有厚的肌肉壁。

★有狭窄的通道，有助于维持高压环境。

骨骼系统和肌肉系统

人体的骨骼系统为支撑身体以及保护大脑、心脏等重要器官发挥着重要作用。此外，骨骼系统还制造血细胞。骨骼系统与肌肉系统相互配合，控制身体的活动，维持身体的姿态。

人的骨架

人的骨架由206块骨骼组成。每块骨骼都是活体组织，有自己的血液供给。骨骼含有钙等多种矿物质，它们使骨骼坚固且具有一定柔韧性。

关键骨骼及其功能

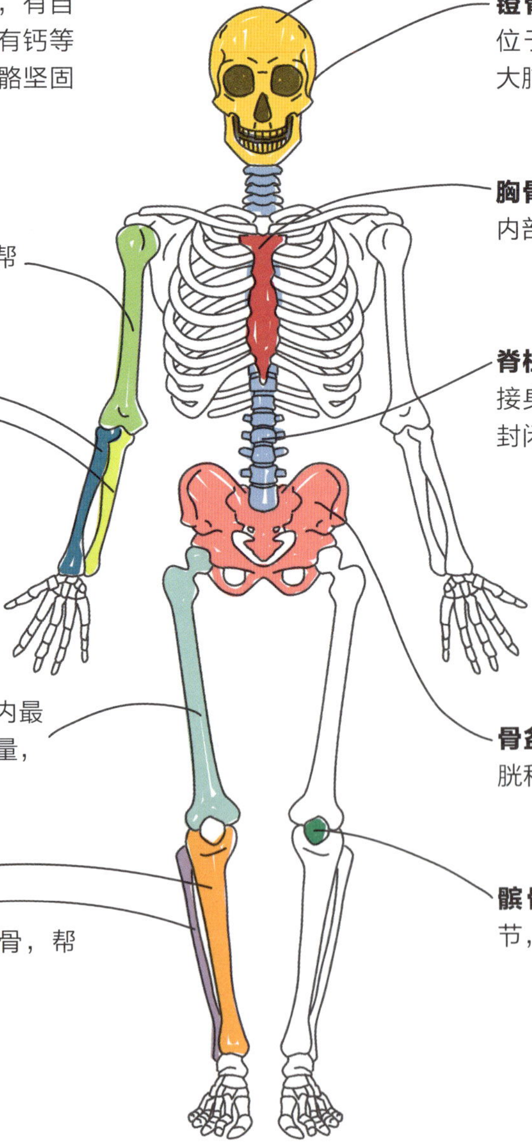

头盖骨： 保护大脑。

镫骨： 身体内最小的骨骼，位于中耳内，将声波传递给大脑。

胸骨和胸腔**：** 保护心脏和肺等内部器官。

肱骨： 连接手臂与肩，帮助手臂活动。

脊柱： 提供身体结构支撑，连接身体的上部和下部，并保护封闭其中的神经。

桡骨和尺骨： 前臂的2块骨头，连接臂与手，帮助手臂活动。

股骨（大腿骨）： 身体内最长的骨骼，支撑身体重量，并帮助腿活动。

骨盆： 支撑身体上部及保护膀胱和生殖器官。

髌骨（膝盖骨）： 保护膝关节，并使腿能够弯曲和移动。

胫骨和腓骨： 2块小腿骨，帮助腿和脚移动。

关节

关节把骨骼连接在一起，并帮助骨骼活动。滑膜关节，如膝关节和肘关节，能够帮助骨骼前后活动。球窝关节和杵臼关节，如肩关节和髋关节，能够帮助骨骼在多个方向上旋转。

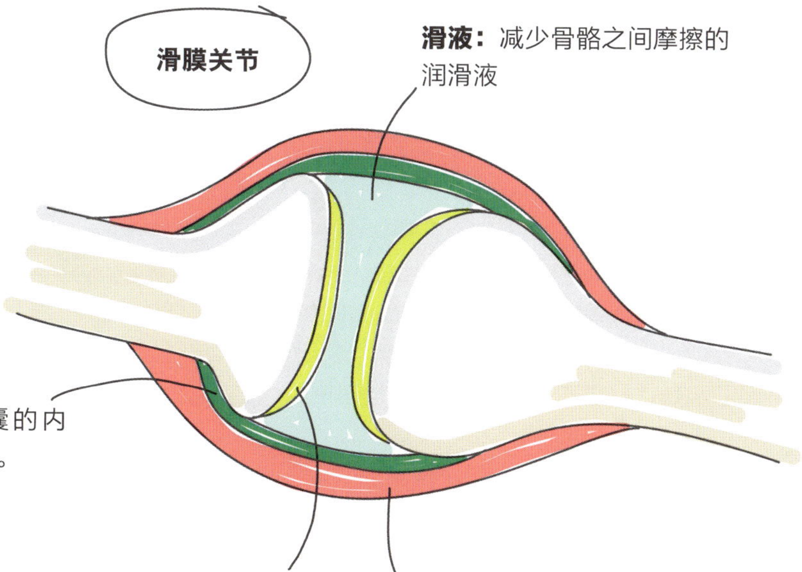

肌肉

如果没有肌肉组织，关节是不能工作的。肌肉是一种专门的组织类型，它通过**肌腱**附着在骨骼上。肌腱是一种肌纤维组织。肌肉通过收缩发力，驱动骨骼和关节，此外肌肉通常都是结对运动的。

肘关节由两组**起拮抗作用**的肌肉控制。具体来讲，当肱二头肌收缩时，肱三头肌舒张，反之亦然。

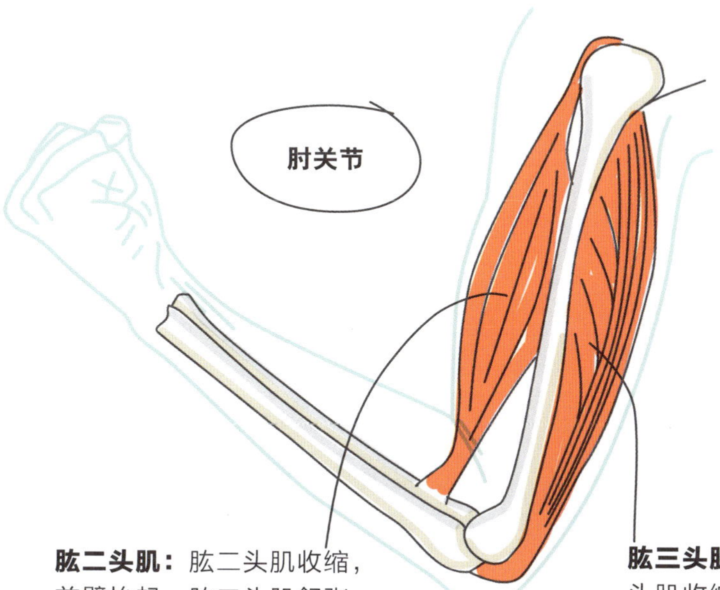

血细胞

大的骨骼内含有称为**骨髓**的软组织。骨髓制造血细胞，血细胞有不同类型：

红细胞：专门为全身运送氧气的特化细胞。它们小而灵活，没有细胞核，看起来像扁平的圆盘。

白细胞：多种特化细胞，构成免疫系统的一部分，帮助对抗疾病。

小结

人体结构和功能

稳态

稳态是人体内一套自动控制系统，该系统维持恒定的体内状态，如调节血糖和体温等。

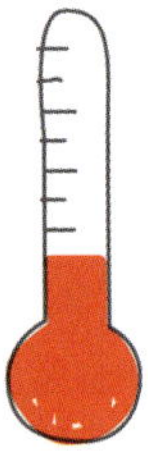

控制中枢

控制中枢由神经系统和内分泌系统组成，它能够感知刺激，并自动协调做出反应。

负反馈

负反馈平衡身体变化，并将身体重新调整到正常水平，如控制体温等。

其他系统

内分泌系统

内分泌系统由各种腺体组成。腺体释放激素进入血液，并对各种器官产生作用。

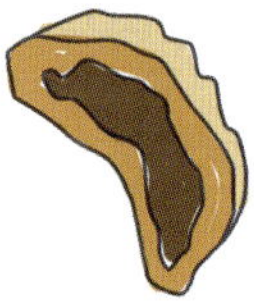

消化系统

消化系统由多种不同的器官共同作用，分解食物并吸收营养。

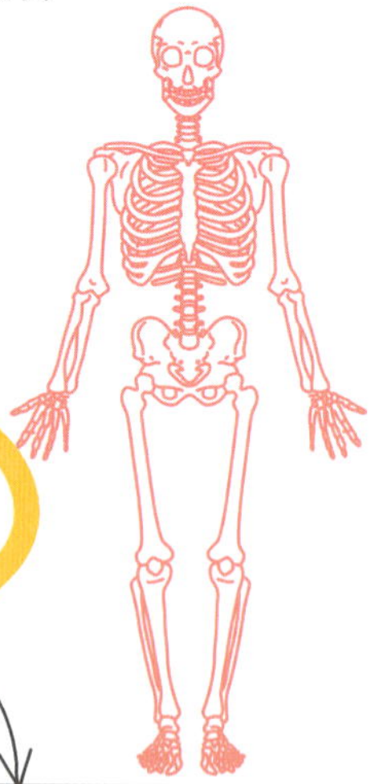

循环系统和呼吸系统

循环系统和呼吸系统协同工作，将血液输送到全身。它们提供人体呼吸所需的氧气，排出无用的二氧化碳。

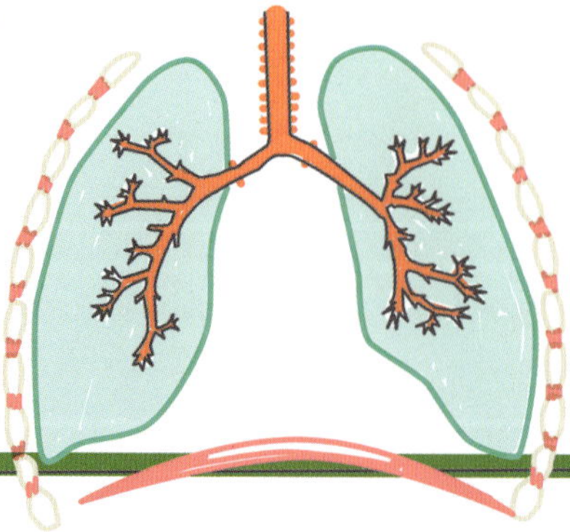

骨骼系统和肌肉系统

骨骼系统和肌肉系统对身体提供保护及支撑，使身体能够活动，并在骨髓中制造血细胞。

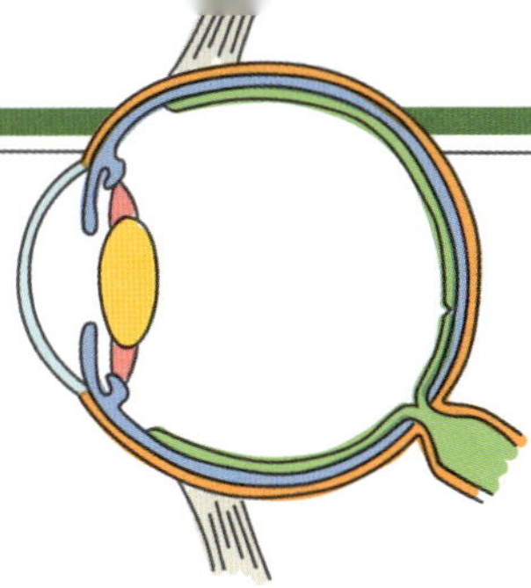

感觉器官

眼睛

眼睛感知视觉刺激，如色彩及其对比度。它还能聚焦光线。

耳朵

耳朵接受听觉刺激。它采集声波，并向大脑传递电脉冲。

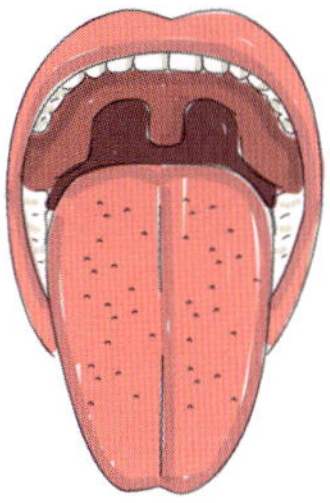

口腔

口腔感觉味道，如苦、甜等，并向大脑传递电脉冲。

其他感觉器官

其他感觉器官帮助人体感知50种不同的感觉，如饥饿、热和疼痛等。

神经系统

突触

突触是神经元之间的缝隙。它帮助神经脉冲传递。

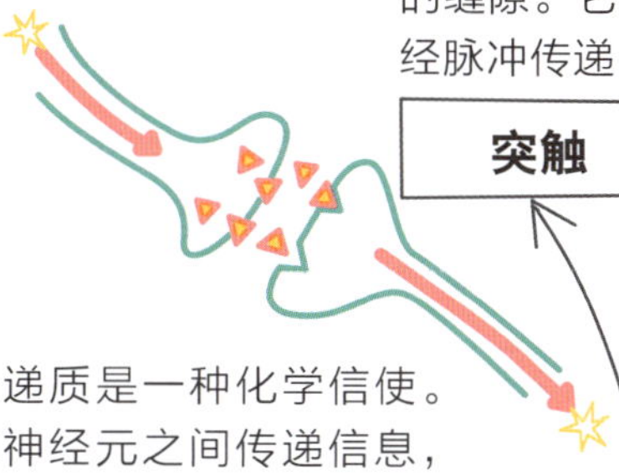

神经递质

神经递质是一种化学信使。它在神经元之间传递信息，如多巴胺和血清素等。

感受器

感受器是感知环境变化的特化感觉细胞，如在眼睛内的光感受器。

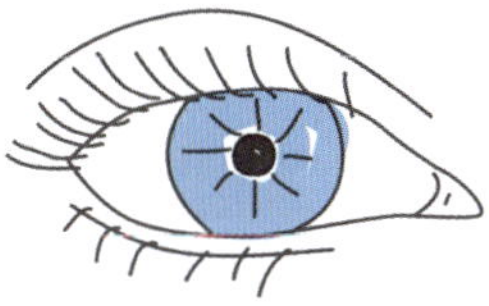

反射

反射是不经过大脑的自动反应，涉及中间神经元，例如，遇到强光时瞳孔会收缩。

中枢神经系统

中枢神经系统是身体的控制中心，包括大脑和脊髓。大脑负责控制复杂的行为。脊髓连接大脑与身体。

感觉神经元

感觉神经元是一种特化细胞。它将感受器上的电脉冲传递到中枢神经系统。

周围神经系统

周围神经系统包含连接中枢神经与身体其余部分的所有神经。

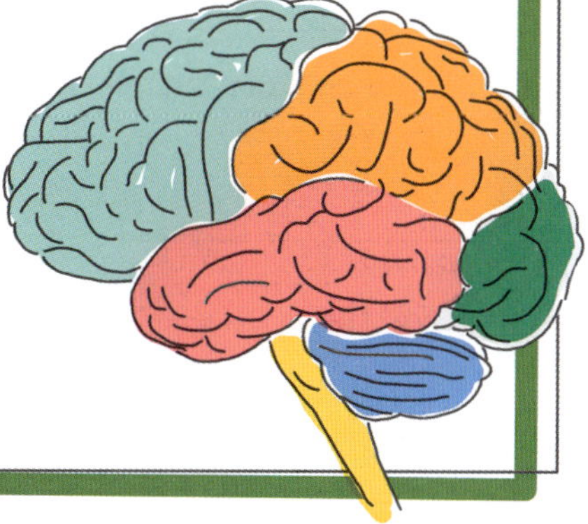

运动神经元

运动神经元是一种特化细胞。它将来自中枢神经系统的电脉冲传递到效应器上。

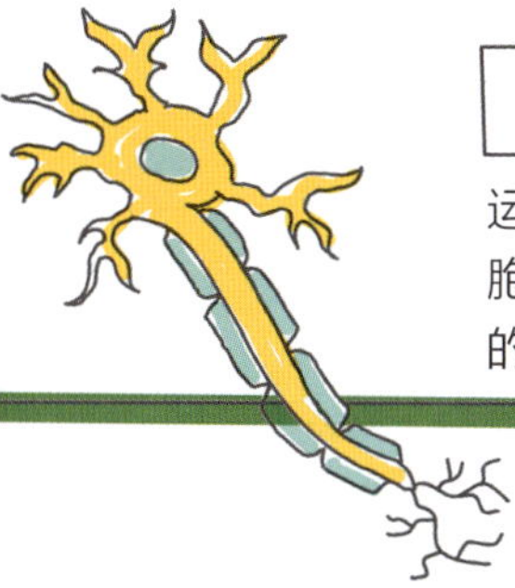

第九章

人类健康与疾病

生活的最佳状态是拥有健康和快乐。养成良好的生活习惯，如合理的运动和健康的饮食，有助于保持人体健康。但也有许多因素可导致人生病，包括微生物感染、基因缺陷，以及各种环境因素等。由于全球人类健康状况存在差异，所以生活在不同地区的人的患病情况也不同。值得庆幸的是，科学家们一直在通过研发新的药物和改进对疾病的治疗方法帮助人们预防、治疗和战胜疾病。在这一章中，你将了解到更多关于人类健康与疾病的问题。

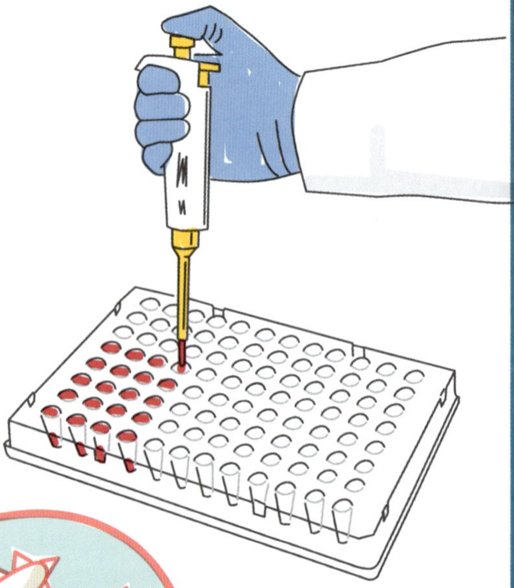

健康状况差异

当今世界，人们能享受到的医疗保健条件差异很大。基于所处的自然环境和社会条件不同，相对于一般人群来说，某些人群更容易遭受疾病侵袭。这种健康状态差异反映出了地域、教育水平和其他因素之间的差距。

人均预期寿命是评估预计生命期限的重要指标，从一个人出生时算起。这一指标是评估人的生活质量的主要依据之一。在不同国家之间，人均预期寿命之间的差距可达34岁之多。

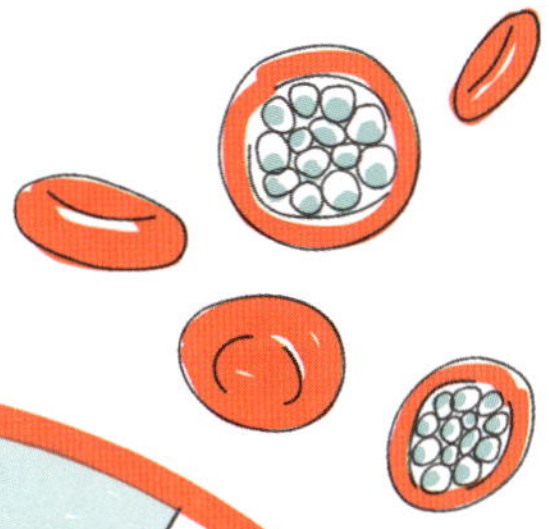

健康状况的差异也存在于同一国家中。例如在美国，非洲裔美国人仅占人口的13%，但是将近一半新增艾滋病病毒感染者是非洲裔美国人。

从全球范围看，由于贫困和基本生活资源的匮乏，非洲撒哈拉沙漠以南地区人群的发病率最高。

受地缘和社会因素的交叉影响，每天有16000名5岁以下的儿童夭折。然而，大多数这一类的死亡是可以避免的，即便是那些生活在非洲撒哈拉沙漠以南地区的儿童，死亡率也可降低到原来的1/14以下。此外，来自贫困和农村家庭的儿童死亡率，高于来自相对富裕和城市化程度高的家庭的儿童死亡率。导致这些儿童死亡的主要原因是缺乏基本生活保障，如缺少食物和清洁的饮用水，以及疟疾、麻疹等疾病的侵袭。

传染性疾病

可在人与人或动物与人之间传播的疾病称为传染性或感染性疾病。这类疾病由治病微生物**病原体**所致。某些传染性疾病相对轻微，如结膜炎；另外一些则严重得多，如疟疾。

传染性疾病具有多种传播途径和感染方式。

直接接触：例如，水痘可通过易感者与患者的密切接触传播，艾滋病病毒可通过性行为等方式传播。

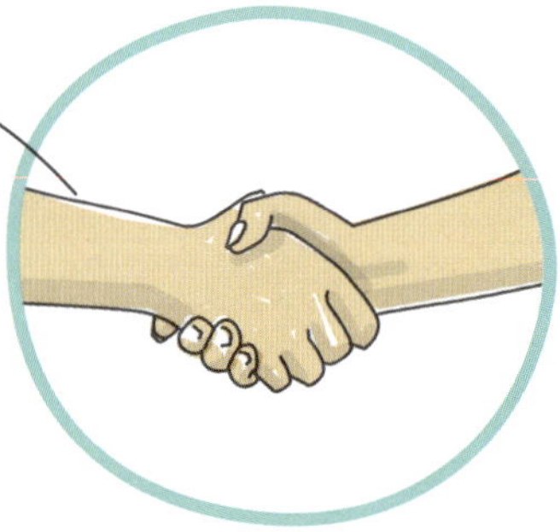

间接接触：触碰被污染的物质或物体，例如，艾滋病病毒的传播可由与携带艾滋病病毒的吸毒者共享注射器针头引发。

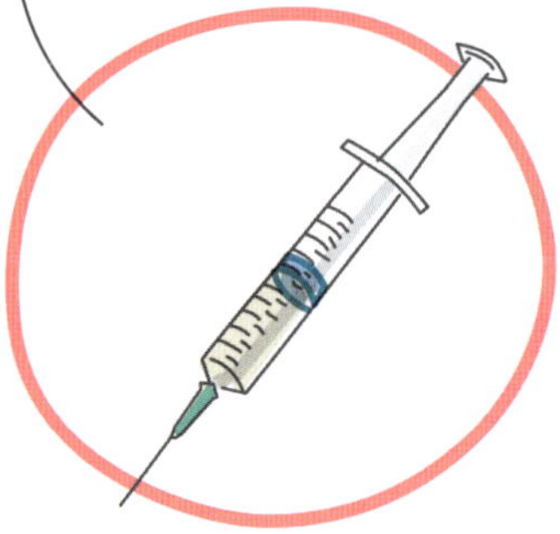

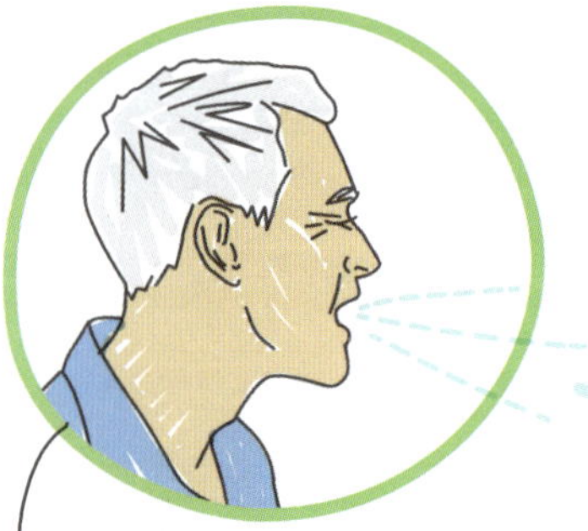

空气传播：当某人感冒打喷嚏时，数以千计充满病毒微粒的飞沫会散布到空气中，吸入飞沫的人将会被感染。

通过水源传播：例如，引起霍乱的细菌是通过被污染的水源传播的。

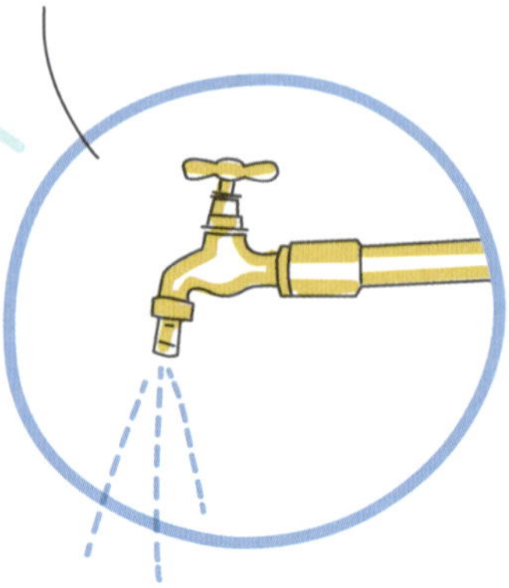

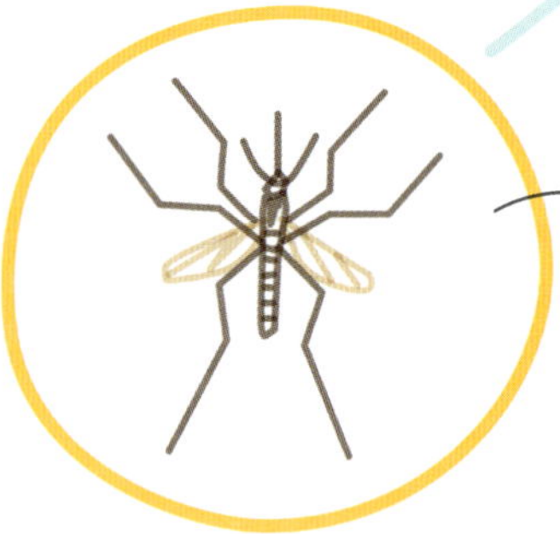

通过病媒传播：活的生物可将其携带的病原体传播给人类，例如，蚊子等吸血昆虫可传播疟疾。

传染性疾病的病因

导致传染性疾病的病原体主要有4种，分别是细菌、真菌、原生生物和病毒。

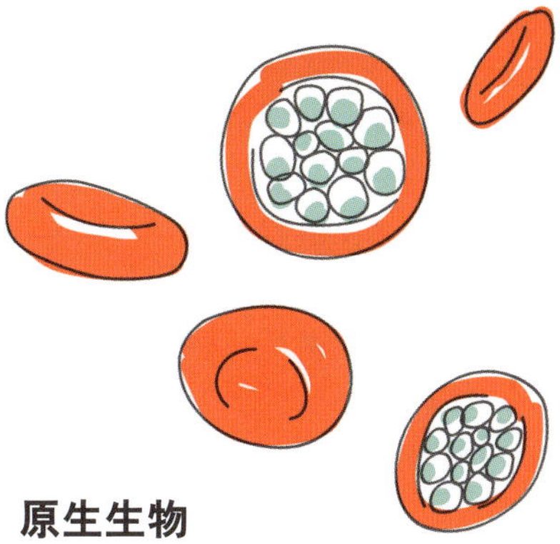

细菌

我们体内包含数以万亿计的细菌。它们大多数是无害的，但有些却可致病。例如，肺结核就是由空气传播的致病结核杆菌引起的。肺结核在全球各地均有发生，每年夺走数百万人的生命。

抗生素可延缓并阻止致病细菌的生长。一些抗生素是针对靶向菌种的，另一些针对的细菌范围广泛，即广谱抗生素。抗生素自1920年被发现以来，已经挽救了数百万人的生命。抗生素能够治愈肺结核。但是现在一些细菌对抗生素不断产生耐药性。**抗生素耐药性**促使越来越多的疾病难以被治愈，例如，肺炎和淋病等疾病的治疗难度不断增大。如今在全球范围内，抗生素耐药性已成为威胁人类健康的最大因素之一。

真菌

大约有300种真菌可以引起人类的疾病。其中，许多真菌感染是能够使用抗真菌治疗方法加以控制的。例如，霉菌性肺炎是由霉菌感染引起的呼吸道疾病，其症状可能轻微，也可能严重，通常使用抗真菌药物治疗。

原生生物

原生生物可导致多种不同的疾病，其中一些是致命的，通常由病媒将致病原生生物传播给人类宿主。疟疾就是一种由原生生物引起的疾病，致病原“**疟原虫**”寄生在蚊子体内，蚊子叮咬人类并把疟原虫传给人类。每年，全球新增的疟疾患者有2亿多。患者会出现发热、头痛、寒战等症状，如果不进行治疗，病情就会恶化。每年，大约有40万人因患疟疾失去生命。

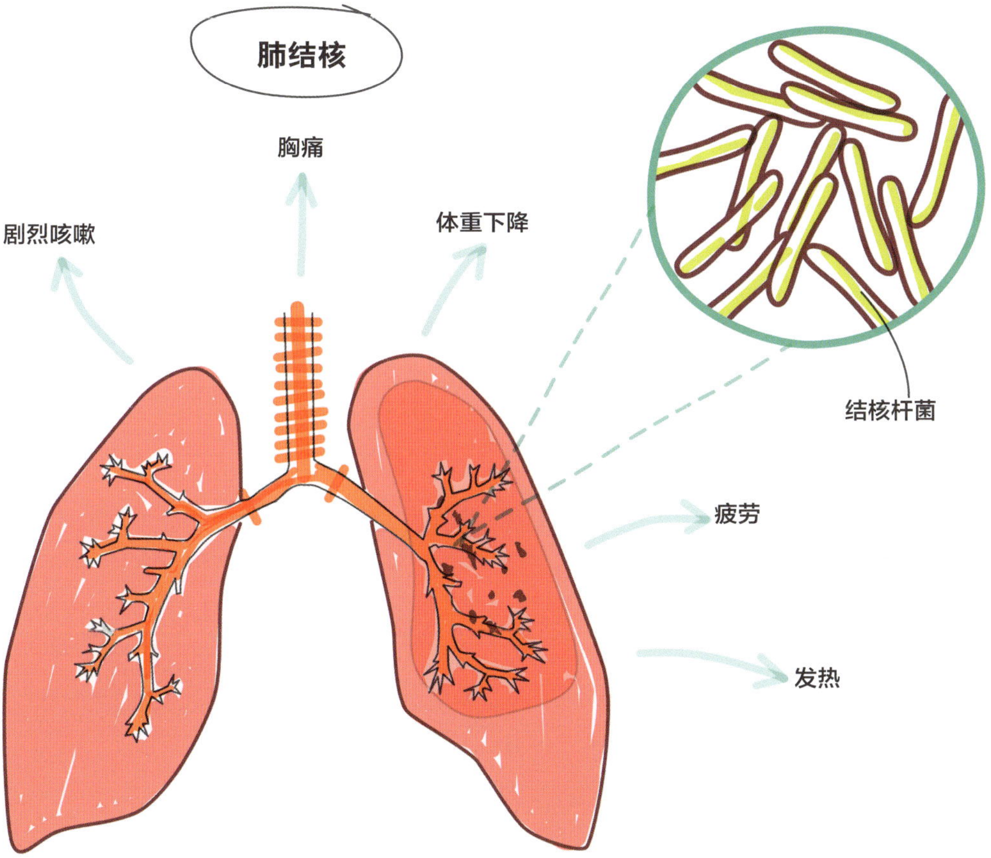

病毒

病毒能够感染活细胞，抗生素对它无效，截至今天，几乎没有有效的抗病毒药物。例如，冠状病毒是一个单科生物群落，它能引起人类呼吸系统感染，其中一些疾病，如普通感冒，其症状轻微，另外一些疾病，如新型冠状病毒肺炎（COVID-19），则可能是致命的。

2020年，一种被称为严重急性呼吸综合征2型（SARS-CoV-2）的冠状病毒引发了一场全球流行病。这种病毒导致新型冠状病毒肺炎的暴发。

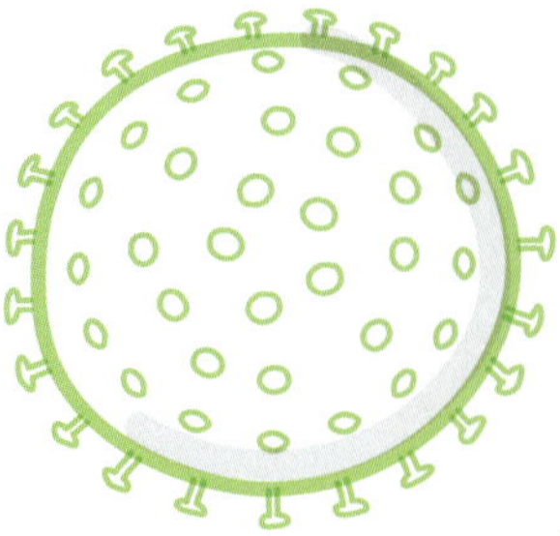

潜伏期：新型冠状病毒侵入人体后，在咽喉部、气管及肺部的细胞内大量进行自身复制，以此感染更多的细胞。患者在初期无症状，但可将这种病毒传播给其他人。部分被感染者虽携带新型冠状病毒，但不表现出任何症状，属于无症状感染者。

轻症病例：大多数被感染的患者症状轻微，只有发热、干咳、丧失味觉或嗅觉等症状。被感染者体内产生一种称为细胞因子的蛋白质分子，它能够唤起免疫系统抵抗病毒。大多数患者1~2周即可康复。

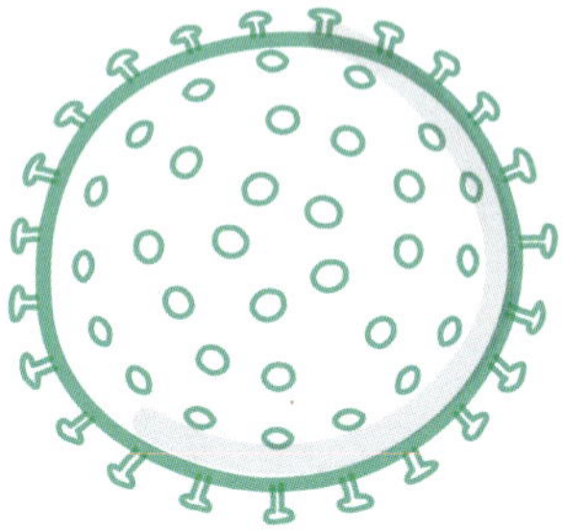

新型冠状病毒肺炎患者会出现各种各样的症状，受感染的器官也很多。科学家认为，新型冠状病毒肺炎应该是由病毒攻击人体目标细胞的方式引起的。

重症病例：部分患者发展为非常危险的严重肺部感染。这些患者需要借助呼吸机来辅助呼吸。有时新型冠状病毒肺炎患者的血液会出现凝块，需要使用稀释血液的抗凝药物。虽然很多患者能够恢复，但有些患者的肺、心脏、肾和大脑等器官受损严重，并留下长期的后遗症。

新型冠状病毒锁住血管紧张素转化酶2（ACE-2），ACE-2位于人体细胞表面。当新型冠状病毒初次侵入人体时，它附着在人的鼻子、喉咙和肺等器官受体细胞的ACE-2上。然后，在病毒复制和传播时，新的病毒又开始附着在肠、心脏和肾等其他器官受体细胞的ACE-2上。现在看来，正是病毒感染了身体其他部位才导致患者出现多种症状。

危重病例：危重症患者虽然为数不多，但却不容忽视。患者始终处于缺氧状态，多个器官开始衰竭。在新型冠状病毒肺炎全球大流行的前6个月中，死亡病例就有60万例。

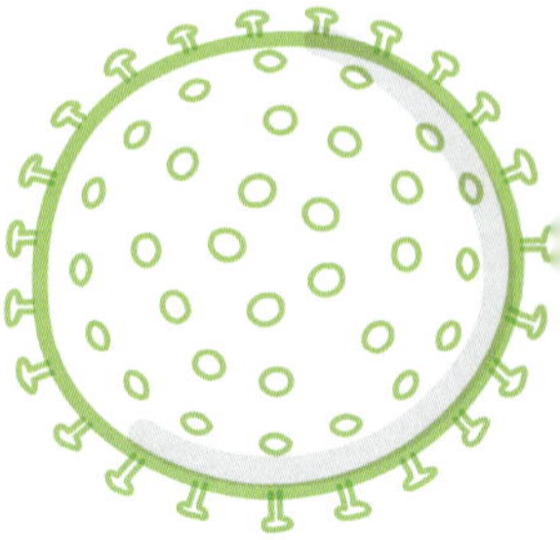

防止传染性疾病的传播

许多方法可以阻止传染性疾病的传播。

保持社交距离： 2020年新型冠状病毒肺炎流行期间，世界许多国家要求公众减少互相接触，关闭学校，还要求人们留在家中减少外出，在公共场合保持社交距离。

隔离： 必要时，需要对感染者进行隔离，使其不能传染他人。

保持卫生： 当沾染病菌的手触及面部时就会导致人被感染。勤洗手、养成良好的卫生习惯有助于预防感染。

控制传播媒介： 杀虫剂可杀灭传播疟疾的蚊子。蚊帐可防止蚊子叮咬。抗疟药物可很好地控制疟疾。

避孕手段： 避孕套能阻断体液传播，并能有效防止艾滋病和花柳性淋巴肉芽肿等性传播疾病的传播。

疫苗接种： 疫苗可以诱导免疫系统识别和破坏病原体。人们接种疫苗后会对传染性疾病具有抵抗力，从而不被感染或将疾病传染他人。一旦有足够多的人接种疫苗，人群暴发疾病的机会就大为降低，即使没有接种疫苗的人也将获益。这就是**群体免疫**。致病病原体很难再找到足够的宿主进行复制传播，最终将自行消亡。

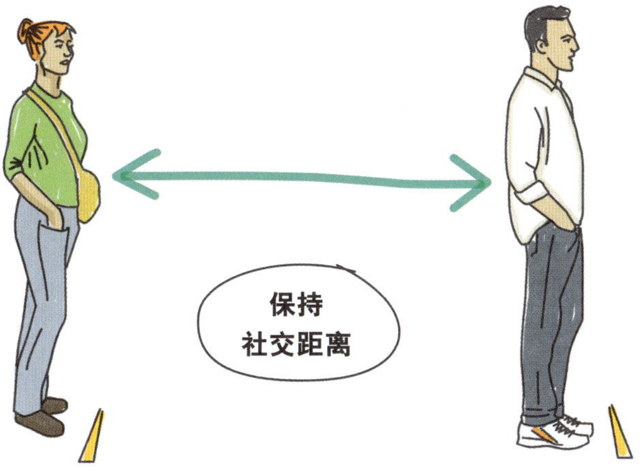

疫苗含有已死的或失去活性的病原体，它们不会致病。它们表面带有和病原体一样的蛋白质，这些蛋白质称为**抗原**。

接种疫苗后，血液中的白细胞就会产生特殊蛋白质，这些特殊蛋白质称为**抗体**。抗体能够与抗原结合，将侵入体内的病原体标记出来，引导其他免疫细胞将其吞噬消灭。

如果身体以后再遇到这种疾病，体内针对该疾病的免疫系统已经准备好并可迅速启动。一旦病原体进入体内就会被立刻识别出来，病原体在开始传播并产生危害前就会被消灭。

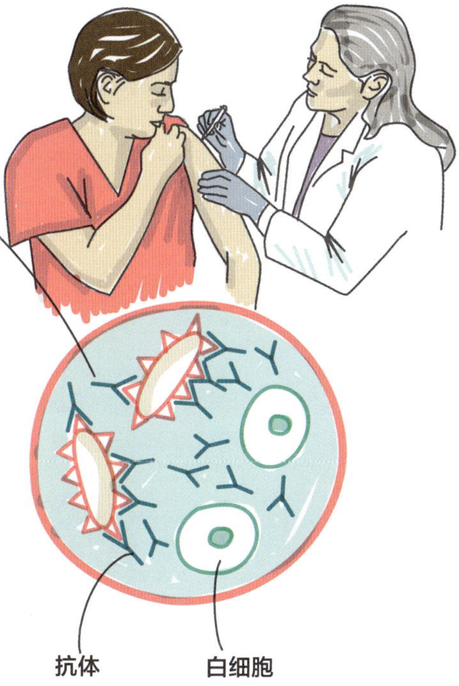

非传染性疾病

没有传染性的疾病称为非传染性疾病。它们不会在人与人之间传播。阿尔兹海默病、糖尿病、癌症等非传染性疾病每年夺去约4100万人的生命，占全球死亡人数的70%左右。它们涉及所有年龄段和所有国家的人，但约85%的患病人群在中低收入国家。

位于前4位的非传染性疾病导致的死亡人数占过早死亡人数的80%以上。

非传染性疾病有众多不同病因，通常由多种因素叠加引起，但其中的机理尚待进一步研究。

非传染性疾病的病因

基因缺陷能够导致疾病。例如，镰刀型红血球疾病可由有缺陷的遗传基因引发。患者红细胞形状异常，导致全身性携氧功能障碍，造成贫血、呼吸短促。

脱氧核糖核酸（DNA）损伤可发生在人的生命周期中的任何阶段，非遗传所致。例如，紫外线过度照射可损坏皮肤细胞的DNA，引发皮肤癌。虽然细胞本身能够修复获得性DNA损伤，但这一过程并不总是那么完美。

维生素和矿物质缺乏能够引起人体疾病。例如，佝偻病是由于缺乏维生素D而引起的骨代谢失调。而缺乏维生素C可引起坏血病。

环境和生活方式因素也可诱发人体疾病。例如，肺癌可由吸烟引起，过度饮酒能够导致肝损伤。

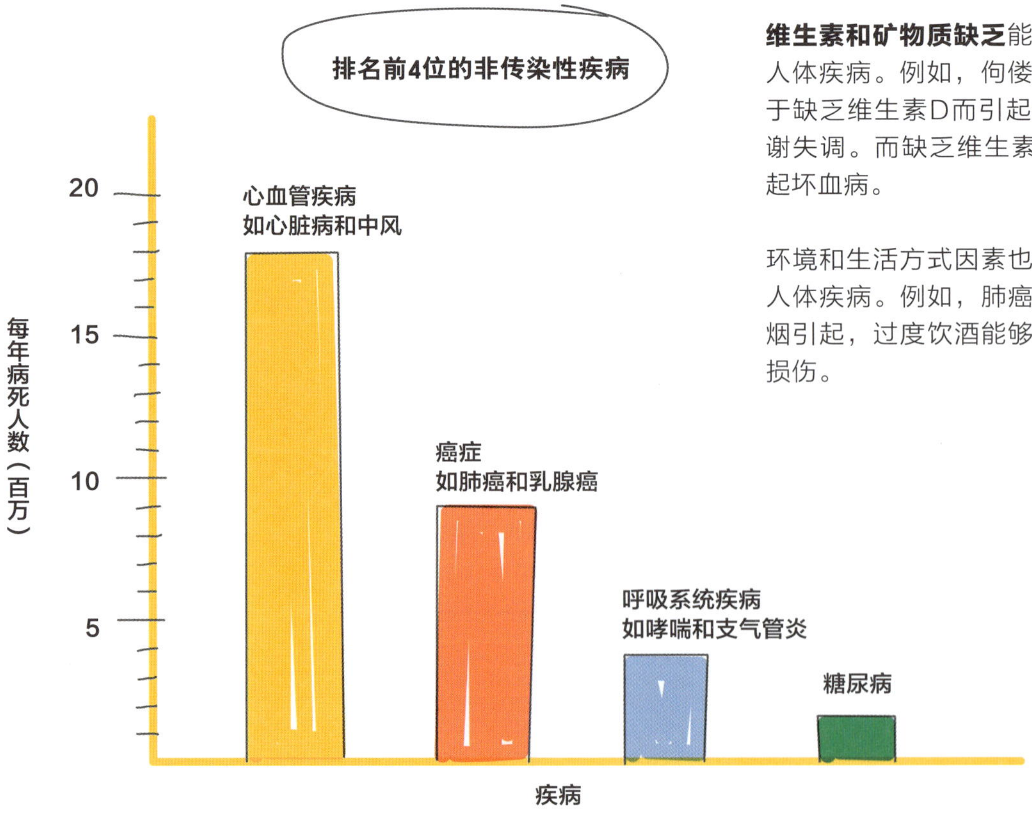

心血管疾病

凡是影响心脏和血管的疾病都称为心血管疾病。在全球范围内，它们是导致人类死亡的主要病因。例如，供应心脏血液的冠状动脉变得狭窄，将导致**冠心病**，它能够引发心肌梗死。

冠心病

在正常情况下，血液在健康的动脉血管中流动。

脂肪组织在血管内壁构成斑块，斑块的主要成分是脂肪、胆固醇和钙。血管变得狭窄，血液流动受阻。冠心病多见于体重超标或肥胖症及高胆固醇的人群。

外科医生可以在动脉血管内安放一种精细的小管，我们称之为“支架”，使动脉血管的狭窄部分扩张，帮助血流正常畅通以及保持心跳正常。

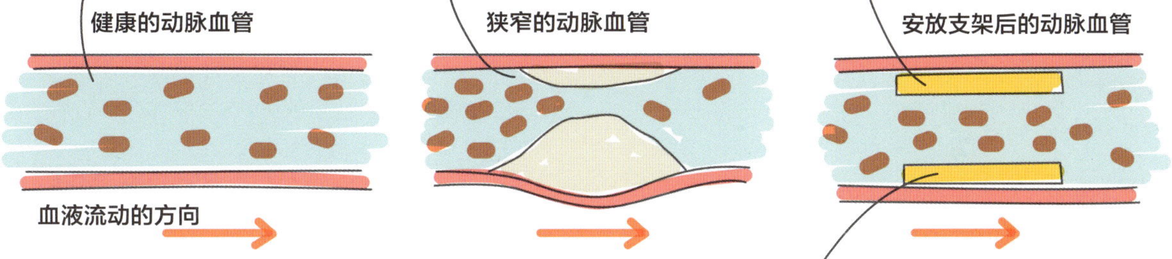

心血管疾病的治疗

非外科手术介入的治疗

外科手术介入的治疗

生活方式干预： 健康均衡的饮食、保持正常的体重、不抽烟、坚持体育锻炼，这些措施都能降低冠心病的发病风险。

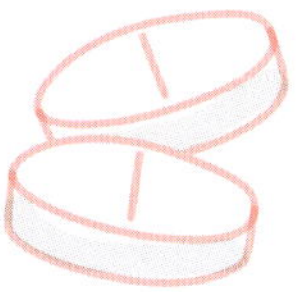

医学干预： 例如，使用他汀类药物能降低血胆固醇含量，防止动脉堵塞。

支架： 扩张血管，保持血液畅通。

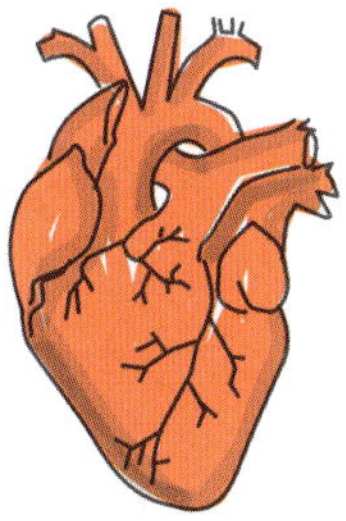

心脏移植： 采用已故捐献者提供的健康心脏替代遭损伤或有功能缺陷的心脏。这一方式为心脏衰竭患者提供了再生的希望。

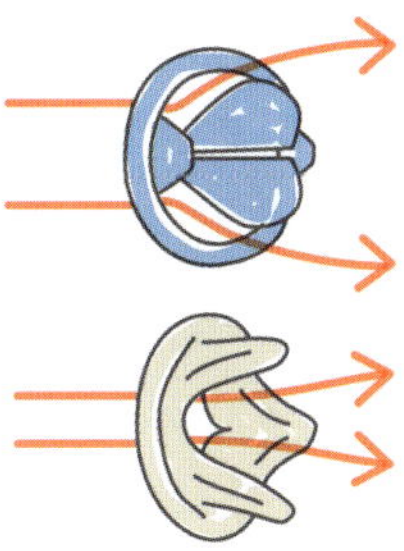

心脏瓣膜置换： 可用机械的（人造）或生物的（来自牛和猪）瓣膜替代病损瓣膜，使血液在心脏内的流动保持正确的方向。

癌症

当体内的细胞分裂失控时即发生**癌变**，由此生成肿瘤。癌症有200多种不同的类型。它可侵蚀肺等人体器官，侵蚀神经组织等人体组织，侵蚀免疫系统等人体系统。不同类型的癌症有不同的表现，需要不同方法治疗。

在全球，癌症导致的死亡率排在第2位，每6个死亡病例中就有1人死于癌症。在美国，每2个女性或每3个男性中就有1人在他们一生中的某一阶段罹患癌症。

癌症的类型
肿瘤分为良性和恶性两种。

良性肿瘤增长缓慢，通常有一层限制它们生长的膜，一般情况下不会癌变，不会扩散，没有危险。但是如果它们变大并形成障碍，就需要对其进行切除。

恶性肿瘤是生长迅速的癌细胞，外层没有膜。它们能够转移，或者通过血液和淋巴系统扩散到身体其他部位。最初的肿瘤称为**原发肿瘤**。转移后的肿瘤称为**继发肿瘤**。如果不做治疗，恶性肿瘤将会十分危险。

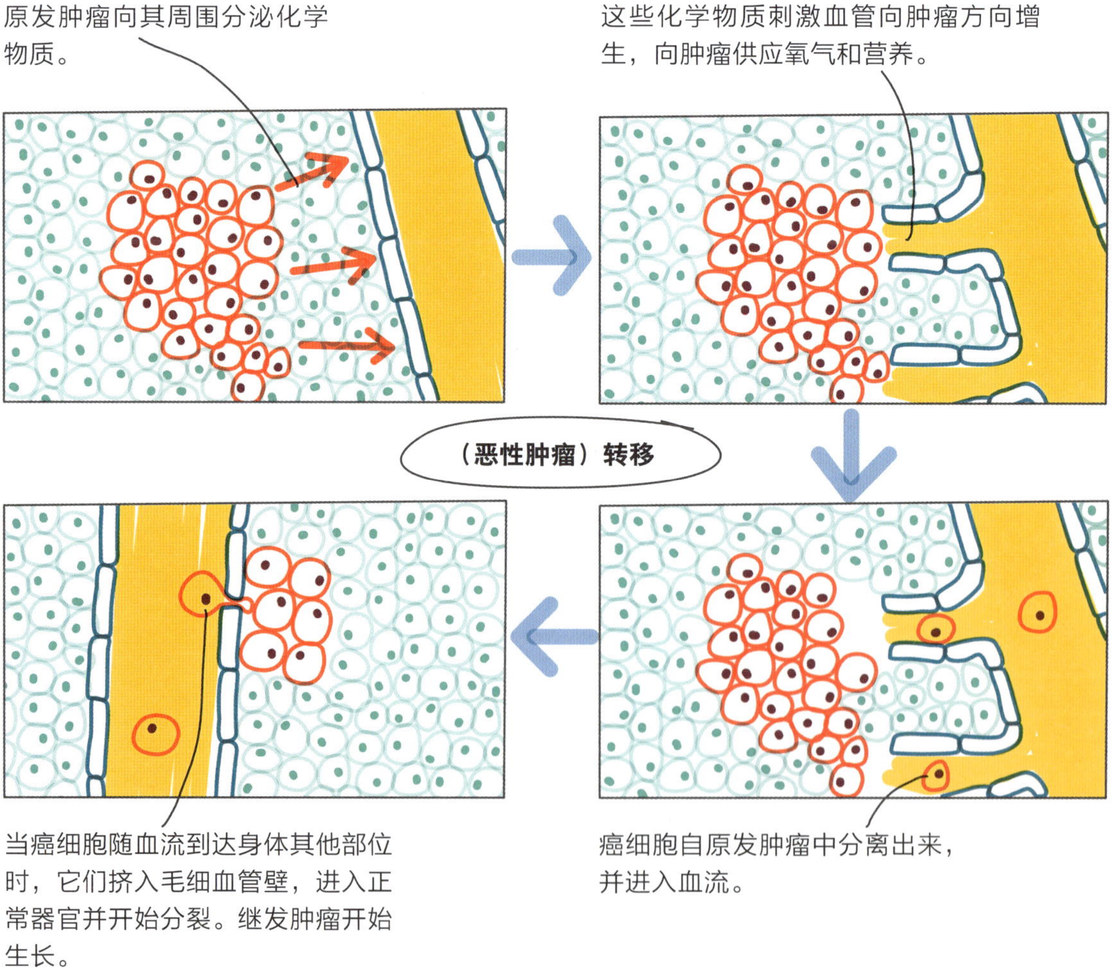

癌症的病因

虽然目前科学家对癌症的病因仍不完全清楚，但他们认识到基因和环境因素是两个重要方面。导致癌症的原因复杂而多样，通常由多种因素所致。

生活方式：抽烟、肥胖、嗜酒都能够增加癌症发生的风险。

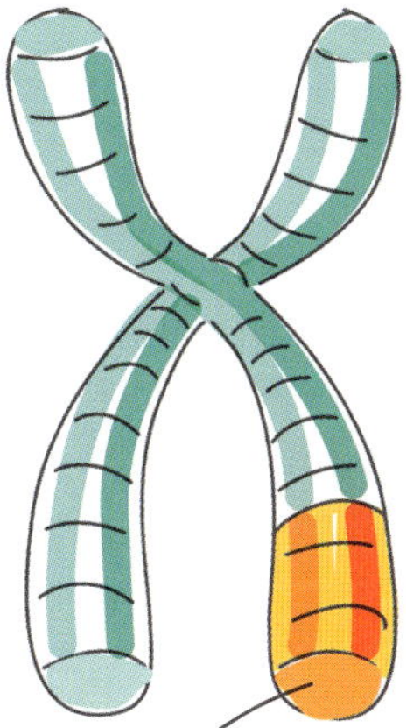

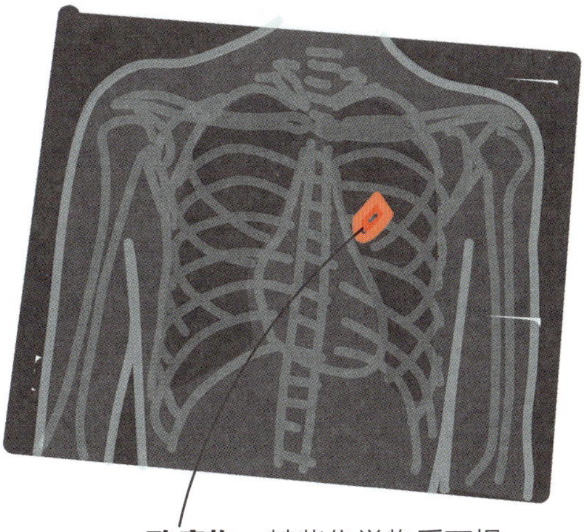

致癌物：某些化学物质可损伤DNA，例如，吸入石棉可导致肺癌。

基因缺陷：一些乳腺癌患者因携带有缺陷的乳腺癌基因而发病。

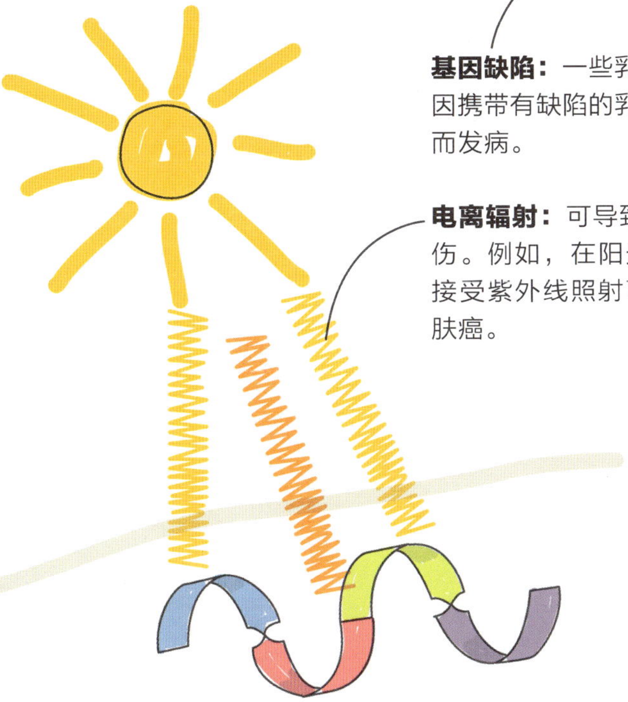

电离辐射：可导致DNA损伤。例如，在阳光下过度接受紫外线照射可导致皮肤癌。

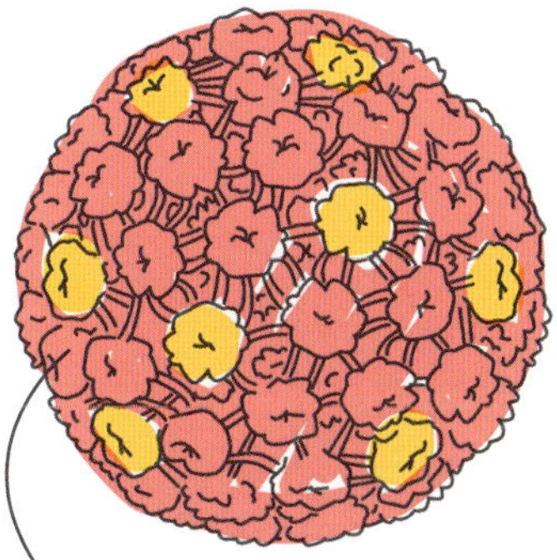

病毒感染：大约15%的人类癌症由病毒感染所致。人乳头瘤病毒（HPV）可引发宫颈癌。现在，许多青少年可通过接种疫苗来预防宫颈癌。

癌症的治疗

治疗癌症有许多不同的方法。没有哪两种癌症是相同的，医生针对不同个体选择有针对性的治疗方法。

外科手术：通过手术将癌变组织切除。

化学疗法：使用化学药物阻止癌细胞的分裂繁殖。这一方法是将化学药物注入患者血管。但是化学疗法有副作用，化学药物在破坏癌细胞的同时会损害健康细胞的正常分裂。这就是为什么患者因化疗而脱发。但这些副作用是暂时性的，正常细胞可以修复再生。

放射疗法：使用电离射线聚焦成辐射束（比如X光）去照射并破坏癌细胞。像化学疗法会产生副作用一样，放射疗法同样会伤害正常细胞，但这通常也是暂时性的。

药物和疾病

药物通常用来治疗疾病。某些药物能减轻症状，但不能治愈疾病，例如，止痛药只能缓解身体疼痛。另外一些药物则针对病因进行治疗，例如，抗生素能够杀灭导致感染的细菌。

药物的发现

今天患者使用的许多药物最早来源于植物、动物和微生物。现在科学家使用化学合成和建立计算机模型的方法来开发新的药物。

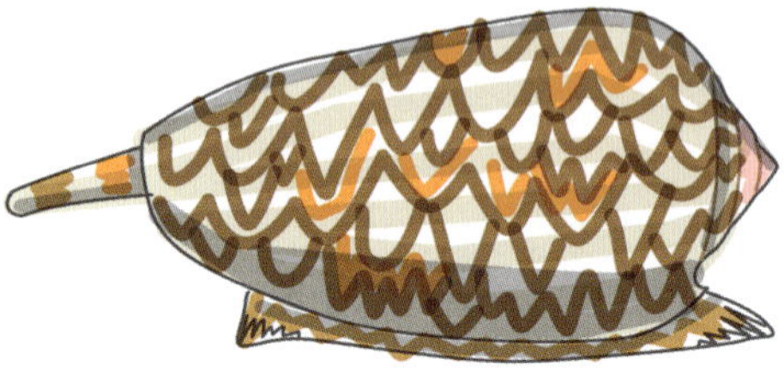

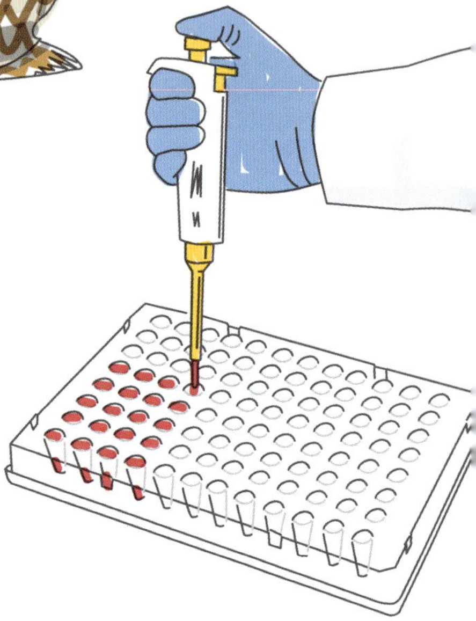

来自植物的药物
在中世纪，人们咀嚼海狸尾巴来治疗头痛。这是因为海狸的食物为柳树，而这种植物含有类似阿司匹林的合成物。1897年，德国化学家菲利克斯·霍夫曼（Felix Hoffmann）首次合成了乙酰水杨酸，即阿司匹林。它是迄今为止全世界使用最为广泛的药物之一。

来自动物的药物
齐考诺肽是一种从锥形蜗牛身上提取的毒素，可用来治疗人们严重的慢性疼痛，它的作用比吗啡强1000倍。

来自微生物的药物
1928年，苏格兰科学家亚历山大·弗莱明（Alexander Fleming）发现了一种能够杀死细菌的霉菌，这种霉菌释放的物质被其命名为青霉素。10年后，科学家们提取出了青霉素，发现它能杀死感染人类的细菌。现在人们能够合成许多不同类型的青霉素，用来治疗各种不同的感染。

来自计算机模型的药物
科学家研究各种有效药物的结构，然后使用计算机建模对其结构进行微调，从中选出效果更好的药物。科学家对大量人造分子的合成方案进行实验室测试，找出治疗疾病最佳的分子结构。其中表现良好的分子被用于研发药物。

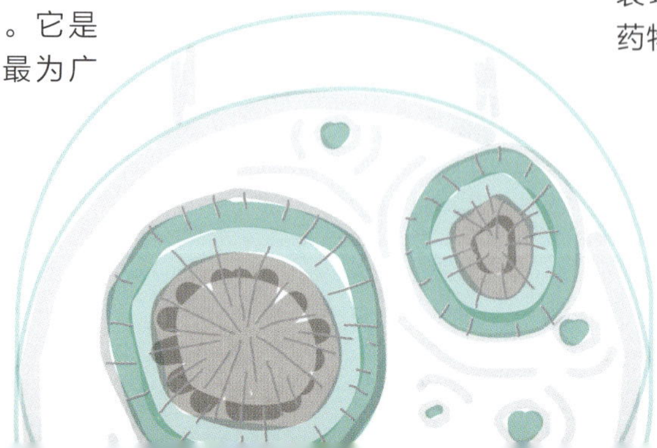

药物研发

药物研发投资巨大，工作繁重。通常有3个主要步骤：

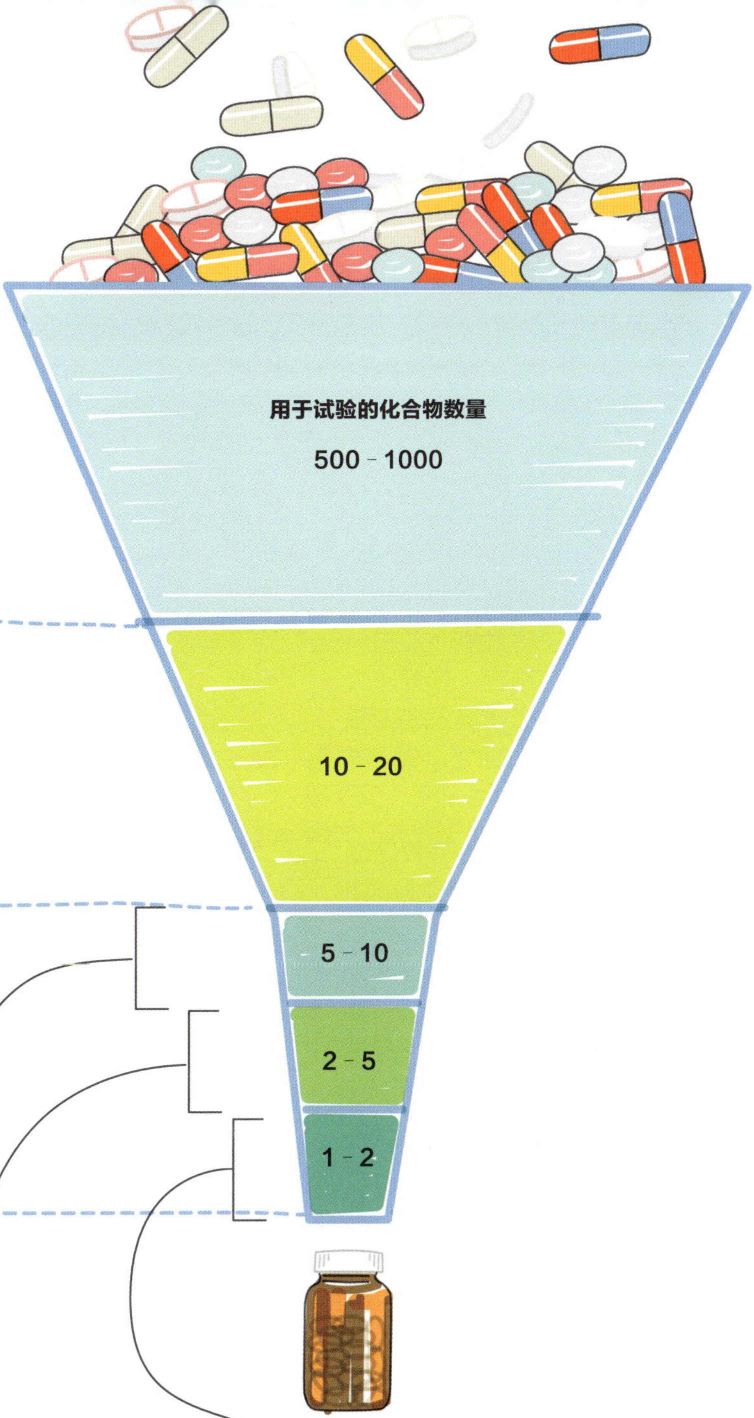

第1步：临床前期试验。在培养皿的细胞中和计算机模型中对药物进行分析试验。大多数试验药物由于无效或有毒性，所以无法通过这一步。

第2步：最有希望的候选药物被用于动物（如鼠类）试验。通过动物试验，对药物的效果和毒性进行评估，并记录产生的任何副作用。

第3步：如果药物在动物试验中表现良好，将被用于人体临床试验。临床试验分为三期。

一期：对少量健康志愿者使用不同剂量的药物，以确定该药物的安全性，同时监测它的副作用。

二期：通过一期临床试验的药物被用于较大数量的患病人群，观察其疗效。大多数临床二期采用**随机法**。半数患者服用新药物，另外半数则服用对照药物。对照药物要么是**安慰剂**（无效的药物），要么是已知的标准疗法药物。

这一研究方法称为**双盲对照**，其意义在于无论是研究者还是患者，在研究结果揭晓前，均不知道被施以了何种药物，以确保效果客观真实。

三期：如果试验药物在二期临床达到预期的效果，研究者则会在更大数量的患病人群中重复二期的做法。如果疗效确定，耐受性良好，该种药物可被批准在临床广泛使用。

生活方式和健康

疾病是复杂的。许多因素均可导致疾病，但大多数疾病并不是不可避免。我们有许多方法可以保持身体健康，免患疾病。

风险因素

风险因素可以是增加患病可能性的任何事情。某些风险因素是不可更改的，因此无法避免，但是另外一些是可更改的。适用于非传染性疾病的主要风险因素，同时也适用于传染性疾病。例如，如果某人营养不良，他的免疫系统可能会变得很脆弱，这个人被病毒感染的概率就提高了。

不可更改的因素

基因缺陷： 例如，囊性纤维化是由单一遗传基因缺陷导致的。

性别： 女性较男性更易罹患乳腺癌。

年龄： 阿尔兹海默病主要影响老年人。

众多风险因素可导致疾病。抽烟、缺乏体育锻炼、不健康饮食、肥胖、高龄和有相关的家族病史等都是心血管疾病的风险因素。

可更改的因素：生活方式

抽烟： 导致肺癌和心血管疾病的风险因素。

肥胖： 导致糖尿病、心血管疾病和癌症的风险因素。

酗酒： 导致肝脏疾病和心血管疾病的风险因素。

缺乏体育锻炼： 导致中风、糖尿病和心血管疾病的风险因素。

不安全性行为： 导致性传播疾病的风险因素。

可更改的因素：环境

不清洁饮用水： 导致腹泻、霍乱和痢疾的风险因素。

暴露于污染物质： 例如，石棉是导致肺癌和呼吸系统疾病的风险因素。

上述分析仅仅说明，风险因素与疾病之间存在联系或有相关性，并不意味着这些风险因素必然导致疾病。一旦某种关联性被建立，科学家会进行更多研究来确定疾病的起因。

守住健康

为保持健康、减少患病的风险，我们有许多事情可做，其中包括进行有规律的体育锻炼、不抽烟、有节制地饮酒、健康饮食和控制体重。

身体质量指数（BMI）是评估体重正常范围的标准。

身体质量指数	分类
超过30	肥胖
25~30	超重
19~25	正常
低于19	过轻

身体质量指数=体重（千克）/身高（米）的平方。例如，某人体重40千克，身高1.5米，那么他的身体质量指数为$40/1.5^2 \approx 17.7$，体重偏轻。

营养

健康的饮食对于确保身体获得所需的必要营养十分重要。

脂质（脂肪和油脂）**：**富含于黄油、食用油和坚果中。脂质在体内形成保护层，同时是能够储存的能量来源之一。

维生素：富含于水果、蔬菜、乳制品中。维生素是维持细胞功能正常的必要物质，但需求量不大。

纤维：富含于蔬菜、糠麸、坚果中。纤维有助于食物顺利地通过肠道。

碳水化合物：富含于谷类、土豆、面食、面包和大米中。碳水化合物是能量的主要来源。

蛋白质：富含于肉、鱼、蛋、豆类和乳制品中。蛋白质有助于身体的生长和修复。

矿物质：富含于盐、牛奶（钙）、和动物肝脏（铁）中。矿物质是维持细胞功能正常的必要物质，但需求量不大。

水分：富含于水、果汁、牛奶中。水分帮助维持体液和保持细胞健康。

小结

身体质量指数（BMI）

身体质量指数用于评估体重的正常范围。身体质量指数=体重（千克）/身高（米）的平方。

健康状况差异

不同人群之间的健康状况存在差异，这种差异是可以避免的。这些差异受地理、收入、年龄、性别和教育因素的影响。

营养

均衡饮食对于身体获得必要的营养十分重要，人们需摄入碳水化合物、蛋白质、维生素、矿物质等。

人类健康与疾病

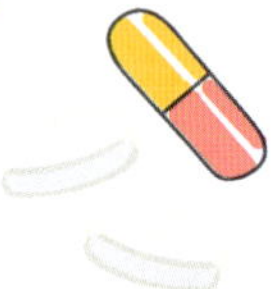

研发

药物研发包括临床前期试验、动物试验、大范围的临床试验3个步骤。人体试验采用随机法和双盲对照法。

风险因素

风险因素包括肥胖和抽烟等，它们之间相互作用，容易致病，但并不必然导致疾病。

药物

发现

药物最早来源于植物、微生物和动物。现在科学家越来越多地应用计算机建模来开发药物。

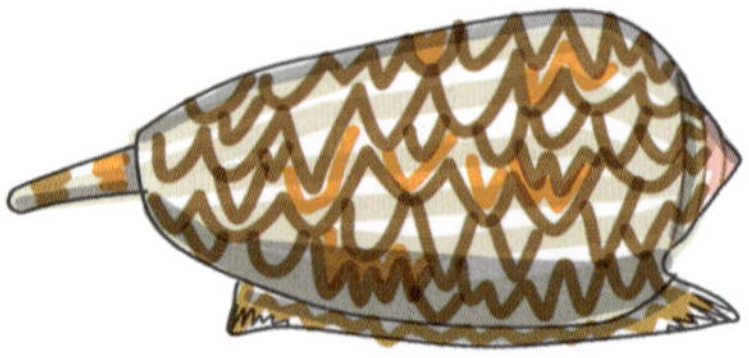

守护健康

健康的选择

个人的生活习惯对健康有重大影响。例如，经常锻炼、不抽烟等良好习惯有利于人们保持健康。

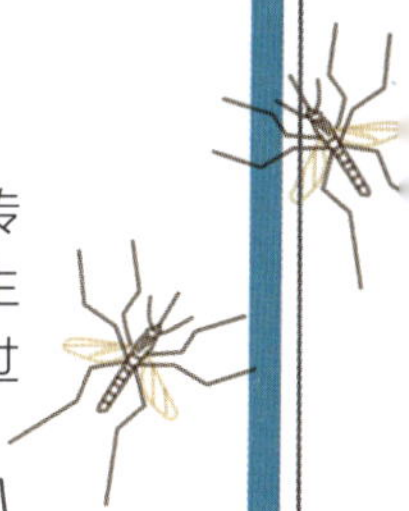

传染性疾病

传染性疾病可在人与人之间传播，也可在动物与人之间传播，如新型冠状病毒肺炎、疟疾等。

传播

传染途径有空气传播、接触传播、生活用水传播和通过病媒传播。

病因

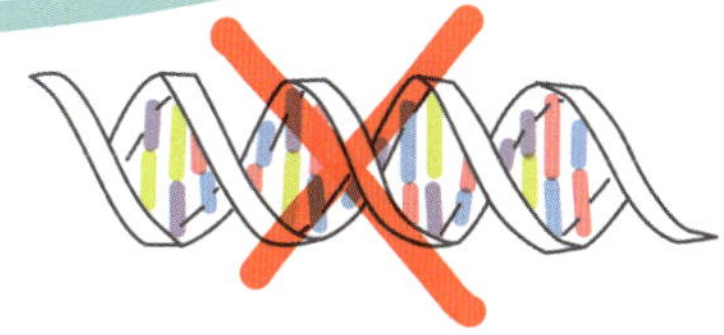

传染性疾病有4种致病的病原体，分别是细菌、真菌、原生生物和病毒。

治疗和预防

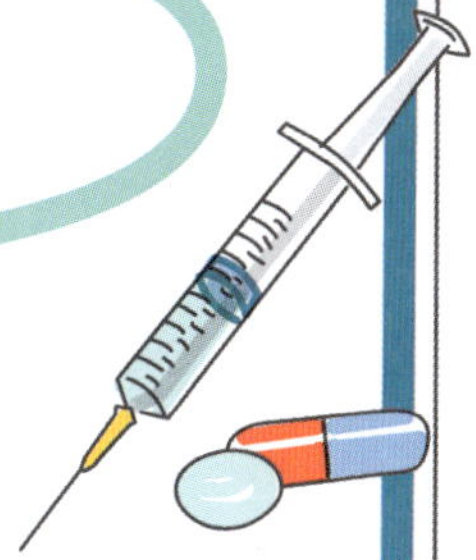

服用药物、讲卫生、保持社交距离、隔离、控制传播媒介和接种疫苗等手段可有效阻止传染性疾病的传播。

非传染性疾病

非传染性疾病不在人与人之间传播。病患死亡人数约占全球死亡人数的70%。

病因

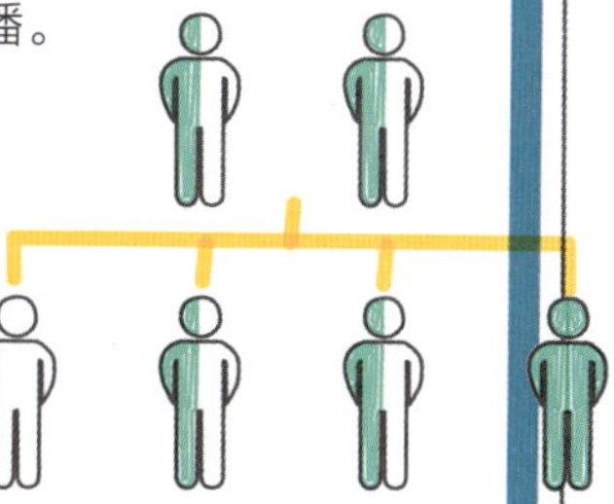

基因缺陷、DNA损伤、维生素和矿物质缺乏、环境和生活方式等因素都是其致病原因。

癌症

肿瘤分为良性和恶性两种，致病原因包括基因缺陷、致癌物、电离辐射和病毒感染。治疗方法包括手术切除、化学疗法和放射疗法。

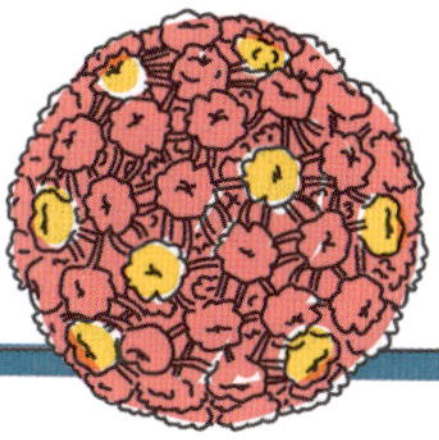

心血管疾病

心血管疾病是影响心脏和血管的疾病，如冠心病，可用药物和手术治疗。良好的生活方式有助于预防心血管疾病。

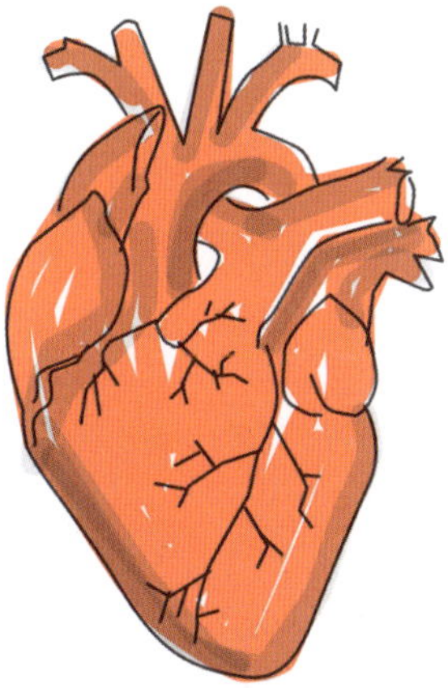

第十章

生态学

生物体不是孤立生存的，它们之间相互影响，同时与自然环境相互作用。生态学就是专门研究这些生态系统的科学。它既告诉我们所有生命之间是如何相互作用的；又揭示了当生态系统的某个部分发生变化时，这种变化如何对其他方面产生重大的影响。各种生物体生存所依赖的食物网十分复杂，在食物链内的竞争无处不在，且程度日益激烈。然而，生物体所具有的一个特殊功能——“适应性”，帮助生物得以生存并繁衍不息。与此同时，氮和碳等在全球范围内重复循环的重要化学元素，为生物体的生存提供了必要条件。接下来，让我们对生物体之间的相互关系和重要化学元素再循环利用等问题做一番探究。

生态系统

所有生物体都是生态系统的一部分。一个生态系统是由各种生物体所构成的群落以及它们赖以生存的自然环境组成的。生态系统有许多不同的类型，如珊瑚礁、沙漠、城市和大草原等。

一个**群落**由2个或2个以上的生物种群组成。一个**种群**是生活在同一地理区域内相同物种的所有成员。一个生态系统由2个或2个以上相互作用的不同种群和这些种群所生存的环境构成。

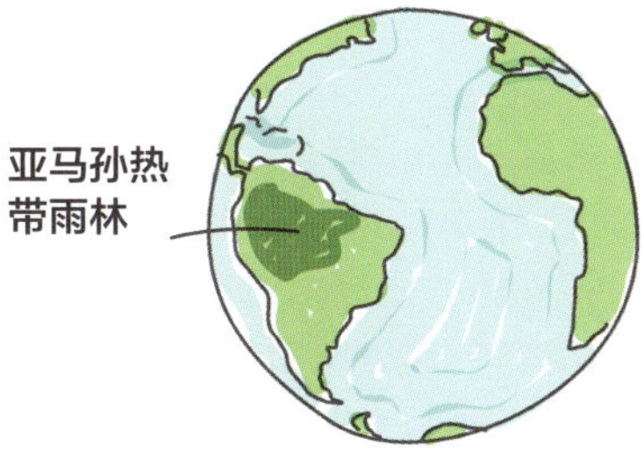

生态系统就像俄罗斯套娃，不同大小的生态系统环环相扣，紧紧地套在一起。

森林拥有大片的树木，每一棵树都是它自己的生态系统。阳光、水分和营养决定着它的自然环境。同时，它与居住在其表面的生物，如鸟和昆虫，以及它体内的生物又是相互影响、相互作用的。

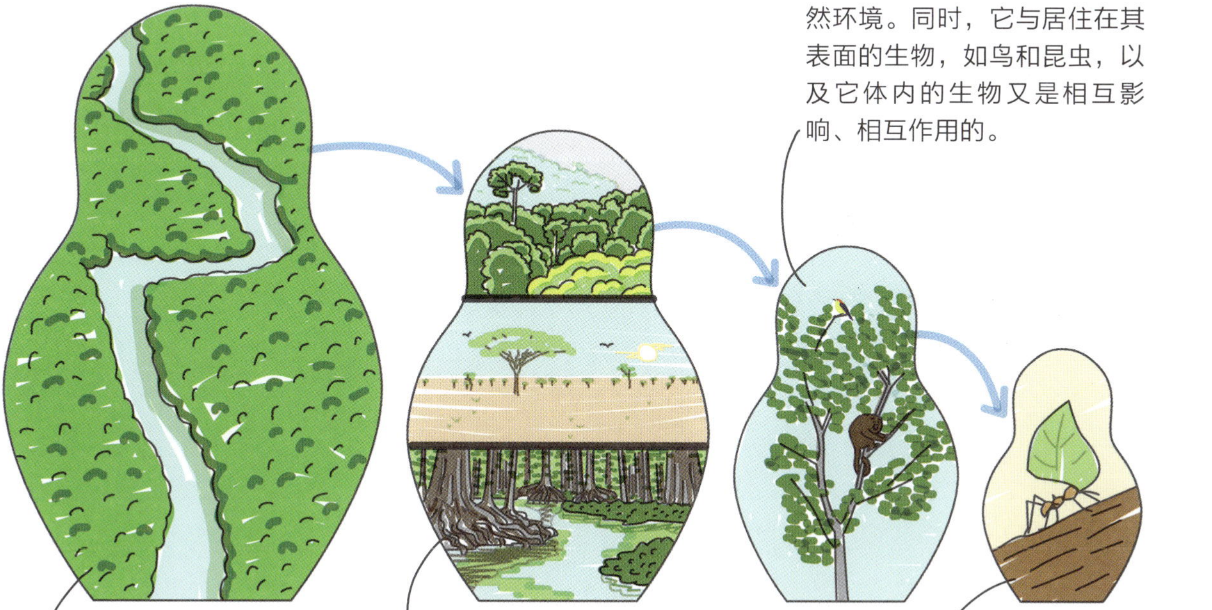

亚马孙热带雨林的面积大约为550万平方千米。它是世界上最大的热带雨林，可被认为是一个生态系统。

亚马孙热带雨林远远不只是一片简单的森林，它容纳着许多不同的栖息地，如热带稀树大草原和沼泽地。它们同样被认为是不同的生态系统。

切叶蚁将树叶一片一片咬掉，然后把它们运回自己的巢穴。每一只蚂蚁就是它自己的生态系统。它既依赖为其提供温暖、食物的自然环境，又与鸟、吃蚂蚁的爬行动物，以及那些活跃在蚂蚁肠道内的细菌等其他生物相互作用、相互影响。

相互依存

所有的生命都是有关联的，而生活在同一个生态系统内的所有生物又是相互依赖的，这就是所谓的相互依存。它意味着一个生态系统的某一部分哪怕是发生微小的变化，都会在别的地方引起很大的反应。

植物依赖动物。动物担负着为植物传粉和播撒种子的角色，它们还通过自己的排泄物给植物提供养分。当动物死后，其尸体被分解后能够变成肥料促进植物生长。

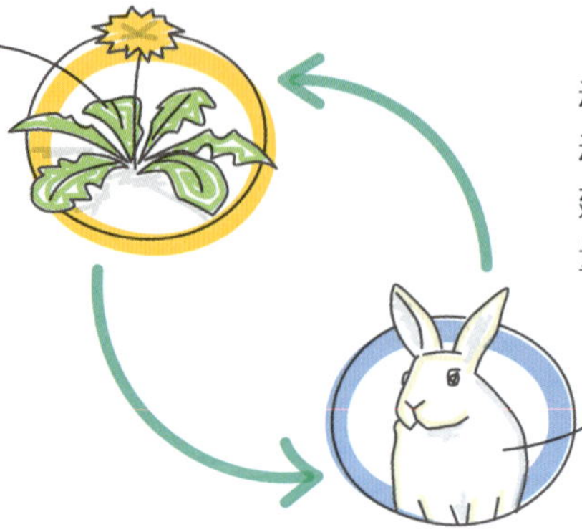

动物同样离不开植物。植物为动物提供食物、“寓所”以及建筑材料。植物还能够制造大量氧气供动物呼吸。

食物链

食物链生动地描绘了生物体如何获取食物，以及营养物和能量如何从一种生物传递给另一种生物。

以海獭为例，它与海胆和海藻共享一个简单的食物链。食物链是由生产者和消费者共同构成的。

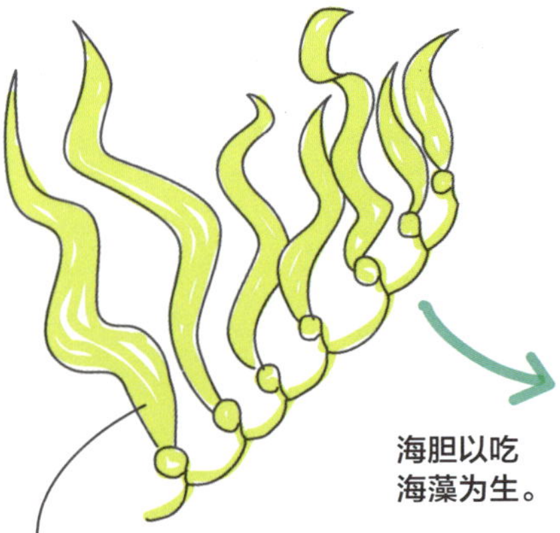

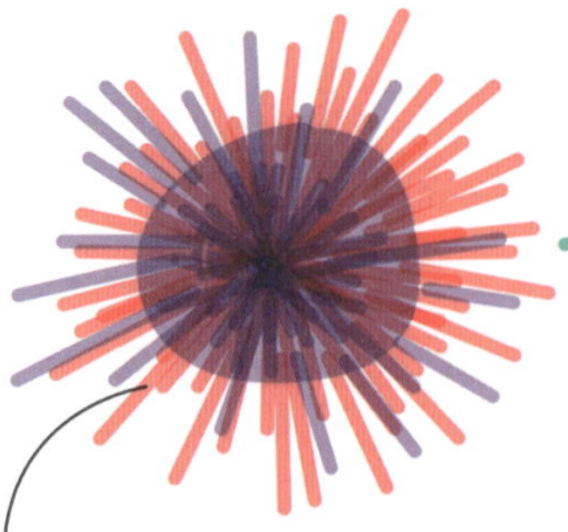

海胆以吃海藻为生。

海獭以吃海胆为生。

海藻是**生产者**，生产者位于食物链底端。海藻从阳光中获取能量，通过光合作用将水和二氧化碳转化成葡萄糖，为自己的成长提供能量，同时为处于该食物链上端的生物输送营养。

海胆属于**消费者**，消费者以其他生物体为食物。在这条食物链中，海胆是**初级消费者**。

海獭是另一个消费者。它们以海胆为食，属于**次级消费者**。

猎食和捕杀其他动物的动物称为**掠食者**，那些被猎食和捕杀的动物称为**猎物**。

食物网

在现实生活中，生物关系绝不是单一的食物链那么简单。相反，各种食物链结合在一起构成了十分复杂的食物网。食物网能够反映各种成员之间如何相互作用产生影响。

在食物网中产生的任何变化都会引起其他方面的改变。海獭、海胆和海藻形成了一个食物链。但这仅仅是更大规模的食物网中的一个“小碎片”。

在这张图中，海獭处在食物网的顶端，因此它们是**顶端掠食者**。

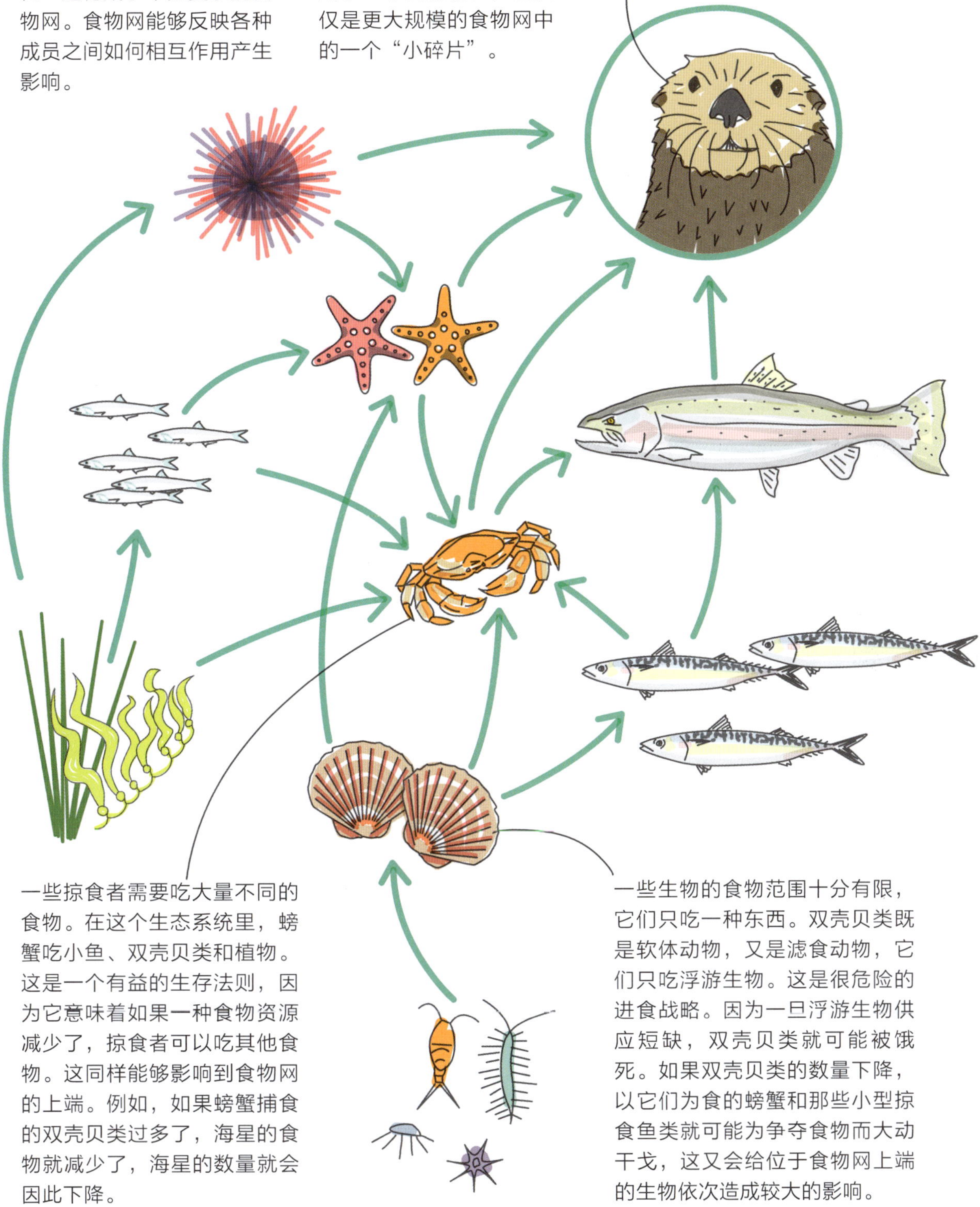

一些掠食者需要吃大量不同的食物。在这个生态系统里，螃蟹吃小鱼、双壳贝类和植物。这是一个有益的生存法则，因为它意味着如果一种食物资源减少了，掠食者可以吃其他食物。这同样能够影响到食物网的上端。例如，如果螃蟹捕食的双壳贝类过多了，海星的食物就减少了，海星的数量就会因此下降。

一些生物的食物范围十分有限，它们只吃一种东西。双壳贝类既是软体动物，又是滤食动物，它们只吃浮游生物。这是很危险的进食战略。因为一旦浮游生物供应短缺，双壳贝类就可能被饿死。如果双壳贝类的数量下降，以它们为食的螃蟹和那些小型掠食鱼类就可能为争夺食物而大动干戈，这又会给位于食物网上端的生物依次造成较大的影响。

环境对生物的影响

生物体生存的栖息地千差万别。在任何一个栖息地，生物体所处的环境都会对它们产生影响。任何**生物**（有生命的）和**非生物**（无生命的）因素的改变，都会对生物个体及其所属的整个群落产生重要影响。

生物因素

食物： 生物体需要食物来提供能量。在食物充足时，生物能够快速生长和繁殖。食物短缺时，生存和繁殖就会受到威胁。这个池塘里的鱼之所以活得很好，那是因为这里有大量可供其捕食的小虫。

病原体： 生物体都容易受到病原体和自身某些疾病的影响。如果一个种群遇到一个此前未曾接触过的特殊病原体，它们自然对这种病原体没有免疫力，结果会是致命的。如果你的花园有个池塘，最好不要放入其他地方的蝌蚪，因为它们可能携带疾病。

掠食者： 如果一个新的掠食者进入某一地区，它能够彻底改变这一地区的生态系统。可以设想一下，如果邻居家新养了一只猫，那么这个池塘里的鱼将面临一场大屠杀。

竞争： 有时候，为了争夺食物和领地等资源，同一物种成员之间会相互竞争。例如，这个池塘里的睡莲为了营养和空间会相互竞争。

非生物因素

水： 动物和植物的生长都离不开水。仙人掌和骆驼等生物已经适应了在干旱地区生存，而鱼和睡莲等生物就必须生活在有水的环境里。

光： 动物和植物对光都有明显的反应。植物需要光来完成光合作用，所以在洞穴或海底这样的黑暗环境中，植物是长不好的。有些植物适合在阳光充足的地方生长，有些在背阴处也能生长茂盛。光的强度对动物也有重要影响。例如，蛙类在春天日照时间变长时产卵。

土壤酸碱度和矿物质含量： 植物的生长类型受土壤酸碱度的影响。倘若这个花园里的土壤是碱性的，薰衣草就能够健康生长。矿物质对植物的成长也十分重要。植物需要硝酸盐制造蛋白质，需要镁产生叶绿素。

温度： 环境温度低时不利于植物生长。例如，在寒冷的北极地区，植物生长缓慢而且矮小。这给那些以植物为食的动物带来了麻烦。所以，在寒冷地区，这些动物的数量很有限，这又影响到食肉动物的生存数量。在冬天气温低的时候，这个池塘里动物、植物都生长得很缓慢。

气体含量： 植物需要二氧化碳来进行光合作用，动物需要氧气来呼吸。例如，鱼对水里的氧气含量十分敏感。

风： 风的强度和风向也会对植物产生影响。生长在多风地区的植物已经进化出一些有用的特性。例如，生长在这个花园中颇具观赏性的小草长着小而窄的叶子，这使得这些小草在进行蒸腾作用时减少水分损失。

适应性

生物体为了生存而进化出一些特性的现象称为适应性。适应性能够帮助生物在地球上各种各样的生态系统中生存。

适应性的种类

适应性有3种主要类型：

★**结构适应性：**生物体为了更好地生存，其身体特征发生改变，如生物体的大小、外形或颜色变化。

★**行为适应性：**生物体为了更好地生存所做的各种反应，如交配、迁移或觅食等。

★**功能适应性：**生物体为了更好地生存，其体内生理机能反应发生改变，如新陈代谢方面的改变或制造出新型分子。

聚焦动物的适应性：北极熊

北极熊生活在极为寒冷的北极，它们具有许多特殊的适应性。

北极熊能够在水下屏住呼吸坚持3分钟。这个能力使其在水下能够悄悄地靠近猎物（功能适应性）。

北极熊具有在雪地挖洞的能力，北极熊妈妈具有在洞里分娩和护理其幼崽的能力（行为适应性）。

北极熊妈妈能够在不吃食物的情况下生存超过8个月。这使得它们可以在整个孕期中待在洞里，并进行分娩和养育幼崽（功能适应性）。

北极熊身上厚厚的脂肪层起着御寒作用（结构适应性）。

北极熊身体的外表面积与其体积的比值较低，这有助于它保持热量（结构适应性）。

长、弯曲、锋利的爪子有助于它们捕食猎物（结构适应性）。

它们脚掌下面长出的小突起称为乳突，乳突能增加其脚掌与冰面的摩擦力（结构适应性）。

北极熊都是游泳能手。这个特性能帮助它们追赶和捕捉猎物（行为适应性）。

聚焦植物的适应性：凤梨科植物

绝大多数植物都是通过其根部从土壤里获得营养和水分的。但一些凤梨科植物却不同，它们依赖其他植物才能生长，其根茎并不接触土壤。

这些水滴能吸附微小的昆虫，这些昆虫便成了生活在这株凤梨科植物根部的蝌蚪的食物。蝌蚪的粪便和腐烂的昆虫又为植物提供营养（结构适应性）。

植物顶部绚丽的花枝吸引着蛾和蜂鸟等众多传粉媒介（结构适应性）。

这些枝叶根部形成的微小蓄水池收集雨水。树蛙把它们的卵排在这个蓄水池里，蝌蚪就在这里发育成长（结构适应性）。

覆盖在叶枝上的细毛能迅速吸收落在它们上面的雨水（结构适应性）。

许多凤梨科植物生长在热带雨林中高处的树蓬里，那里能吸收阳光，进行光合作用（行为适应性）。

一些凤梨科植物采用一种特别的方式进行光合作用。它们白天关闭自己的气孔以减少水分流失，夜间打开气孔吸收二氧化碳。这与大多数植物的光合作用方式正好相反（功能适应性）。

嗜极生物的适应性

生长在极端环境下的生物称为嗜极生物。它们通常具有罕见的适应性。

★一种生活在南极海域的短角床杜父鱼能够产生抗冻蛋白质，它们借助这种蛋白质能够在冰水中生活。

★有些细菌生活在死海等含盐度极高的环境中。它们的细胞已经完全适应了这种环境，能够储存水分，不会因为渗透作用而流失水分。

★袋鼠鼠在炎热的沙漠里不用喝水也能生存，它主要采用3种方法：躲避阳光、产生高度浓缩的尿液和尽可能地进行水分的再吸收。

竞争性

物种之间相互作用的方式多种多样。它们之间经常为争夺资源而展开竞争。不同物种之间的竞争称为**种间竞争**。同一物种成员之间的竞争称为**种内竞争**。这些竞争的结果有时候是双赢，有时候是一方成为赢家。

植物之间的竞争

植物为了阳光、水、空间和营养物质相互竞争。例如，高大植物占用了大量水和矿物质等资源。这样就使生长在其阴影下的小型植物的生存变得困难。与动物不同的是，植物之间不能选择打斗或逃避，因此，它们进化出了一整套适应能力帮助提高竞争力。

生长：一些植物长出表面宽大的树叶，以帮助其最大限度地进行光合作用。其他植物，如醉鱼草，它的叶面虽小，但叶子长且四处蔓延。这有助于醉鱼草获得阳光。

开花：有些植物采用错峰开花的方式，以避开与其他植物竞争。例如，雏菊和其他许多植物都选择在暮春和夏天开花，这样的季节白昼时间长，供它们进行光合作用的阳光更加充足。但有些植物，如烟草植物，甚至进化出了晚上开花的本领。这样一来，蛾子等夜间活动的昆虫就成为授粉媒介。

种子传播：一些植物有特殊的种子，这些种子能够借助风或其他动物进行大范围和远距离传播。例如，非常轻且像绒毛似的蒲公英种子就是通过风传播的。

化学战：有些植物通过向土壤里释放毒素来保卫自己的领地。另外一些植物，如荨麻，进化出了含甲酸的刺细胞，以防止被植食性动物啃食。

动物之间的竞争

动物常常为领地、食物、水和交配权等资源展开竞争。有时候竞争相对平和。例如，鸟叽叽叫是为了保护自己的领地。有时候竞争是对抗性的，十分猛烈。例如，猫鼬为了保护自己那块小领地，会杀死来自不同群体的同类。

交配权之争

有些动物为了交配对象而战。例如，雄性马鹿会利用鹿角进行搏杀。胜利者赢得与雌性马鹿的交配权。

其他一些动物通常有更加和平的解决方法。例如，雄侏儒鸟会表演一套动作华丽的舞蹈来赢得雌侏儒鸟的青睐。舞姿最美者将有机会与雌鸟交配。

食物之争

食物之争十分常见。例如，在非洲平原，狮子和黑斑鬣狗之间互相攻击、互相窃取对方捕获的猎物，有时候还杀死对方的幼崽。

有些动物仅吃一种食物。例如，熊猫的主要食物只有竹子。然而，挑食是十分危险的，一旦自己的食物缺少，生存就很困难。

其他一些动物属于杂食者。例如，草原狼的食物范围就很广泛，包括老鼠、田鼠、禽鸟和植物等。这类动物在遇到食物匮乏时，生存的希望就大很多。

领地之争

动物的领地是它们重要资源的供给地，那里有配偶、食物和水源等。所以，动物会奋力捍卫其领地。例如，一头雄海象始终会坚守那片有属于自己的雌海象的海滩，在那里它将可以与领地内所有的雌海象进行交配。

寄生与共栖（互利共生）

动物之间的寄生关系是相互作用的另一种形式。**寄生生物**依靠或以其寄生的生物体**宿主**为食。在这个相互作用中，寄生生物从其宿主那里索取自己所需要的一切，而宿主只有付出，一无所得。例如，虱子、蚊子、跳蚤和吸血蝙蝠都是寄生生物。

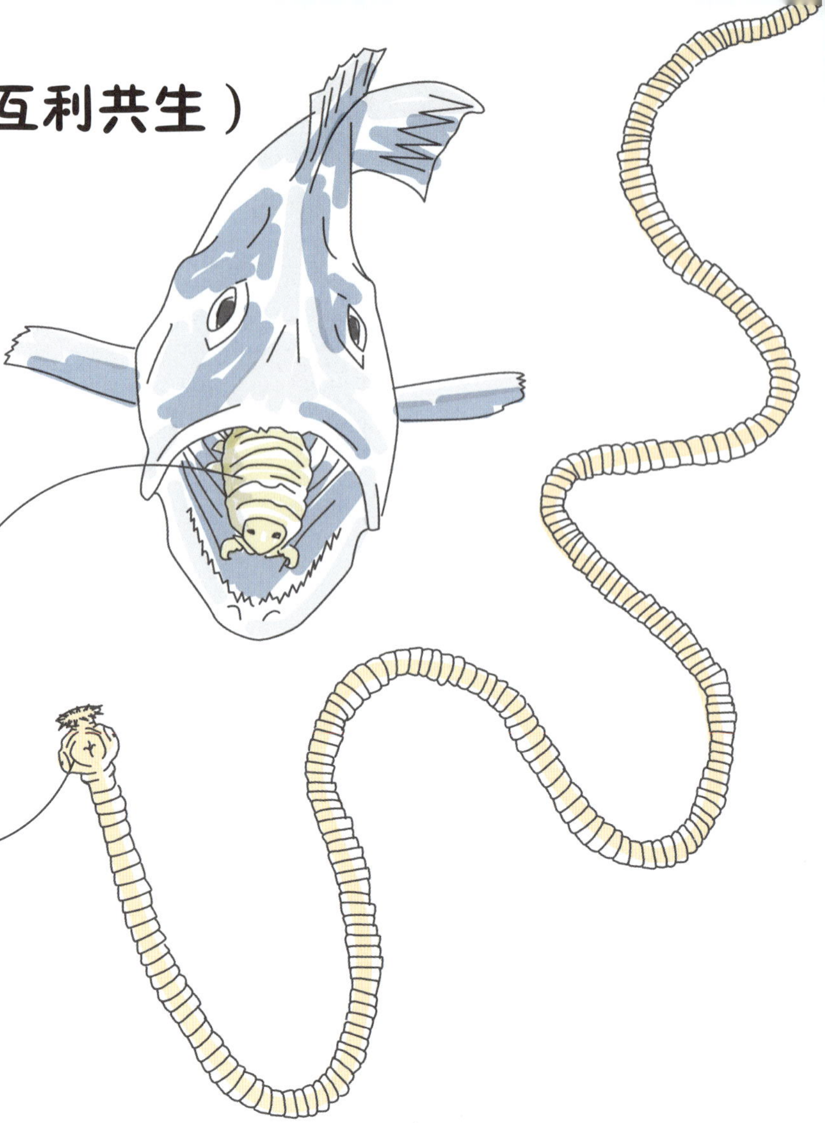

蚀舌虱能够通过鱼鳃进入鱼的口腔，并附着在鱼的舌头上。之后它会切断鱼舌头上的血管，造成其舌头脱落。待舌头脱落后，它就替代舌头生活在鱼的口腔内，靠吸取鱼的血液为生。

绦虫生活在脊椎动物的消化系统内。它们自己没有消化系统，因此从宿主那里吸取自己需要的所有营养物质。绦虫在人体内能够长到15米长，它们的卵在跟随宿主的粪便排出体外后，会感染其他宿主。

有时候两个物种都能够从高度紧密的相互关系中获益，这称为**共栖**。

当蜜蜂光顾花朵时，它们吃的食物是花蜜，花粉也同时粘到了蜜蜂身上，于是蜜蜂将身上的花粉传给另一些植物。这些蜜蜂帮助开花植物繁殖。

灯眼鱼的眼睛下长着特别的器官，这些器官里充满了能够发光的细菌。这些细菌从鱼体内吸收营养而发光，而灯眼鱼又利用这种光吸引猎物，同时发出求偶信号。

基础物种

一些生物对环境有着重大影响，这些生物被称为基础物种。基础物种之所以重要，是因为它们能够为其他物种的生长提供各种机会，同时增加生物的多样性。**生物多样性**是指生活在某一特定栖息地的各种不同生物的多样性。一旦这些基础物种从一个生态系统消失，这个生态系统就会随之消失或发生根本性的改变。狼、大象和海獭都属于基础物种。

美国黄石国家公园的狼

自然资源保护论者认识到了基础物种的重要性。美国黄石国家公园的经验启发我们：有时候引进一个基础物种是推动生物多样性的关键环节。

没有狼的时候

在20世纪早些时候，黄石国家公园的狼已经被捕杀殆尽。

麋鹿数量暴增。

树林被严重啃食。

海狸数量减少，很难再见到它们筑的水坝了。

其他动物的数量减少。

生物多样性随之减少。

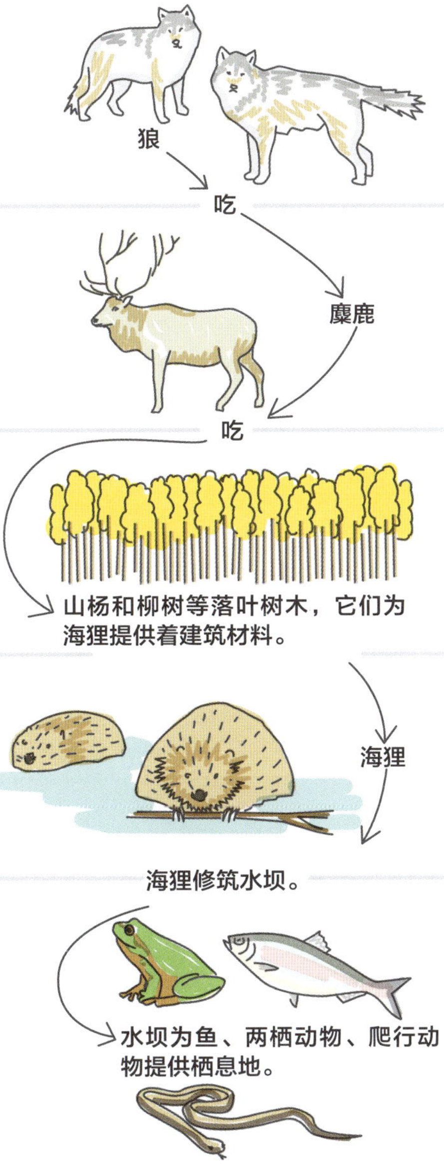

有狼的时候

1995年，狼又被重新引入黄石国家公园，直到今天仍然存在。

麋鹿的总量减少。这些植食性动物学会了远离山涧和峡谷，因为在那里它们可能会被狼群围猎。

在这些地区，山杨和柳树开始重新获得新生。

随着修筑水坝所需木材的增加，海狸又回来了。

其他动物的数量增加。

生物多样性随之增加。

全球要素的再循环利用

所有生物体都是由碳、氮、氧、氢等相同的基本元素构成的。这些资源的总量有限，它们在生物体与相应环境之间持续循环。碳、水和氮分别拥有自己的再循环利用途径。

碳循环

碳循环是全球范围内的碳原子重复循环利用的过程。碳从大气进入生物体和土壤内，然后又重新回到大气中。

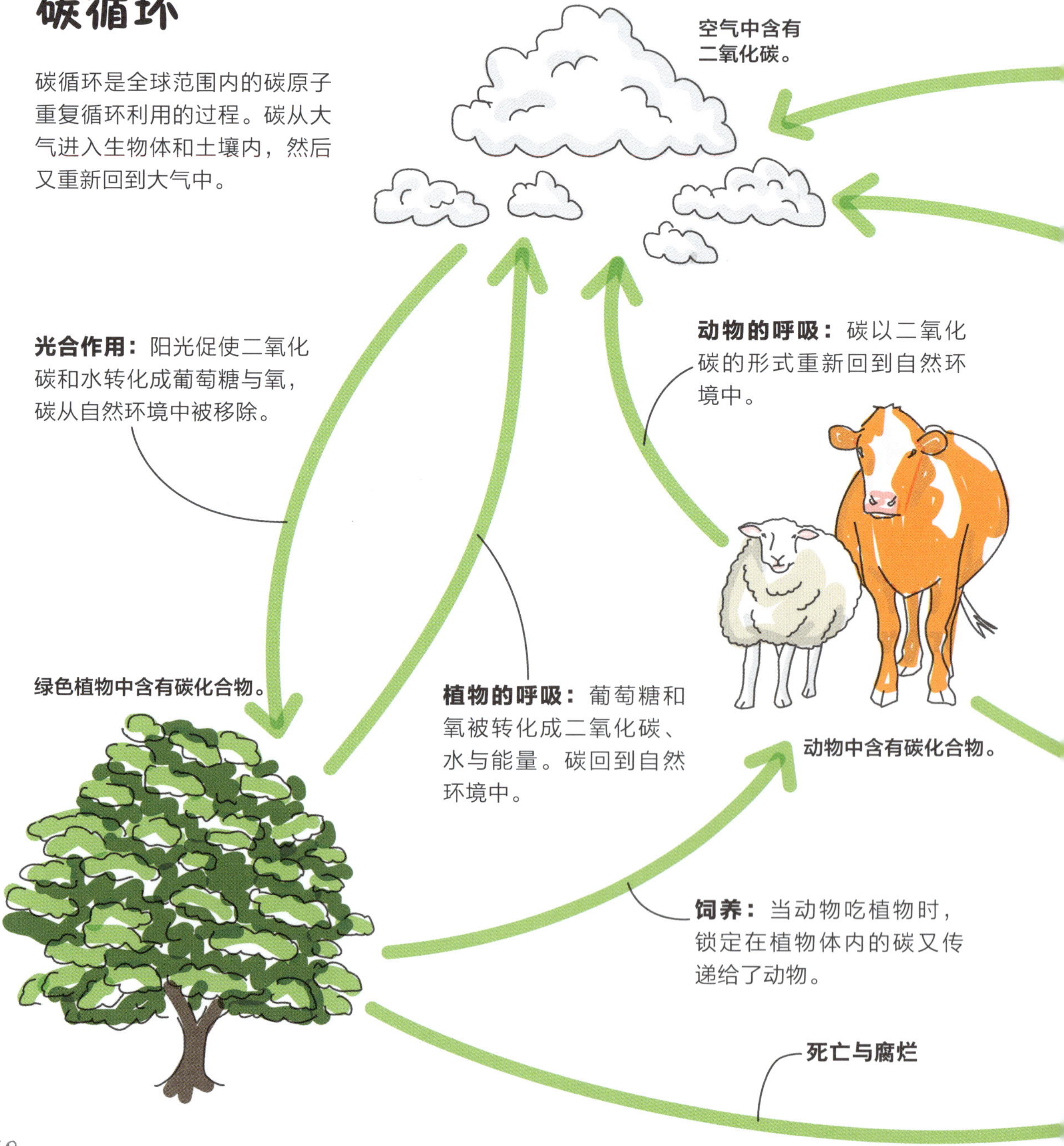

腐烂

死亡与腐烂是全球再循环利用中一个很重要的组成部分。当生物体死亡后，它们分解变成碳和氮等有用的化学元素，这些元素返回到自然环境中。蛆、真菌和细菌等生物操纵着这个过程，它们是**分解者**。

腐烂的速度

生物体分解和腐烂的速度不尽相同。例如，在一个寒冷、黑暗的洞穴里，一具尸体可以保持几百年。但是如果是暴露在炎热的非洲草原上的一具幼狮的尸体，几个星期就会仅剩一堆骨头。生物体腐烂的速度受温度、是否有水、是否有氧气等各种因素影响。

温度

分解者用酶将大分子分解成较小的分子。温度升高加大了酶的活性，从而加快尸体的分解速度。但是，如果温度过高，酶就会失去其精准的三维结构，无法与它们的反应物结合，腐烂过程就会放慢或停止。同样，温度太低也会使腐烂过程变得缓慢。

是否有水

死亡的生物体在潮湿的环境中会腐烂得更快些。这是因为分解者需要水帮助其消化食物，同时防止尸体干枯。

是否有氧

大多数分解者都是进行有氧呼吸的。这就意味着它们需要氧气来分解食物，并为分解过程提供能量。因此在氧气充足的环境下分解就会更快。

水循环

水循环是全球范围内的水重复循环利用的过程。水在流入江河和海洋之前，为陆生动物和植物提供清洁用水，然后返回大气中。

降水： 风将云吹过陆地时，水滴以雨、雪、冰雹或雨夹雪的形式返回地面。

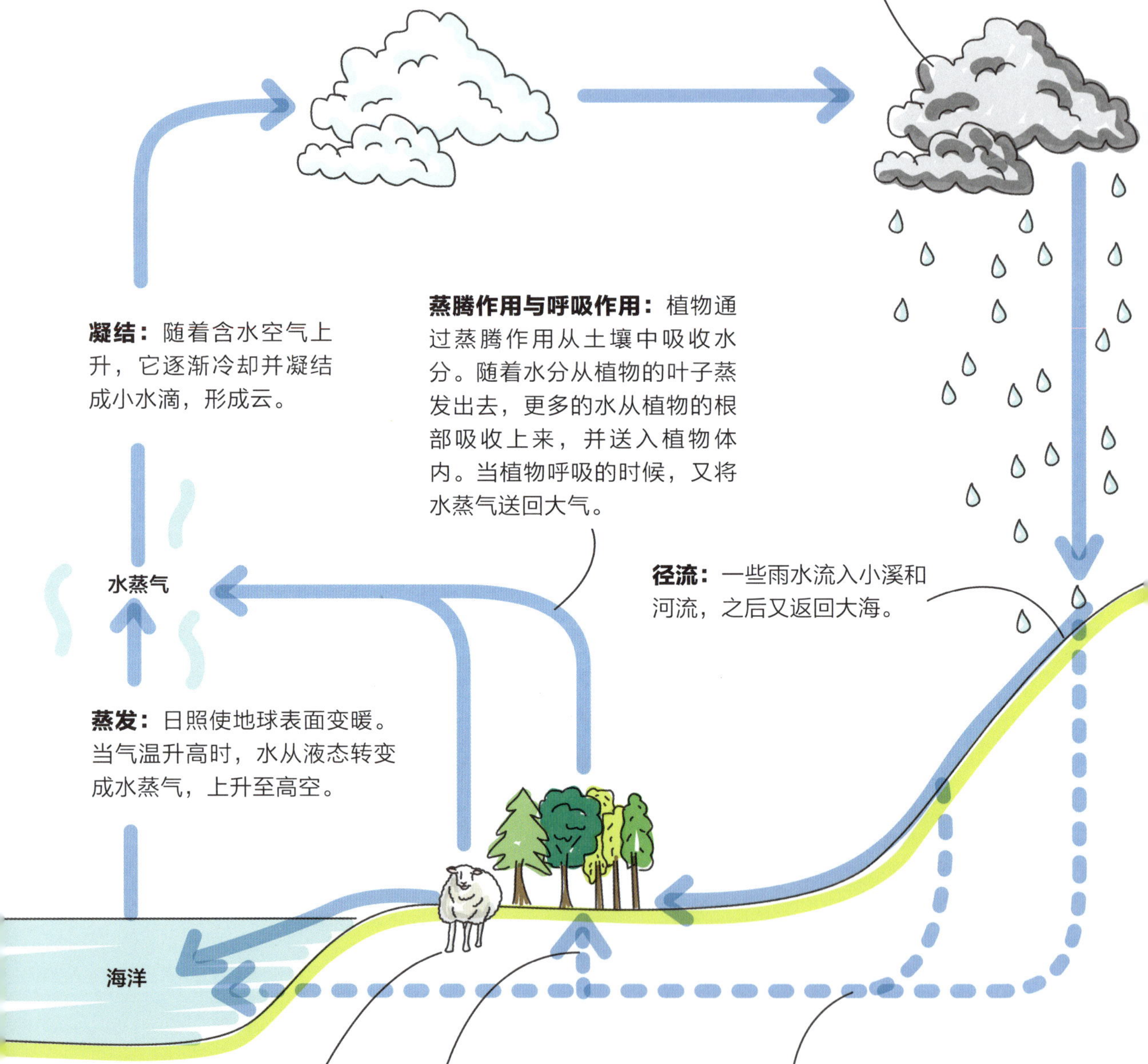

凝结： 随着含水空气上升，它逐渐冷却并凝结成小水滴，形成云。

蒸腾作用与呼吸作用： 植物通过蒸腾作用从土壤中吸收水分。随着水分从植物的叶子蒸发出去，更多的水从植物的根部吸收上来，并送入植物体内。当植物呼吸的时候，又将水蒸气送回大气。

径流： 一些雨水流入小溪和河流，之后又返回大海。

蒸发： 日照使地球表面变暖。当气温升高时，水从液态转变成水蒸气，上升至高空。

呼吸作用： 动物呼吸时，同样将水蒸气送回大气。它们还以尿、排泄物和汗水的形式将水送回自然环境里。

浅层地下水储存： 一些水保存在土壤的浅层里，可被植物利用。

深层地下水储存： 水通过土壤和岩石的缝隙渗入地下。一些水储藏在地下的岩石中，形成**地下蓄水层**。

氮循环

氮循环是全球范围内氮重复循环利用的过程。氮之所以重要，是因为但凡是生物体都需要它来制造蛋白质和脱氧核糖核酸（DNA）。

尽管地球大气层的80%是氮气，但是这种形式的氮无法被生物体直接利用。氮循环将大气中的氮转化成能被生物体利用的其他形式，并通过生物和环境的作用使氮分子得到重复利用。

脱氮作用：硝酸盐可以被转化成氮气，这个过程由脱氮细菌完成。脱氮细菌是厌氧的，所以它们不需要氧气，可在浸水的土壤里完成脱氮作用。

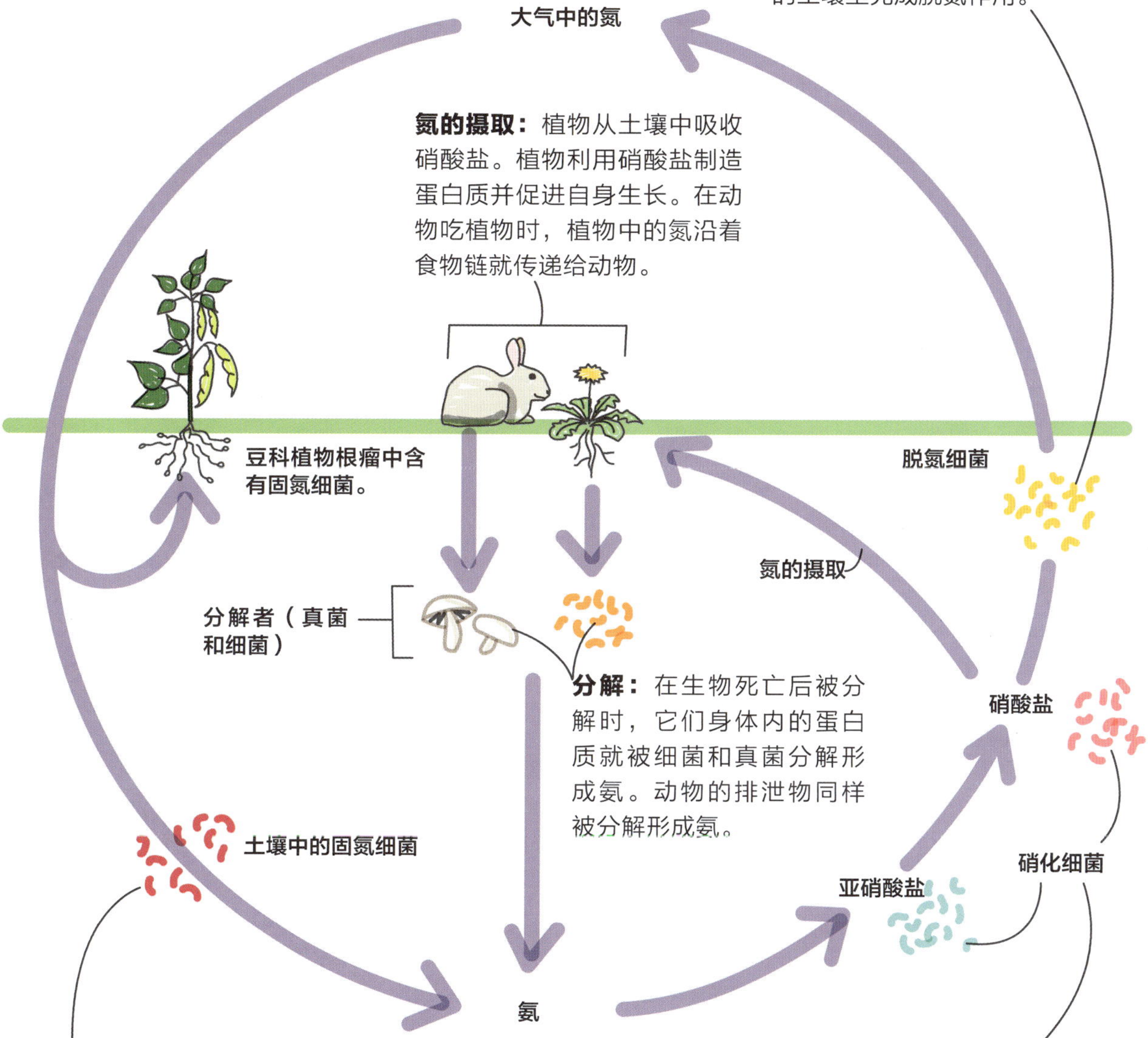

固氮作用： 氮气被转化成生物体可利用的形式，这是由固氮细菌完成的。固氮细菌属于需氧细菌，它们需要氧气。

在土壤和豌豆、豆荚、苜蓿等豆科植物根瘤中可找到固氮细菌。

硝化作用： 氨被转化成亚硝酸盐，然后再变成硝酸盐。这个过程是由硝化细菌完成的。硝化细菌是需氧细菌，它们需要氧气。

小结

生态系统指的是生物群落以及它们的自然环境总和。

环境对生物的影响

生物因素

食物、竞争、病原体和掠食者等生物因素对生物体产生影响。

非生物因素

水、光、气体含量、土壤酸碱度、矿物质含量、温度和风等非生物因素对生物体产生影响。

生态学

全球要素的再循环利用

碳循环

碳在大气、土壤和生物体之间重复循环利用。

氮循环

大气中的氮被转化为可用的形态，然后又返回大气中。

水循环

水在天空、陆地和海洋之间重复循环利用。

行为适应性

生物体为了更好地生存所做的各种反应，如交配、迁移和觅食等。

结构适应性

生物体为了更好地生存，其身体特征发生改变，如生物体的大小、形状和颜色变化等。

生态系统

群落

群落由2个或2个以上的生物种群组成，有助于构成生态系统。

种群

种群是生活在同一地理区域内的某一个物种的所有成员，有助于构成生态系统。

相互依存

食物链

食物链描述生物体如何获得食物，可以理解为“谁吃谁”。

食物网

食物网描述食物链如何相互作用并怎样形成网络。

生产者与消费者

生产者是在食物链底端的植物。消费者是那些吃其他食物的生物。

竞争

竞争分为种间竞争和种内竞争。

共栖（互利共生）

两个物种都能从相互关系中获益，即互利共赢的关系。

掠食者与猎物

猎食和捕杀其他动物的动物称为掠食者，被猎食和捕杀的动物称为猎物。

基础物种

基础物种对生态系统有着巨大影响。它能够通过为其他物种创造资源来增加生物多样性。

寄生

寄生生物依靠或以其他生物，即宿主为食。宿主得不到益处。

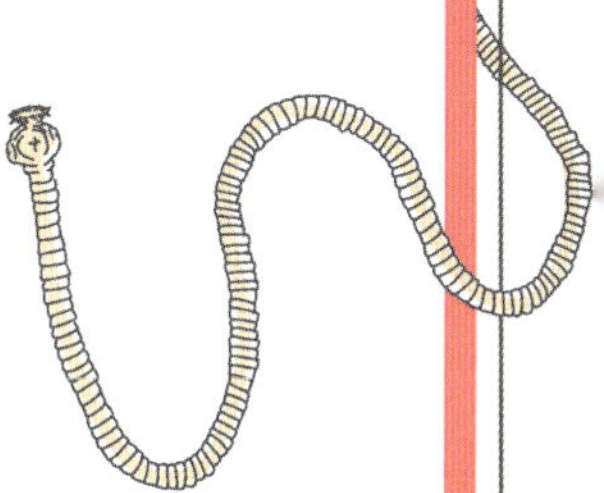

适应性

极端生物

极端生物通常有罕见的适应性。例如，短角床杜父鱼能够产生抗冻蛋白质。

功能适应性

生物体为了更好地生存，其体内生理机能发生改变，如产生新的生物化学功能、调整新陈代谢的方式等。

第十一章

21世纪生物学

与几百年之前相比，今天的地球已经面目全非。森林被毁，已经建立的全球要素再循环利用体系破裂，大量二氧化碳被排入大气，还有大片土地被用于耕种。所有这些都是有代价的。现在地球正在变暖，许多物种濒临灭绝，人类赖以生存的生态环境面临越来越多的威胁。在本章中，我们将与你一起探讨这些问题，并了解一些能够救助地球的解决方案。

人类世

我们的星球是80多亿人生活的家园，而且这个数字还在不断增加。然而，人类活动对地球影响的程度令人难以想象。现在一些科学家认为地球变化太大，以至于应该为目前的地质年代命名一个新名字。他们有意将此称为“人类世”，意为“人类的时代”。

1万年前，地球上既无农田，也无城市。今天，地球上约2/3的非冻土已被人类所占用。

我们利用土地的方式正在产生严重的影响，地球上一半成熟的热带雨林——约800万平方千米已被破坏。

热带雨林产生氧气，并通过蒸发向大气增加水分以维持地球现在的水循环。

热带雨林也形成**碳汇**，即热带雨林从大气中吸收二氧化碳。而随着人类不断向大气中排放大量二氧化碳，我们正在丧失这一可贵的资源。这是自酿苦果。

人类对森林的砍伐和对生物栖息地的破坏是导致生物多样性减少的两大罪魁祸首。目前植物物种正在减少，许多动物也在逐步失去自己的家园。这种状况迫使尚存的动物与人类更为接近，从而引发冲突。

科学家还认为，人与动物比邻而居，会增加动物疾病跨物种感染人类的可能性。

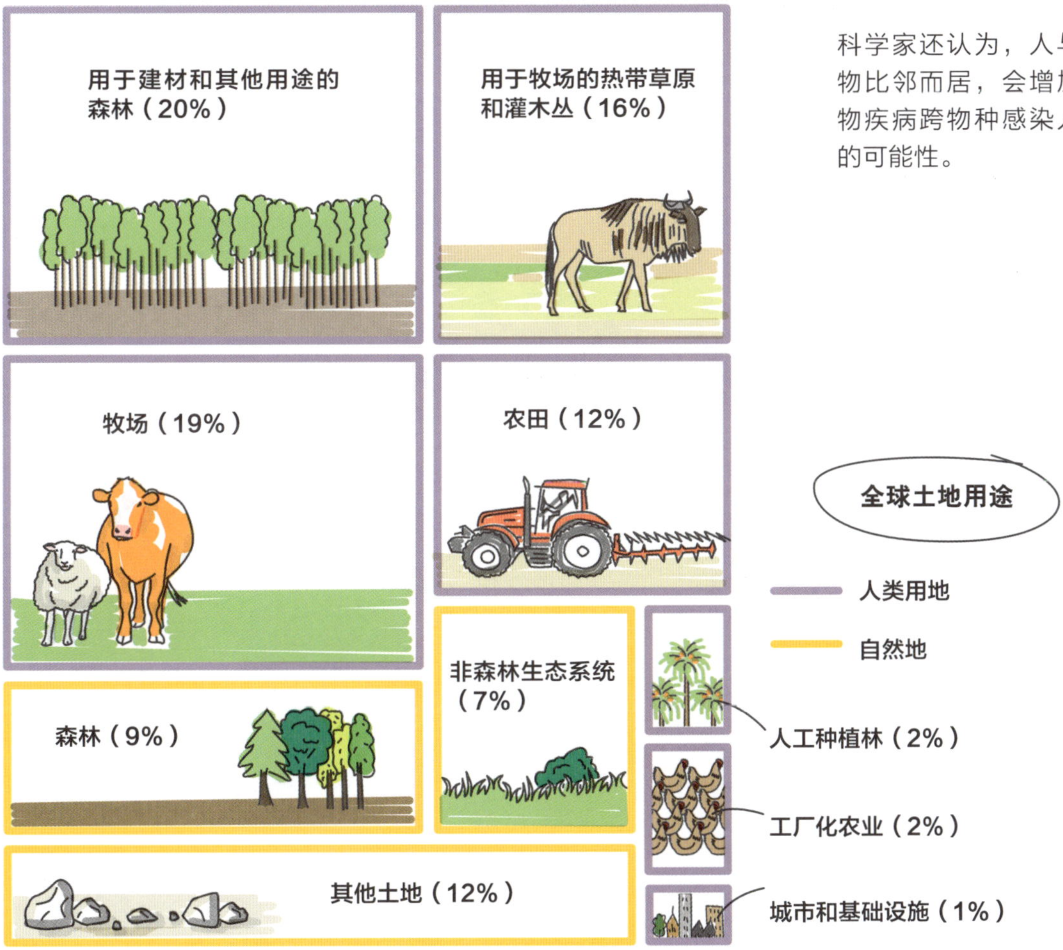

地球的界限

科学家揭示了9个重大环境过程，其中包括气候变化和生物多样性减少。为了使地球保持健康和适宜人类居住，我们需要将这些过程限定在一定的界限之内，或是说保持在“安全区”内，但目前4个环境过程的界限已经被突破。所以，世界各国必须共同努力保持我们地球的宜居性。

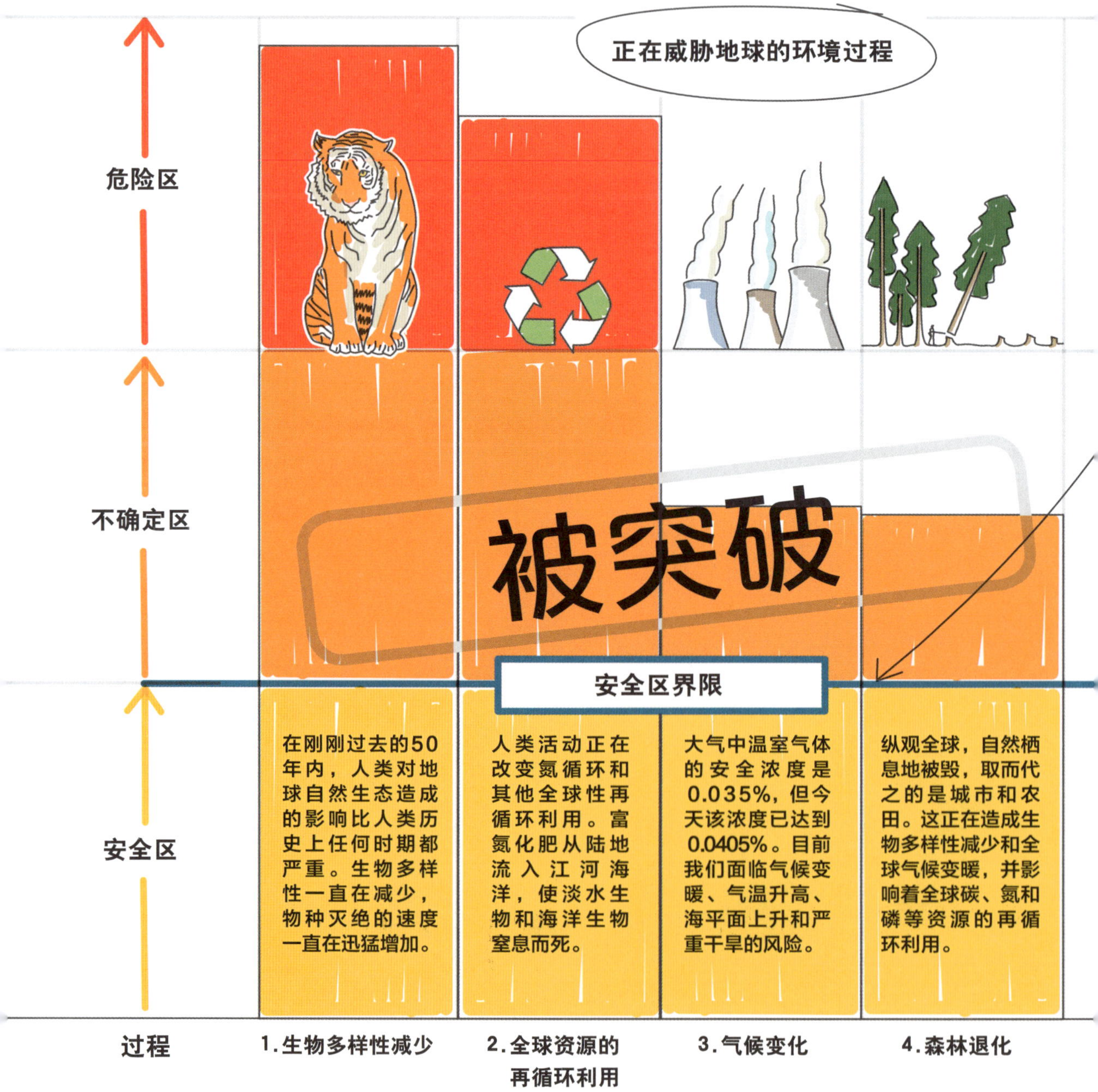

了解这些界限十分重要。它能帮助我们控制危险的活动，为未来的变化做好准备，并对资源的使用排出优先次序。

所有这些过程都是相互关联的。一个过程的转变会影响到其他方面。例如，气候变化会导致海洋酸化，海洋酸化会给海洋生物造成威胁，并导致生物多样性减少。

超越这一界限，我们就可能置地球于险境。

这两个过程的边界目前尚不清楚。

大约有1/4人类活动排放的二氧化碳最终被海洋溶解。这使得海水酸性增加而威胁到海洋生物。现在海洋酸化的速度是最近2000万年以来最快的。

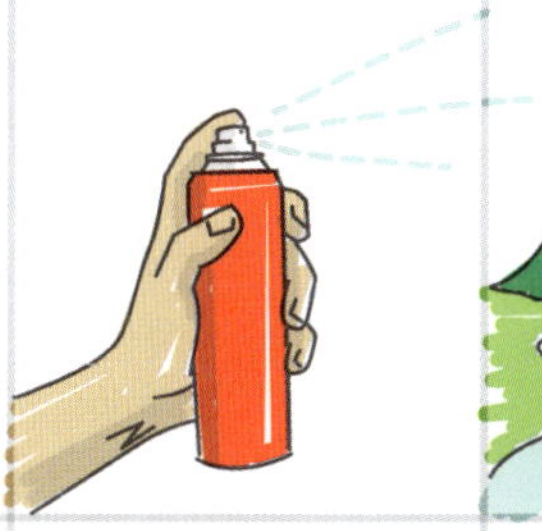

臭氧自然存在于大气的上层。在20世纪70年代，科学家认识到一些化学品正在破坏臭氧层。从那以后，那些能够破坏臭氧层的化学品被逐步淘汰。现在大气层中的臭氧空洞正处在逐渐恢复之中。

我们使用淡水资源方式的问题，并不是一个目前才存在的全球性问题。

气溶胶是悬浮在大气中的微小粒子。它影响云的形成和气候。由于人类造成的污染，目前大气中气溶胶的总量在不断增加。

化学污染物和放射性材料等人造物质能够对生物及环境造成巨大的影响，例如，一些杀虫剂会使哺乳动物中毒。

安全区界限

5.海洋酸化　**6.臭氧层损耗**　**7.淡水的使用**　**8.大气中的气溶胶**　**9. 污染**

温室效应

就像玻璃材料建造的温室能够吸收热量那样，温室效应是地球大气层从阳光中吸收热量的现象。在过去的数百万年中，温室效应堪称完美，因为它给地球带来了温暖，为生物的茁壮成长创造了条件。然而，时过境迁，人类今天的活动正在改变处于自然状态的温室效应。我们不断向大气排放二氧化碳和其他温室气体，导致地球大气层吸收的热量越来越多，全球变暖日益加剧。

太空
太空指地球大气层以外的宇宙空间。太空中没有空气。太阳到地球大气层的距离约1.5亿千米。

大气层
大气层是包裹着地球的气体层，厚度在1000千米以上。

地球

工业化之前的地球

在工业化之前，温室气体在大气中的浓度保持着相对的稳定，虽然当时全球气温也有微小的变化，但总体上相当平稳。

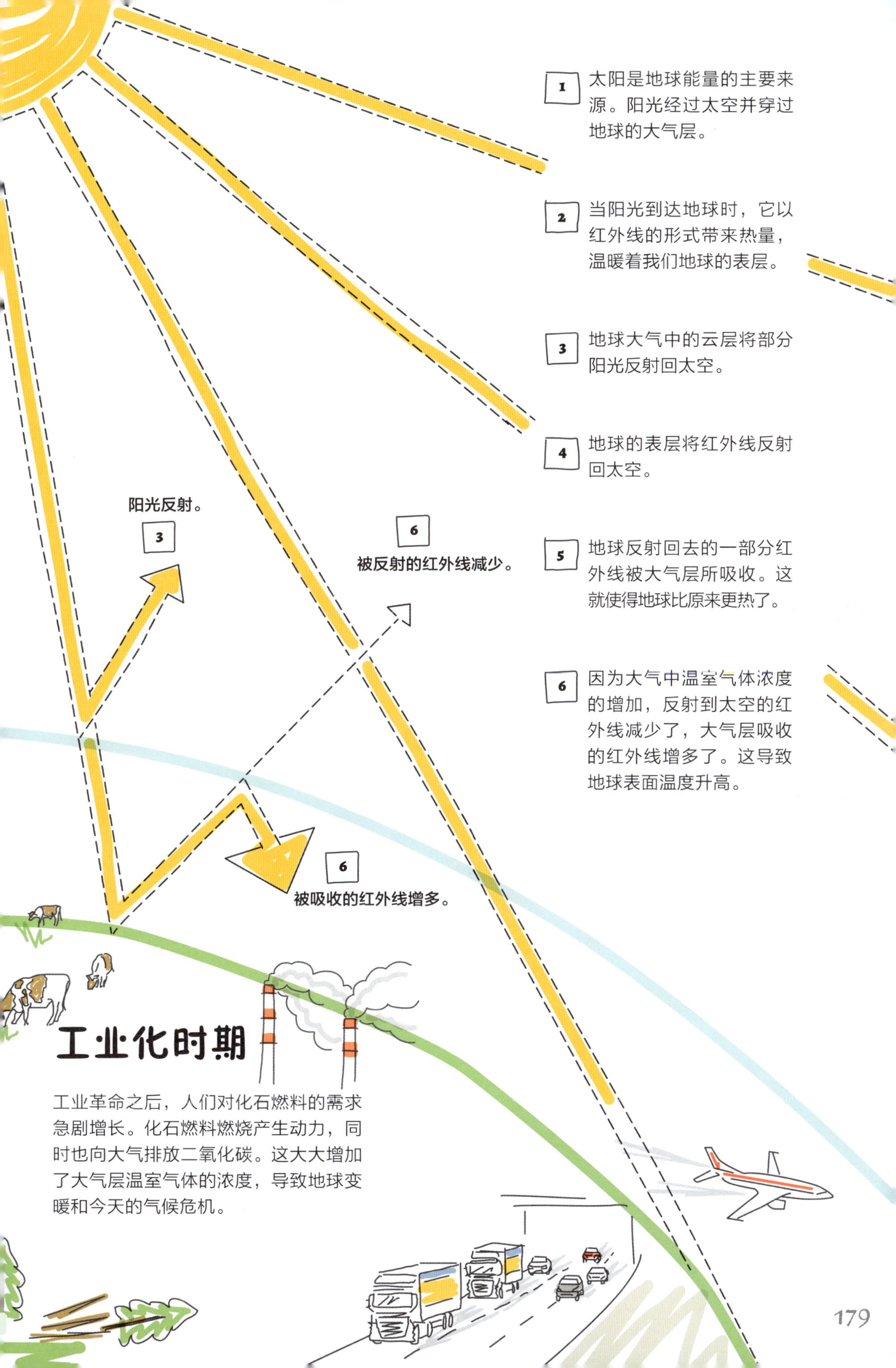

1 太阳是地球能量的主要来源。阳光经过太空并穿过地球的大气层。

2 当阳光到达地球时，它以红外线的形式带来热量，温暖着我们地球的表层。

3 地球大气中的云层将部分阳光反射回太空。

4 地球的表层将红外线反射回太空。

5 地球反射回去的一部分红外线被大气层所吸收。这就使得地球比原来更热了。

6 因为大气中温室气体浓度的增加，反射到太空的红外线减少了，大气层吸收的红外线增多了。这导致地球表面温度升高。

工业化时期

工业革命之后，人们对化石燃料的需求急剧增长。化石燃料燃烧产生动力，同时也向大气排放二氧化碳。这大大增加了大气层温室气体的浓度，导致地球变暖和今天的气候危机。

气候变化

在过去的200年中，大气中二氧化碳的浓度增加了1/3，这打破了现有的碳循环，加剧了温室效应，引起了气候变化。

温室气体的来源

地球大气中的主要温室气体是二氧化碳、甲烷、氮氧化物和臭氧。它们有的是由“自然过程”所致，如火山活动等，有的则是多个不同“人类过程”的结果。

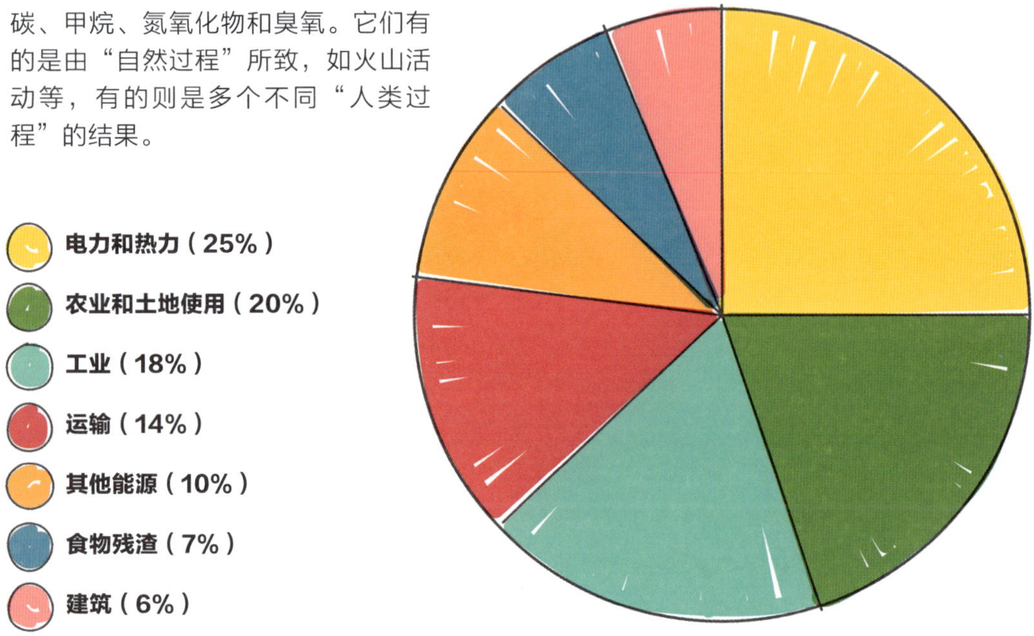

气候变化的实证

气温记录：自从有气温记录以来，历史上温度最高的20个年头均出现在最近的22年里，其中最热的4年是2015~2018年。

冰川消融和海平面升高：自20世纪初以来，冰川消融不断加快，造成海平面持续升高。在最近的100年里，全球海平面平均上升了19厘米。

冰芯：冰芯可为我们提供过去几十万年中每年的气温纪录。对冰芯的化学分析证实了最近气温的快速升高。

季节变化：例如，在地球的一些地方，春天来得早了，而冬天变暖了。

海洋酸化：海洋因吸收越来越多的二氧化碳，导致其酸化程度越来越高。自工业革命以来，海水表层的酸性增加了30%左右。

气候变化的后果

目前地球的气温比工业化之前大约升高了1摄氏度，而且全球的气温还在继续升高。像这样的微小气温变化会对环境造成极大的影响。

冲突频发： 随着气候模式的改变和资源的短缺，人们的生活将会变得愈加困难，冲突就会越发频繁。

食物和水资源短缺： 干旱和农作物歉收会在许多地区造成食物及水资源短缺。

海平面升高： 到2100年，海平面可能会升高2米。

冰川消融： 北极冰的厚度比45年前减少了65%。

农业危机： 尽管全球有些地区农作物种植会变得更加容易，但许多地方将会出现荒漠化，并导致农作物产量下降。

极端气候： 全球会发生更多的热浪、干旱和洪水，以及更加强烈的热带风暴。

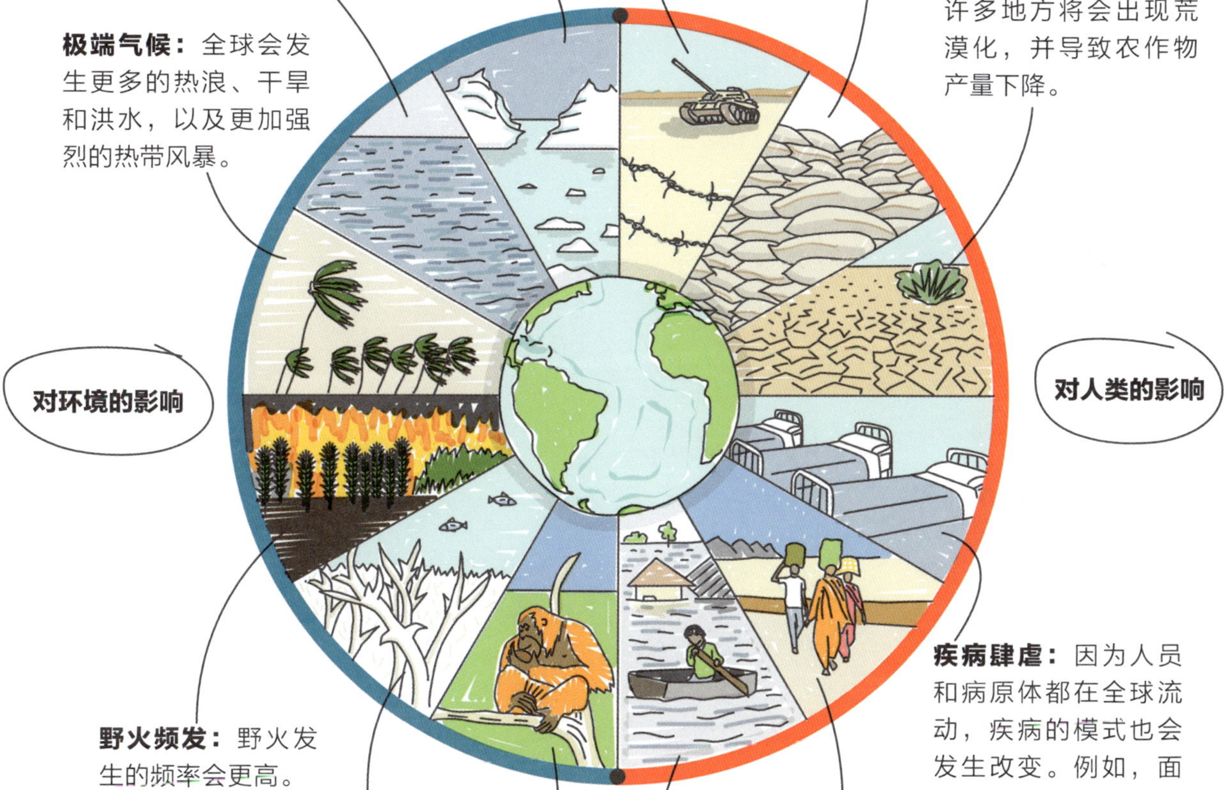

疾病肆虐： 因为人员和病原体都在全球流动，疾病的模式也会发生改变。例如，面临患疟疾风险的人数会增加2.8亿。

野火频发： 野火发生的频率会更高。

生态系统改变： 生态系统正在发生根本性的变化。例如，如果地球温度升高3摄氏度以上，地球上大多数的珊瑚礁将会消失。

人类迁移： 在未来的30年中，气候变化可能导致1.4亿人无家可归、流落他乡。

生物多样性减少： 如果气温比工业化前的水平高出2摄氏度，地球上5%的物种就会灭绝。

水灾： 除非碳排放得到有效控制，否则会有3亿多人每年至少遭遇一次洪涝灾害。

应对气候变化

气候变化看上去来势凶猛，为遏制其势头，我们可以在全球范围内，从政治、社会和个人等多个层面采取行动。

气候工程： 气候工程的目的在于改变地球气候系统。气候工程选项之一是通过人工育林，从大气中吸收二氧化碳。另外一个选项是利用大面积反光镜，提高将太阳能反射回太空的比例。这些选项都存有争议，并仍然处在开发中。

替代能源： 太阳能、风能和潮汐能等清洁能源正逐步替代化石燃料。现在有许多车辆靠电驱动，还有许多国家正在逐步减少汽油和柴油汽车的市场销售。

碳捕捉： 这是一项正处在开发中的技术。碳捕捉技术用于捕集发电厂排出的废气中的二氧化碳，并用安全的方式将其封存到地下，防止二氧化碳在大气中堆积。

食品生产： 目前全球共有约700亿头家畜，其中大多数是在工厂化的农场集中饲养的。工厂化养殖向大气排放大量的温室气体，所以现在有不少人提议采用小规模且更可持续的养殖方式。

适应战略： 这类战略是对气候变化所造成的负面影响加以控制，而非直接减少温室气体的排放。例如，一些农场准备种植新型耐热作物。

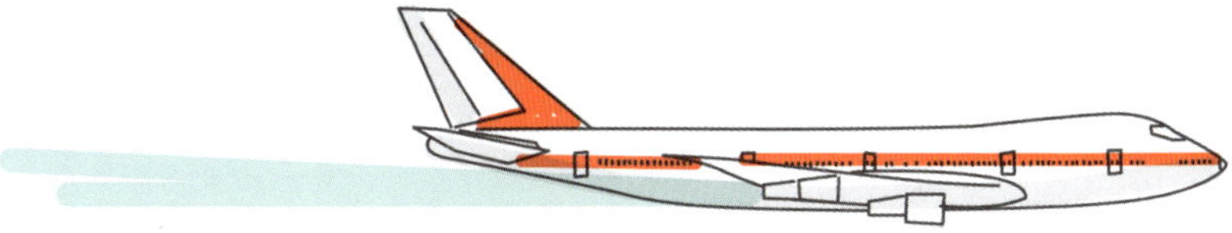

碳补偿计划：这个计划允许人们进行碳排放，但必须同时对环保项目进行投资。例如，你可以出资植树项目，以抵消你乘飞机旅行所造成的碳排放。

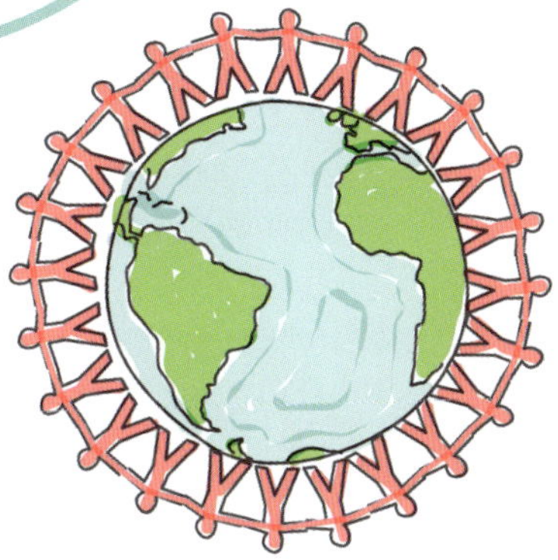

国际协议：2016年，大约200个国家签订了《巴黎气候变化协议》。这项国际公约的目标是控制全球变暖。今天，许多国家对此取得了很大进展。不幸的是，还有一些国家却与这个公约渐行渐远。

植树：这是一个阻止气候变暖最简单、成本最低的方法。树木在生长过程中吸收并封存二氧化碳。现在许多国家制订了雄心勃勃的植树计划。

生活方式的选择

在拯救我们的地球方面，你能够做很多事情。

减少肉食：只要可能，我们的肉类食物应该来自牧场喂养、自由放养和自然界有机系统。购买本地的季节性产品，可以帮助减少由于食品运输造成的空运里程和碳排放。

减少浪费：在全世界生产的食品中，目前有1/3被浪费了，而现在还有许多人在忍受饥饿。这使环境承受着巨大的代价。只要我们不再浪费粮食，占温室气体排放总量11%的食物系统的排放就可以被避免。

智慧出行：短距离出行采用步行和骑行方式。目的地稍远时，搭乘公共交通或共享汽车。长途旅行可乘坐公共汽车和火车，尽可能少乘飞机。

调低温度：人们倾向于高估家用照明和烧水所需要的能源用量。所以，请将自动调温器的温度调低，并使用可再生能源给你的房屋供暖。

生物多样性减少和物种灭绝

生物多样性减少、物种灭绝、自然环境被破坏都是对人类生存的巨大威胁。尽管物种一直在消亡，但目前的情况是灭绝的速度极快，大量物种在很短的时间内就不见了踪影，这就是所谓的**大规模灭绝**。自地球上生命诞生以来，曾发生过5次大规模灭绝。许多科学家认为，目前我们正在经历第6个灭绝期。

生物灭绝的速度是人类出现以前的1000倍。这在提醒我们，人类活动正推动着当前的灭绝危机。

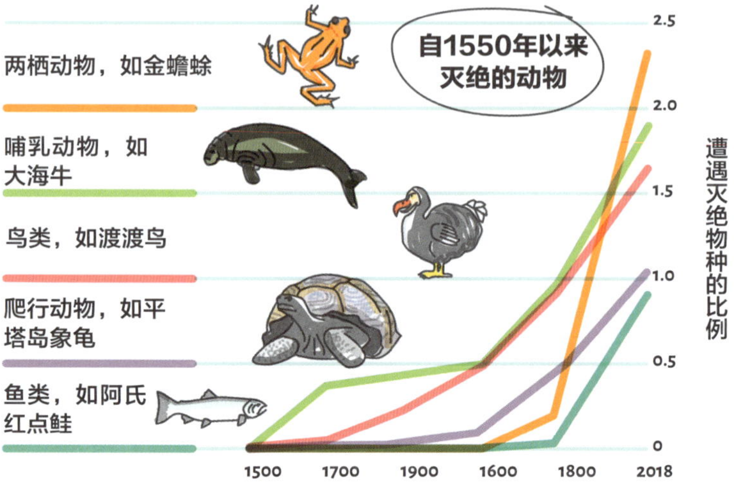

面临灭绝危险的物种

人类活动正在使上百万种动物和植物面临灭绝的危险，其中许多物种将在数十年内消失。

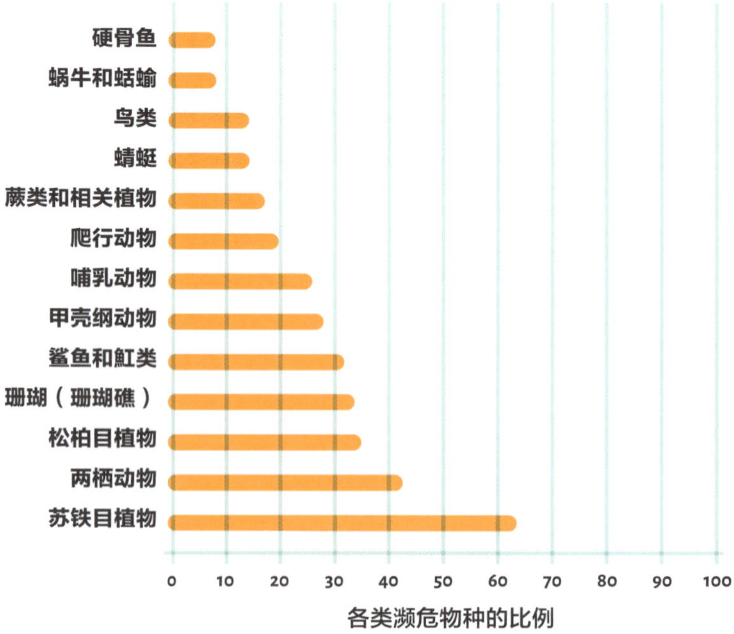

左侧图表显示，超过40%的两栖动物、约33%的珊瑚和超过25%的哺乳动物面临灭绝的危险。无脊椎动物的种群数量也在迅速下降。

地球上的生物多样性至关重要。大自然带给人类的众多惠泽是不可替代的。大自然给我们提供了食物、能源、药品和材料，给予我们清洁的空气、干净的水、让万物生长的土地以及适宜的气候。如果生物多样性减少，我们将面临失去这些惠泽的风险。人类也是大自然的一部分，没有大自然我们将无法生存。

生物多样性面临的风险

当物种纷纷灭绝，生物多样性也就不复存在。生物种群的减少同样会造成生物多样性的丧失。在过去的50年中，哺乳动物、鸟类、鱼类和爬行动物种群数量减少了约60%。目前自然界正面临五大威胁。

过度开发： 穿山甲身上覆满甲片。在亚洲，穿山甲的肉被食用，甲被用于中药材。偷猎者非法猎捕野生穿山甲，穿山甲已成为地球上走私最为严重的哺乳动物之一。

栖息地遭破坏： 印度尼西亚打巴奴里地区的猩猩是2017年公认的最引人关注的物种。它们栖居在苏门答腊丛林中，目前只存活约800只。它们受到森林砍伐、金矿开采和正在计划建设的大坝的威胁。

污染： 在过去的40年中，全球海洋中的塑料数量增加了10倍，这对海鸟、海龟和海洋哺乳动物构成了威胁，因为它们会吃这些塑料或被塑料缠绕。地球上超过一半的海龟曾吃过塑料，还有超过1亿头海洋哺乳动物因此而死亡。

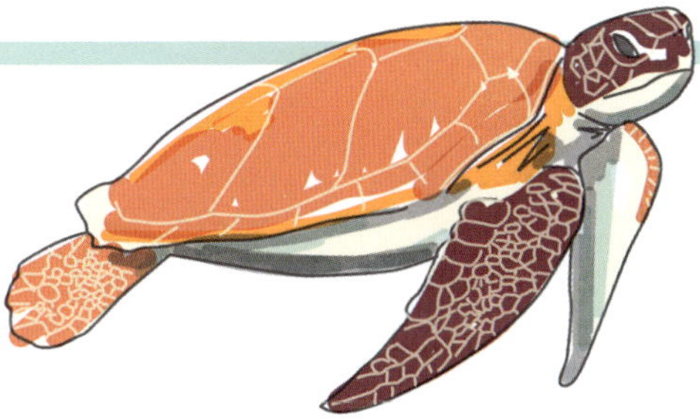

气候变化： 珊瑚裸尾鼠是一种曾生活在澳大利亚一座孤岛上的啮齿动物。气候变化导致海平面升高，这座孤岛被海水反复淹没。珊瑚裸尾鼠于2019年灭绝，也成为第一种已知的、因气候变化而遭灭绝的哺乳动物。

物种入侵： 当非本地或“侵入性”的物种进入一个新的生态系统时，它们会与本地的物种进行竞争，甚至致使本地物种灭绝。新西兰鸮鹦鹉是极度濒危的鹦鹉类动物。自从老鼠、白鼬以及其他外来物种开始吃鸮鹦鹉的蛋并毁坏其巢穴以来，鸮鹦鹉的数量就在急剧下降。

维持生态系统和保护生物多样性

随着全球人口的增长，人类产生的垃圾越来越多，耗费的资源也越来越多，这给环境和生态系统带来的压力不断增大。有许多不同的方式可用于保护生态系统和促进生物多样性。

繁殖计划：这些计划的目的是增加稀有和濒危物种的数量。例如，1987年，美国加利福尼亚秃鹫几近灭绝，为了保护它们，当地政府将它们全部圈养起来，使它们能够安全地生长繁殖。之后，很多秃鹫被放生。目前野生加利福尼亚秃鹫数量已达数百只。

再野生化：这是让土地和各种资源重返大自然的简单方式。再野生化能够让大自然重获生机，有时候还可以重新引入已经消失的物种。例如，巨龟在科隆群岛（加拉帕戈斯群岛）上几近灭绝时又被重新引入，并在岛上不断生长繁殖，目前巨龟总数已超过1500只。

高科技方式：自然保护主义者越来越多地使用遗传和干细胞生物等高科技手段来拯救濒危动物。例如，为抢救濒危的北方白犀牛，科学家正采用冷冻精液与新鲜卵子结合的方式培育“试管犀牛”。

保护栖息地：建立国家公园和自然保护区等，有利于维持生态系统并帮助其再生。海洋同样能够得到保护。目前，全球已经建立13000多个海洋保护区，占海洋面积的2%，其中一半是“禁捕区”，即禁止捕鱼，从而使野生鱼群得以恢复。

停止野生动植物非法交易：野生动植物非法交易是对野生动植物的巨大威胁。例如，尽管在国际上象牙贸易已被禁止，但每年仍有2万头非洲象因为自己的牙被猎杀。各国政府正在制定新的法律，准备起诉那些已被抓捕的罪犯，同时积极开展宣传活动，劝说人们不要购买象牙制品。

全球性行动：全球所有国家需要共同开展与气候变化的斗争，减少环境污染，停止破坏动植物栖息地以及减少垃圾的产生。

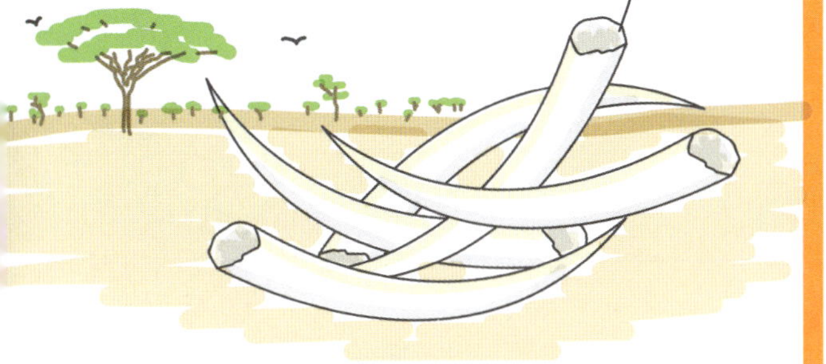

救助野生动植物

在救助野生动植物方面你能够做不少事情。

★你可以用播种野花的方式重新“野化”户外的一块空地。花朵会吸引花粉的传播者，如蜜蜂和蝴蝶等。

★你可以做一名懒惰的园丁。蔓生的花圃、大树的落叶和凌乱的角落都可以成为各种生物的栖息地。

★如果你有一个空地，那就挖一个池塘。它可以吸引各种昆虫和无脊椎动物前来。

★你可以支持保护野生动植物和荒野空间的慈善组织和机构开展的工作。

应对物种入侵：目前，人们用投放毒药、诱捕、监视和嗅探犬侦查等方式来控制物种入侵。在新西兰，每年有2500万只鸟死于物种入侵。政府为此发起了一项名为“清理掠食者2050”的计划，这个计划的目的是到2050年在全国范围内清除所有脊椎动物的入侵掠食者。

小结

人类世

“人类世”是一个人类时代，也是一个提议中的新地质纪元。人类活动正导致地球发生变化。

人口过剩

资源已经不足以养活地球上不断增长的居民。

自然栖息地遭破坏

森林退化和栖息地减少导致生物多样性减少，加剧气候变化。

人类居住占据了过多的土地

人类使用了地球上约2/3的非冻土，将其用于农业和城市等。

21世纪生物学

生物多样性减少

原因

自然界面临许多威胁，例如物种入侵、气候变化和栖息地被损毁等。

管理和控制

人们制订多种不同的保护战略。例如，对栖息地进行保护、制订繁殖计划、停止野生动植物非法交易和实施再野生化等。

衰退和下降

生物灭绝的速度在增加。种群在衰退。几百万物种面临威胁。

后果

人类正丧失赖以生存的生态系统所给予的惠泽，这些惠泽包括帮助植物授粉以及为人类提供食物等。

在过去200年中，大气中的二氧化碳浓度增加了1/3。

温室气体

温室效应发生在大气层吸收太阳热量时，它使得地球适于居住，但又会使全球变暖。

温室效应

目前许多因素导致气候变化，如化石燃料的燃烧、农业生产和食物垃圾等。

导致气候变化的因素

证据

诸多事实证明了气候变化的真实存在，如气温纪录、季节变化和海洋酸化等。

气候变化

应对之策

控制气候变化需要做出重大的调整，例如使用替代能源、植树、使用碳捕捉技术和选择生活方式等。

对人类的影响

气候变化对人类的影响面广且令人担忧，如造成人类被迫迁移、流离失所，使人类产生疾病和冲突等。

对环境的影响

气候变化对环境的影响面广且令人担忧，如导致海平面升高、极端气候发生、野火频发和生物多样性减少等。

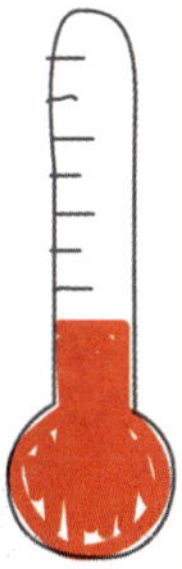

全球要素的再循环利用

人类活动影响着全球要素的再循环利用。例如富含氮的化肥进入相应的水域，使水生生物窒息。

大面积的森林消失是全球变暖的一个因素。它对全球要素再循环产生影响。

森林退化

安全区界限

人们需要将环境过程保持在安全区内才能使地球适宜人类居住。现已有4个安全区的界限被突破。

索引

拆解科学系列

生物笔记㊤

[英] 海伦·皮尔彻 著

燕子 译

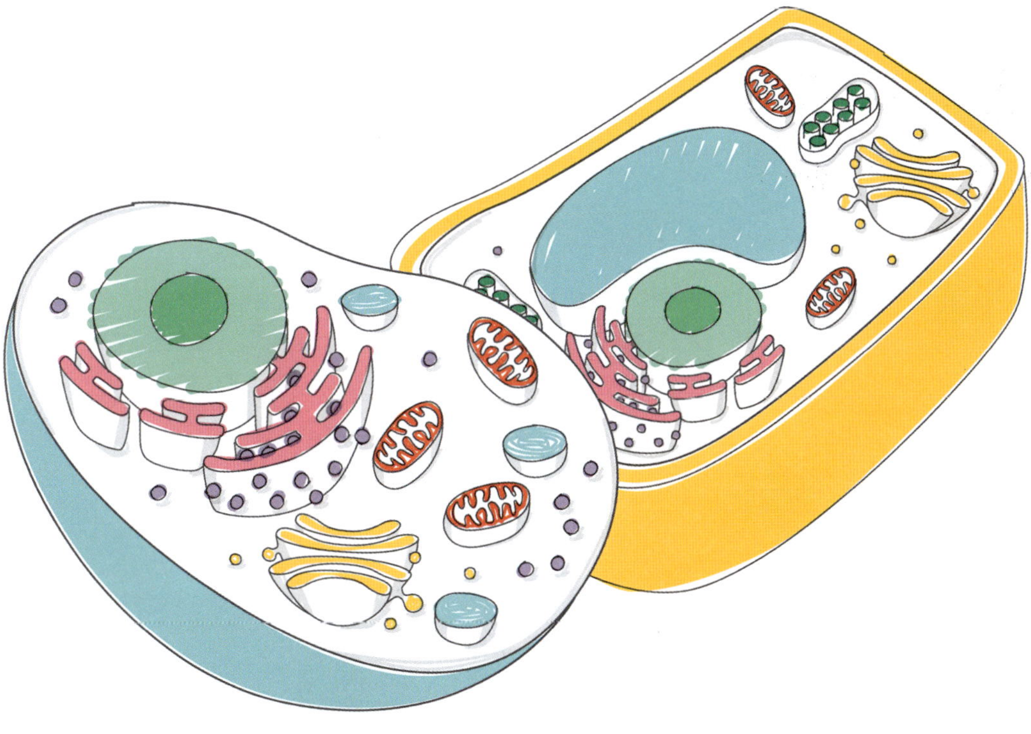

中国大百科全书出版社

北京市版权登记号：图字 01-2022-6196

图书在版编目（CIP）数据

生物笔记．上/(英)海伦・皮尔彻著；燕子译
．--北京：中国大百科全书出版社，2023．2
（拆解科学系列）
ISBN 978-7-5202-1268-7

Ⅰ．①生… Ⅱ．①海… ②燕… Ⅲ．①生物-少儿读
物 Ⅳ．①Q-49

中国版本图书馆CIP数据核字(2022)第240709号

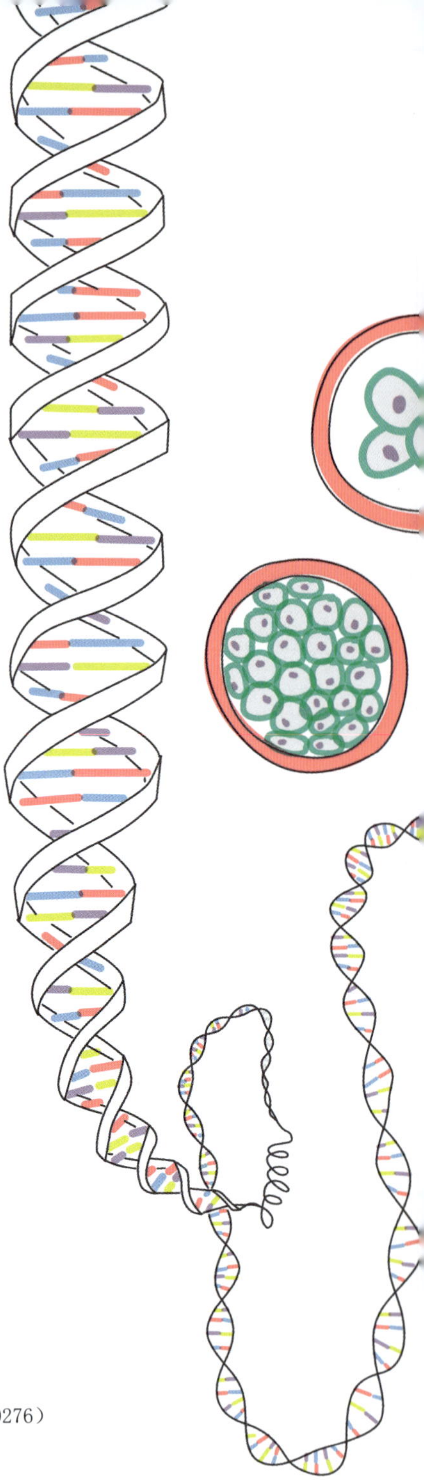

拆解科学系列：生物笔记（上）

出 版 人：刘祚臣
策 划 人：海艳娟　赵　鑫
责任编辑：赵　鑫
专业审核：季永然
特约编审：朱菱艳
美术编辑：郑若琪
责任印制：邹景峰
出版发行：中国大百科全书出版社有限公司
（北京市阜成门北大街17号　邮编：100037　电话：010-88390276）
印　　刷：北京瑞禾彩色印刷有限公司
开　　本：787毫米×1092毫米　　1/16
印　　张：5.5
版　　次：2023年2月第1版　2023年8月第3次印刷
字　　数：160千
书　　号：ISBN 978-7-5202-1268-7
定　　价：98.00元（上、下）

目录

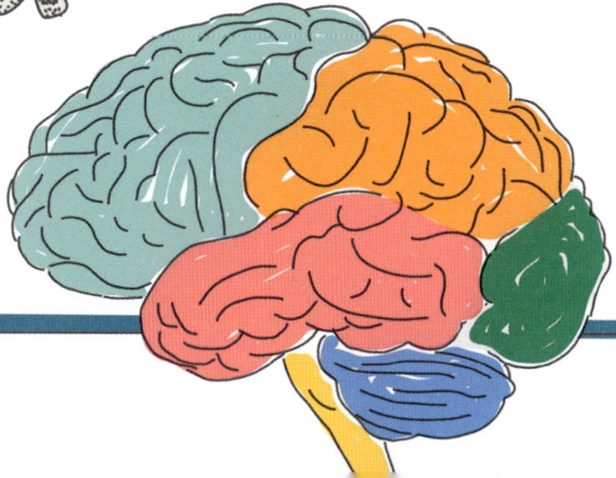

前言

这是一本专门讲述生物学、研究生命科学的书。从最干涸的沙漠到最茂盛的热带雨林，从大洋深处到大气层边缘，我们的星球到处都有生物。生物的形式多种多样、千变万化。通过对生物的研究，我们能够更多地了解我们赖以生存的地球，同时也更好地了解我们自己。

在这本书中，我们将探究生物学许多不同领域，以激发读者的好奇心，满足大家对知识的渴望。例如，你知道有一种不需要雄性就可以繁殖的雌性蜥蜴吗？如果你原来不知道，那么你现在就能有所了解。接下来的内容中还有更多奇闻逸事在等着你。

本书是为所有对生物学和身边世界感兴趣的读者而创作的一部图文并茂的著作。本书对生物学中复杂难懂的课目进行了清晰的提炼，对生物学专业术语做了细微的解析。我们创作这本书时秉持这样的理念：以深入浅出、通俗易懂的方式讲述生物学知识。

人们体验世界的方式各不相同，学习方法也各有差异。但图解知识的学习方式确实使不少读者深受裨益，他们能够轻松地记住以图画为载体呈现的信息。从这个意义上讲，这本书特意为喜欢以这种方式学习的读者而作。书中尽可能将事实与观点转化为图画与图表，并用图示与流程图替代大块冗长的文字，将生物学一点一点拆解开阐释。开卷有益！一旦打开这本书，那一幅幅引人入胜、色彩鲜艳的插图和一段段内容丰富、语言简练的文字说明，一定会令你赏心悦目。

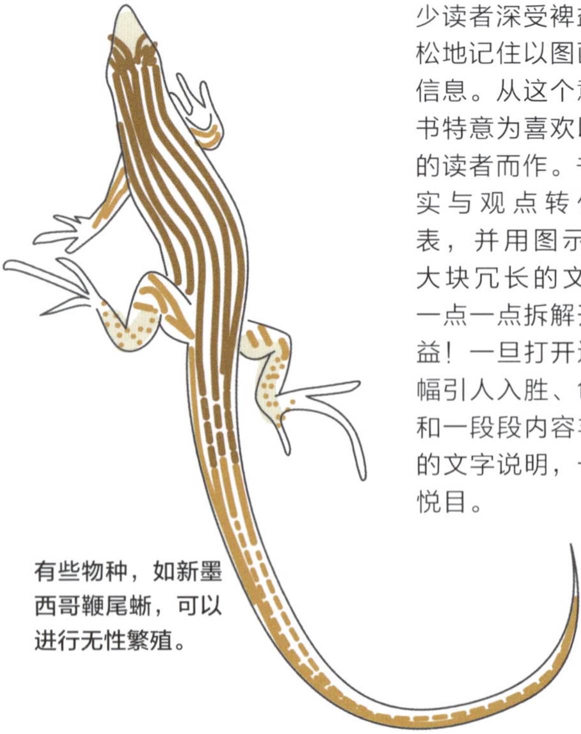

有些物种，如新墨西哥鞭尾蜥，可以进行无性繁殖。

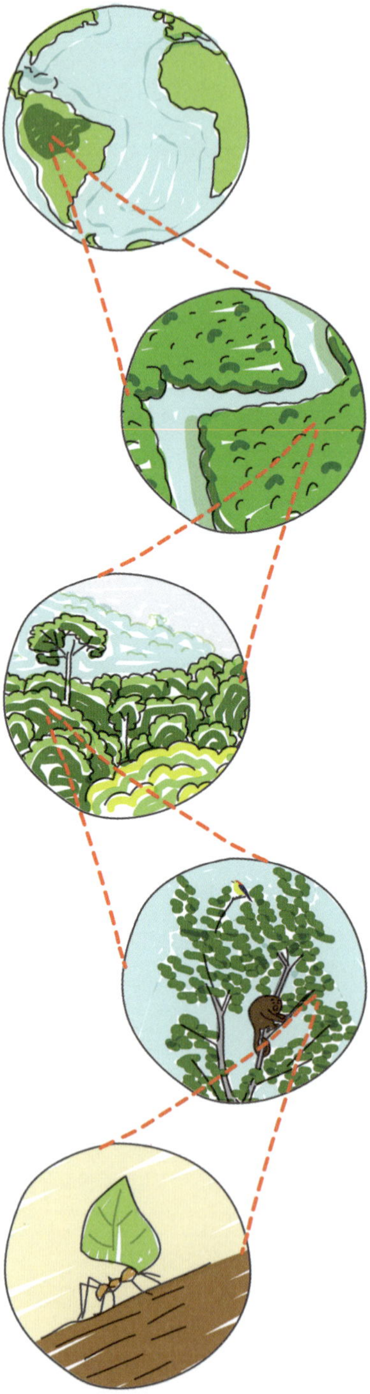

地球上遍布着各种各样的生态系统。

本书特意扩大了涉猎范围，不仅涵盖了目前生物学课堂讲授的许多核心问题，还囊括了一些尚未被纳入课程的最新研究成果。例如，你以前是否知道科学家正在探索人工再造已灭绝的长毛猛犸象呢？你是否还知道，导致同卵双胞胎之间存在差异的部分原因在于其基因活性发生了变化呢？现在，这些所谓的“表观遗传变化”正帮助科学家揭开人类某些疾病的病因，并找到新的治疗方法。

全书共十一章，以生物学基础知识，即什么是生物作为开篇，接下来探索生物的构成要素，如脱氧核糖核酸（DNA）、蛋白质和细胞等。本书还将探索生物多样性及其分类，探讨史上最伟大的科学理论之一——自然选择进化论。此外，你还能够了解，随着时间的推移，生物是如何演变、进化，以及新的物种又是如何产生的等问题，并掌握支撑这一理论的大量证据链。

同卵双胞胎拥有几乎相同的DNA，但却能够长成差异巨大的两个人。

查尔斯·达尔文（Charles Darwin）提出了自然选择进化论。

你还能够了解人体的机能，以及当细胞停止正常工作、人体产生疾病时的情形。此外，你将有机会探寻植物世界，了解植物独一无二的特性，这些特性使植物能够利用太阳能制造食物。

如果继续读到最后几章，你会发现本书带你展望更加广阔的自然界，并对生物体之间的关联性进行探讨。鉴于人类现在正步履蹒跚地进入气候危机时代，本书还着重指出我们目前面临的诸多危险因素。最后，在以积极乐观的文字结束全书之前，我们讨论了如何保护生物世界的未来及其多样性问题，还就各国政府、每一个社区以及每一个人应该做的工作提出了建议。

欢迎阅读《拆解科学系列：生物笔记》！

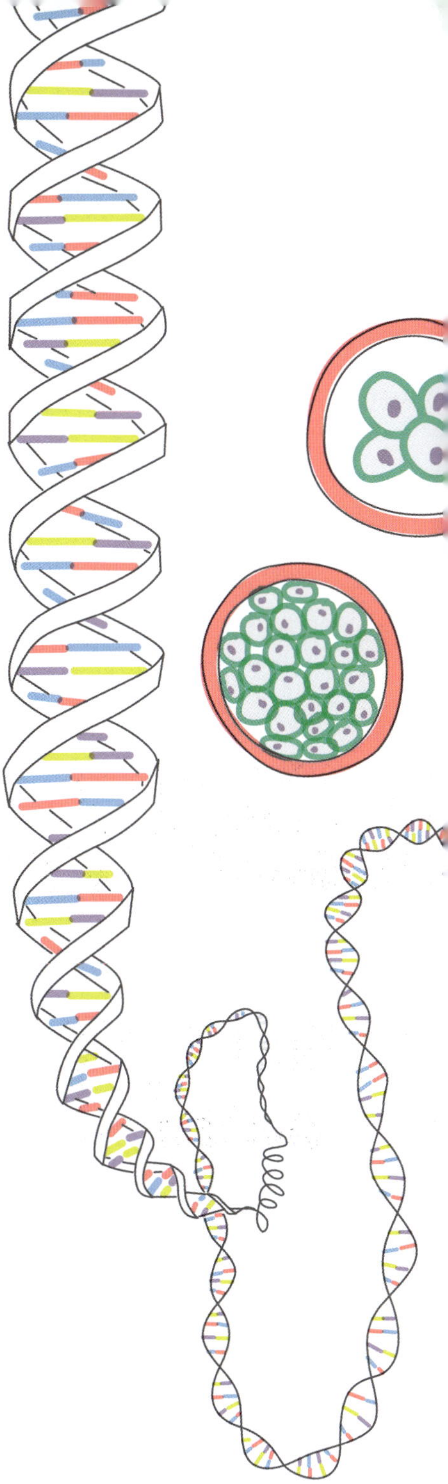

DNA分子相互缠绕形成双螺旋结构。

第一章

生物学基础知识

我们的星球遍布着生物。从最小的细菌到最高的树木，再到最大的蓝鲸，生物的形状与大小千差万别。生物学以生物为研究对象，是一个丰富多彩的领域。“生物学（Biology）”一词源自希腊语，“Bios”意为“生物”，“logos”是指“研究”。

那么，生物到底是什么呢？生物又是由什么构成的呢？在本章中，我们将探讨生物及生物学的一些基础知识。

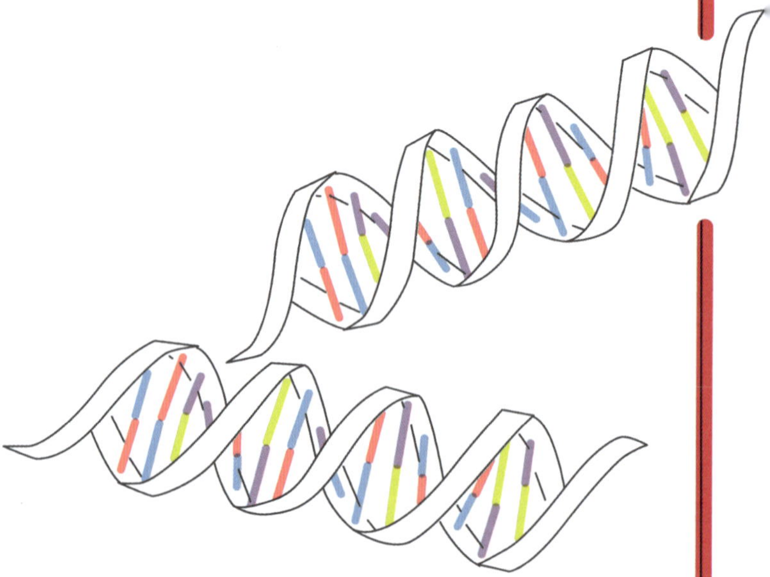

生物

生物（如人类和植物）与非生物（如岩石和水），都由相同的化学物质组成，但二者差别很大。虽然我们要指出哪些物体是有生命的不算太难，但要给生物下定义却并不容易。现有的一些定义对生物的活动作出了解释，而对生物到底是什么却未作出说明。为了确定生物的本质，生物学家针对生物独有的特性列出了一份清单。

生物的特性

结构：生物由含有化学物质脱氧核糖核酸（DNA）的细胞构成。

生长：生物都发育生长。所有复杂生物种类均由单个细胞形态开始，这个单个细胞不断分裂，形成成年个体。

繁殖：生物繁衍后代并将其DNA传递给下一代。

应激性：生物能够感知刺激并作出应答反应。例如，在空中飞翔的老鹰能够发现地上的兔子，而兔子同样对老鹰保持着警惕。

呼吸作用：化学反应，帮助生物分解营养物，释放能量。

营养：生物摄入各种营养物，如有机物分子和矿物质离子，并将这些营养物作为能量来源。例如，兔子吃青草。

排泄：生物排泄废物和有毒物质。

运动：生物能够移动并变换位置。例如，兔子逃避捕食者，植物朝着太阳转动。

生物的化学组成

所有生物都由相同的微小化学单元——原子与元素构成。碳、氧、氢等化学物质称为**元素**，**原子**是任何一种化学元素的最小单元。虽然不同元素的原子数量不尽相同，但世界上所有生物都有上述相同的基本化学成分。

原子中有一个由质子和中子构成的中心——原子核，原子核周围环绕着电子环。质子与电子相互吸引，使原子保持完整。

质子是原子核中的亚原子粒子，带正电荷。

中子是原子核中的亚原子粒子，不带电。

电子是围绕原子核旋转的轨道上的亚原子粒子，带负电荷。

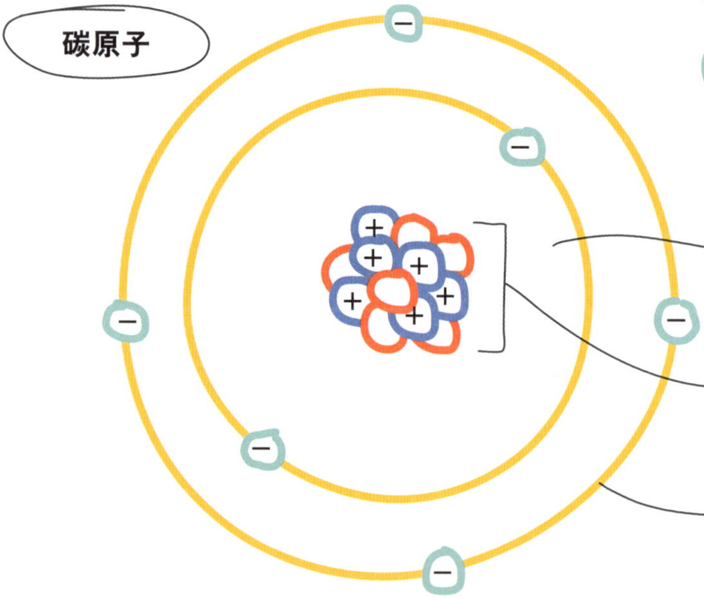

原子体积内大部分是空旷的空间。

碳原子的原子核包含6个质子和6个中子。

1个碳原子的外环含有分布在2层间的6个电子。

生物体内含有数量庞大的原子。例如，成年人的体内包含大约7×10^{27}个原子，即“7”的后面加上27个“0”。

7000000000000000000000000000

生物体中的原子

所有生物体都包含4种共同的元素：氧、碳、氢、氮。这些元素同钙和磷一起，构成人体质量的99%以上，剩余部分主要是钾、硫、钠、氯和镁。这11种元素被称为“**大量元素**”，因为生物体需要这些元素维持自身生命。

微量元素，如铁、锰、锌等，也是生物体所需的，但需求量很少。例如，铁是一种微量元素，但所有生物物种都需要它。在哺乳动物体内，铁是构成血红蛋白大分子的重要成分。人体内的血红蛋白帮助运输氧。

铜是另一种微量元素。大约100年前，科学家发现，当老鼠摄入的食物中铜含量严重不足时，它们体内在合成红细胞时就会出现困难。科学家因此认识到铜的重要性。今天，我们知道铜除了能够协助身体利用铁之外，还有许多其他功能，包括帮助身体抵抗感染、与蛋白质结合产生重要的酶等。

总之，人类需要25种元素才能够生存，而植物只需要17种。

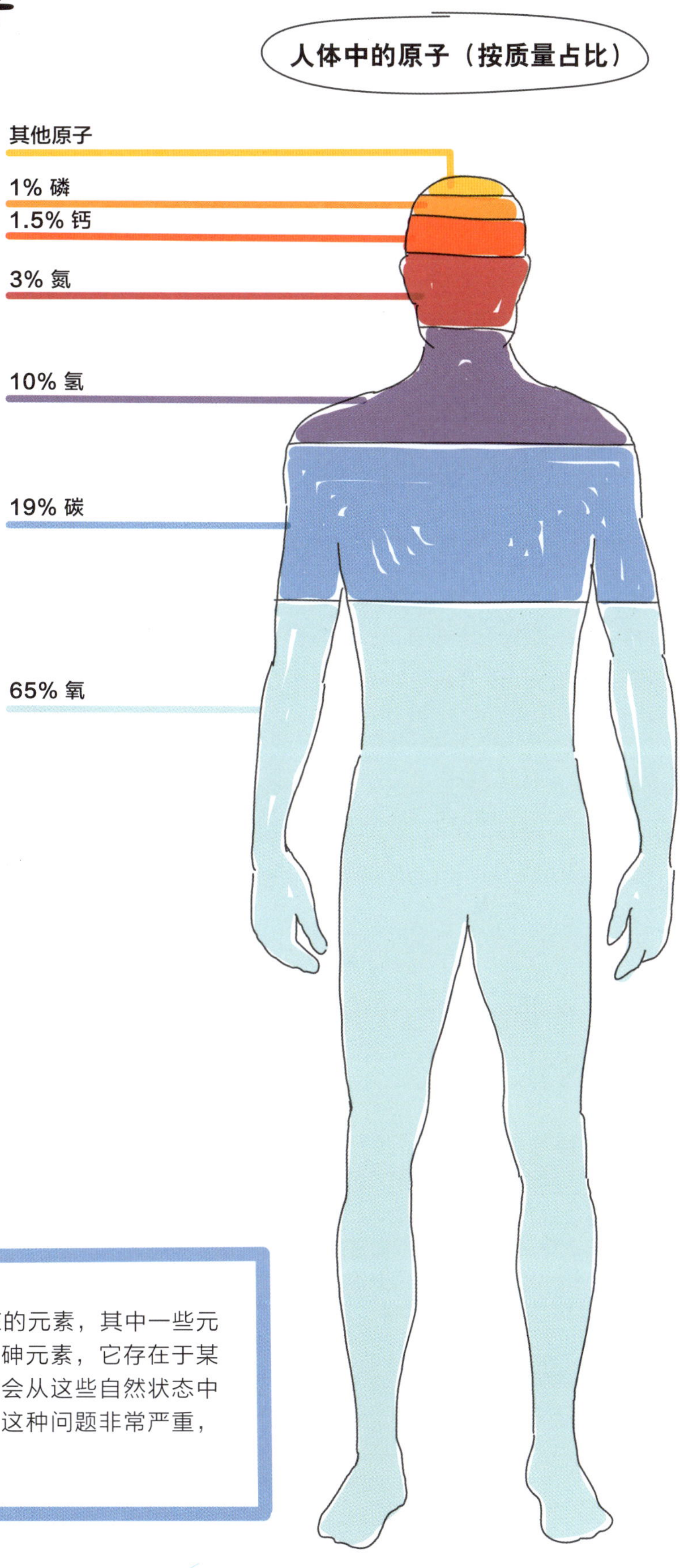

地球上大约有92种自然存在的元素，其中一些元素对生物是有毒的。例如，砷元素，它存在于某些岩石和土壤中，有时候它会从这些自然状态中游离出来，最终进入水源。这种问题非常严重，因为砷能够致命。

生物分子

各种原子和元素之间排列结合构成更大的结构，这种结构称为“分子”。分子是由2个或2个以上的原子通过化学作用结合在一起构成的物质。生物由生物分子构成。

生物分子是生物体所特有的各类分子，它们多种多样，发挥着很多不同但却十分重要的作用。生物分子包括4种主要类型：碳水化合物、脂质、蛋白质和核酸。核酸，如DNA与核糖核酸（RNA），将在第三章中讲解。

例如，葡萄糖是一种分子。细胞将葡萄糖作为一种提供能量的形式。每1个葡萄糖分子都由6个碳原子、12个氢原子和6个氧原子组成。碳、氢、氧的化学符号分别是C、H、O，所以葡萄糖的分子式就是$C_6H_{12}O_6$。

葡萄糖分子结构

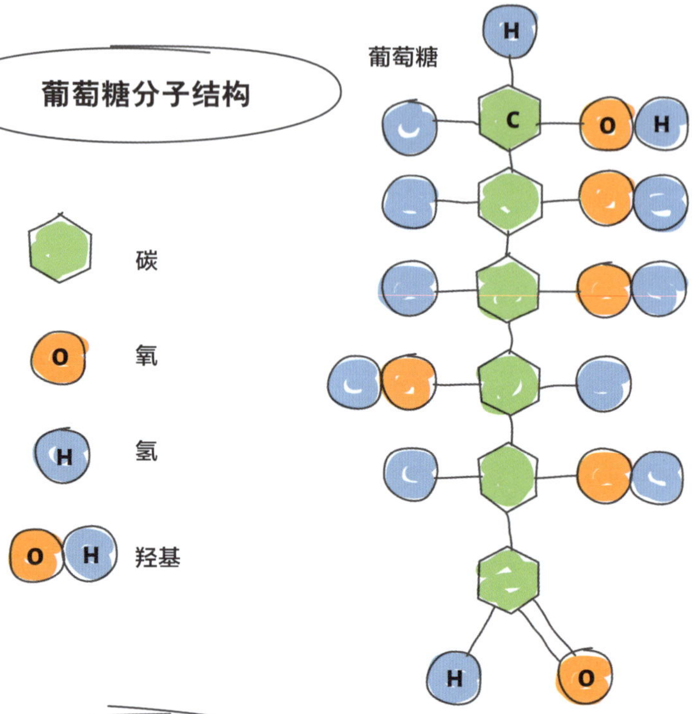

碳水化合物分子

碳水化合物主要由单糖构成。

碳水化合物

碳水化合物是一大类生物分子，存在于食物和活体组织中。碳水化合物分子包含碳、氢和氧。这些元素有机组合形成糖分子。糖分子连接起来形成长链结构，长度各不相同。

碳水化合物有2种基本类型。简单碳水化合物是小分子。复合碳水化合物由若干个简单糖单元连接的长链构成，这些简单糖单元通过化学键结合在一起。

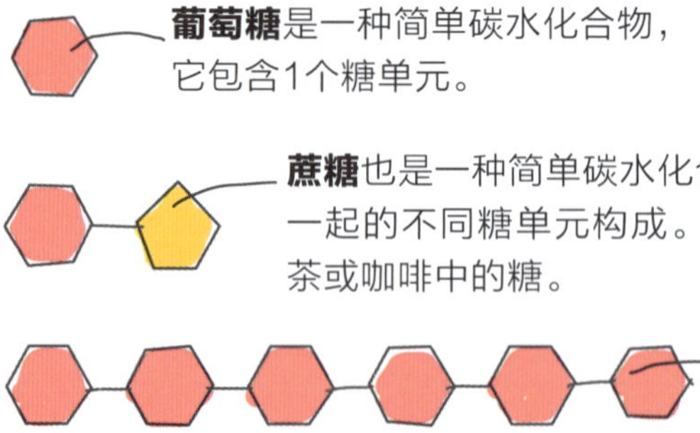

葡萄糖是一种简单碳水化合物，它包含1个糖单元。

蔗糖也是一种简单碳水化合物，由2个结合在一起的不同糖单元构成。蔗糖就是我们放进茶或咖啡中的糖。

淀粉是一种复合碳水化合物。

碳水化合物是一种重要的能量来源。它们为细胞提供所需的能源，使一些至关重要的化学反应能够进行。我们吃的许多水果和蔬菜都富含简单碳水化合物。

马铃薯、面包和面条等是优质的复合碳水化合物来源。碳水化合物还可用作一种“建筑材料”：植物细胞壁由名为纤维素的复合碳水化合物构成。

脂质

脂质是脂肪类和油脂类物质，在常温下，脂肪类物质为固体，油脂类物质为液体。脂质生物分子含有碳原子、氢原子和氧原子。脂质不溶于水。

脂质由2种基本成分组成：甘油和脂肪酸。每3个脂肪酸与1个甘油分子结合。不同脂质包含不同种类的脂肪酸。这些不同种类的脂肪酸决定着脂质为固态脂肪还是液态油脂。

脂质是一种重要的能量储备和能量来源。黄油、奶酪、坚果、籽实、鱼类等食物含有脂质。人体内的葡萄糖储备一旦用完，身体就会开始分解体内的脂肪。

脂质是重要的结构分子。**磷脂**是一种脂质，是细胞膜的主要成分。

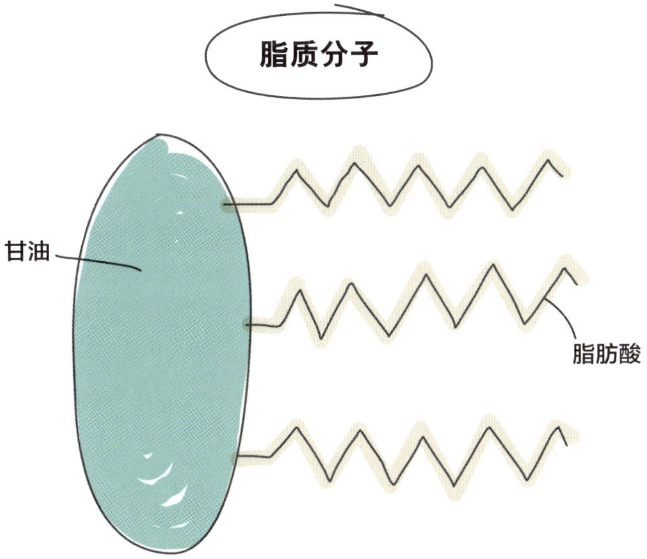

哺乳动物在**脂肪细胞**中储藏自己的长期食物。脂肪组织还为身体“保暖”，并在心脏等一些重要器官周围形成保护缓冲层。

类固醇是另一种脂质，为细胞膜的重要成分，还充当信号分子。胆固醇和睾酮都属于类固醇。

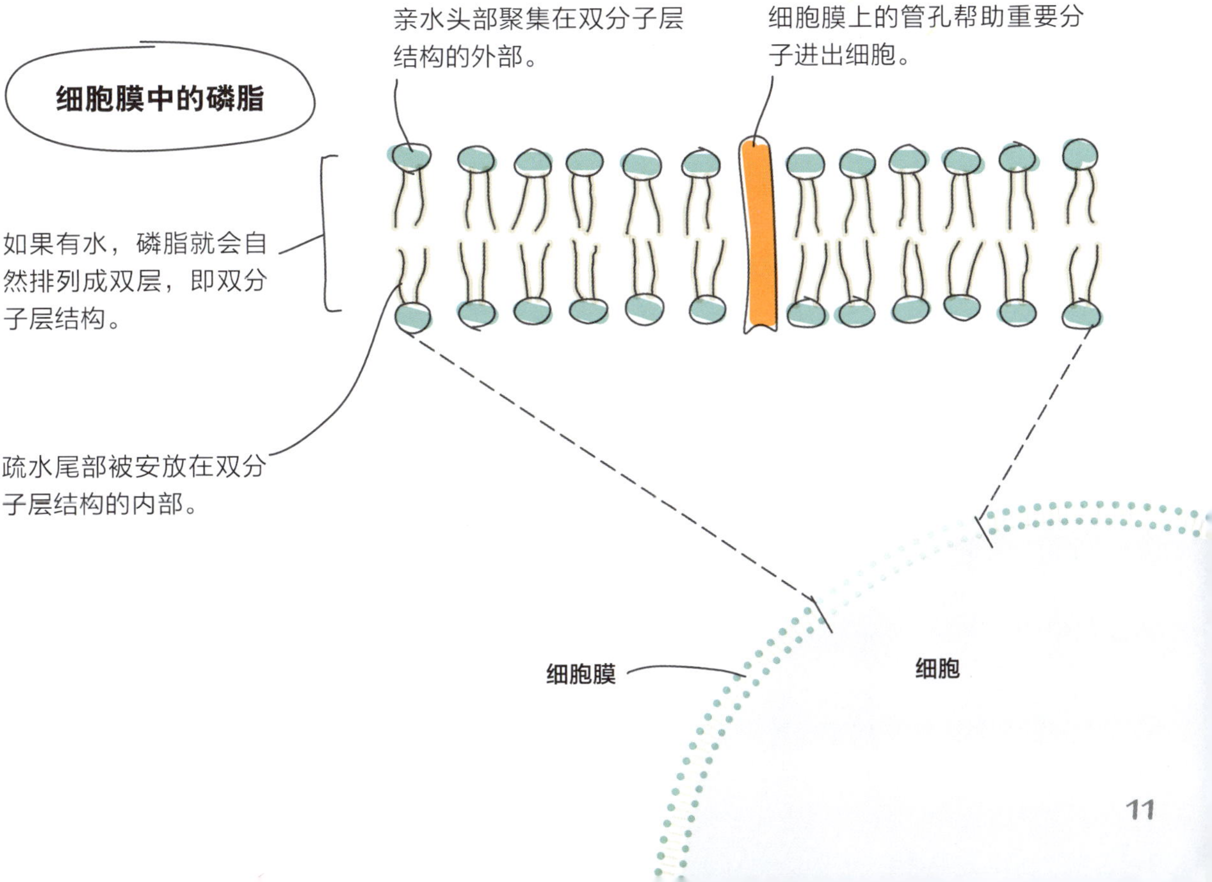

蛋白质

蛋白质是复杂的大分子，由**氨基酸**小分子构成。每一个蛋白质分子都是由特定的氨基酸以一定排列顺序组合而成的。蛋白质中含有碳、氢、氧、氮。

人体质量的15%左右由蛋白质构成。高蛋白质食物包括肉类、奶酪、鱼类以及像鹰嘴豆和小扁豆之类的干豆。

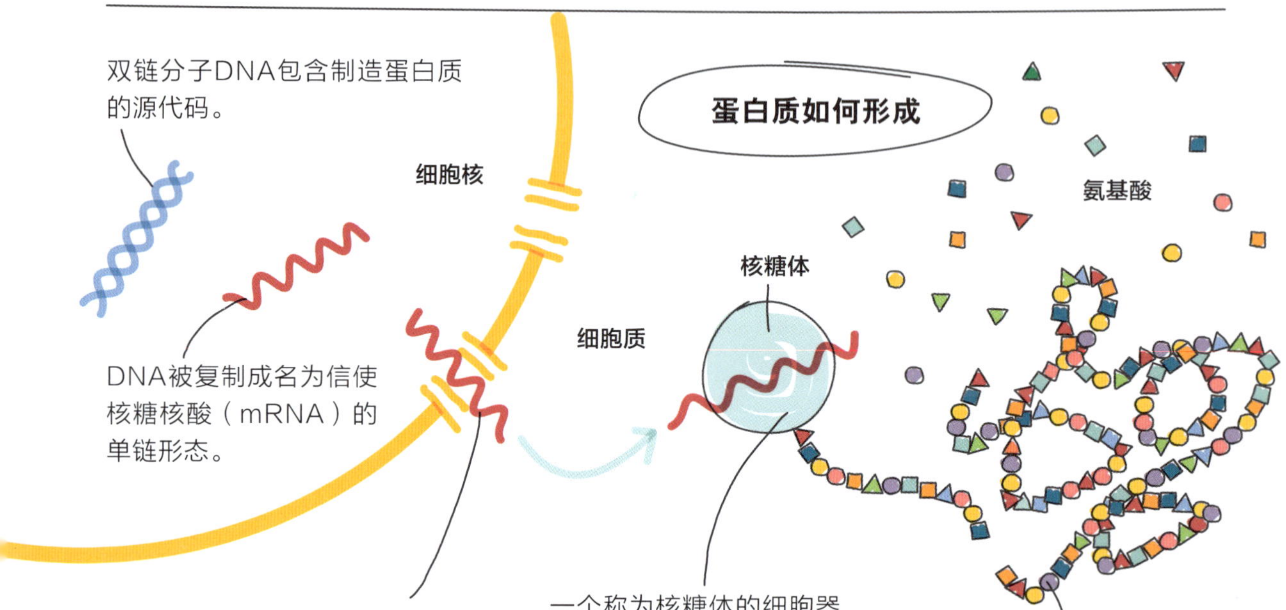

蛋白质的功能

蛋白质有许多重要功能，这些功能如下：

★**酶：**加速化学反应。例如，消化酶帮助分解食物。

★**激素：**胰岛素是胰腺分泌的一种激素，刺激其他组织摄取葡萄糖。

★**存储分子：**哺乳动物乳汁中的主要蛋白质是酪蛋白，它储存氨基酸，供哺乳动物幼崽使用。

★**抗体：**蛋白质帮助免疫系统发现并消灭引发疾病的微生物。

★**运输者：**血红蛋白等蛋白质将各种物质运往全身。

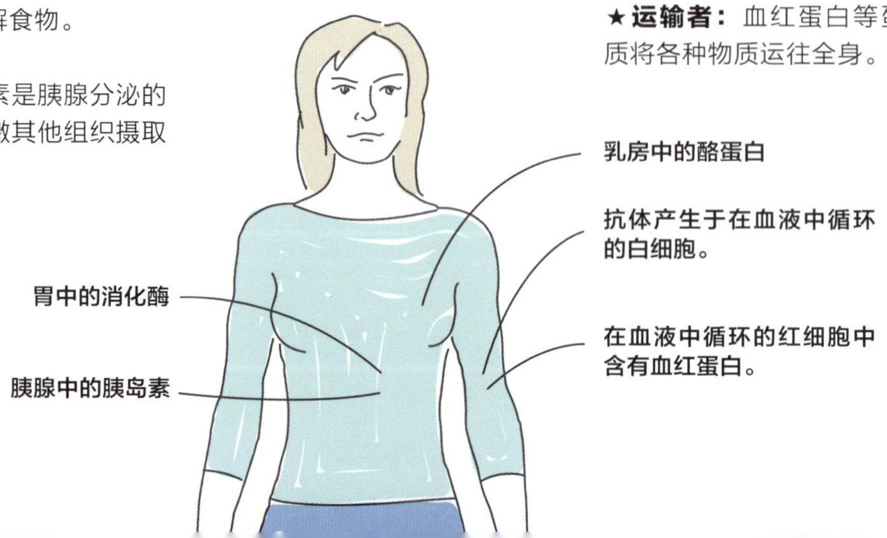

生物学研究

有些生物学家在分子层面上研究生物。例如，他们有可能研究某一特定脂质的原子结构，也可能研究某些氨基酸如何折叠以产生特定的蛋白质。然而，生物学领域远比这些研究内容更广泛。原子和分子构成细胞及更大的组织结构，进而构成生物。生物在各种生态系统中结群而居，不同生态系统又构成自然界。生物学家研究自然界各层级的方方面面。

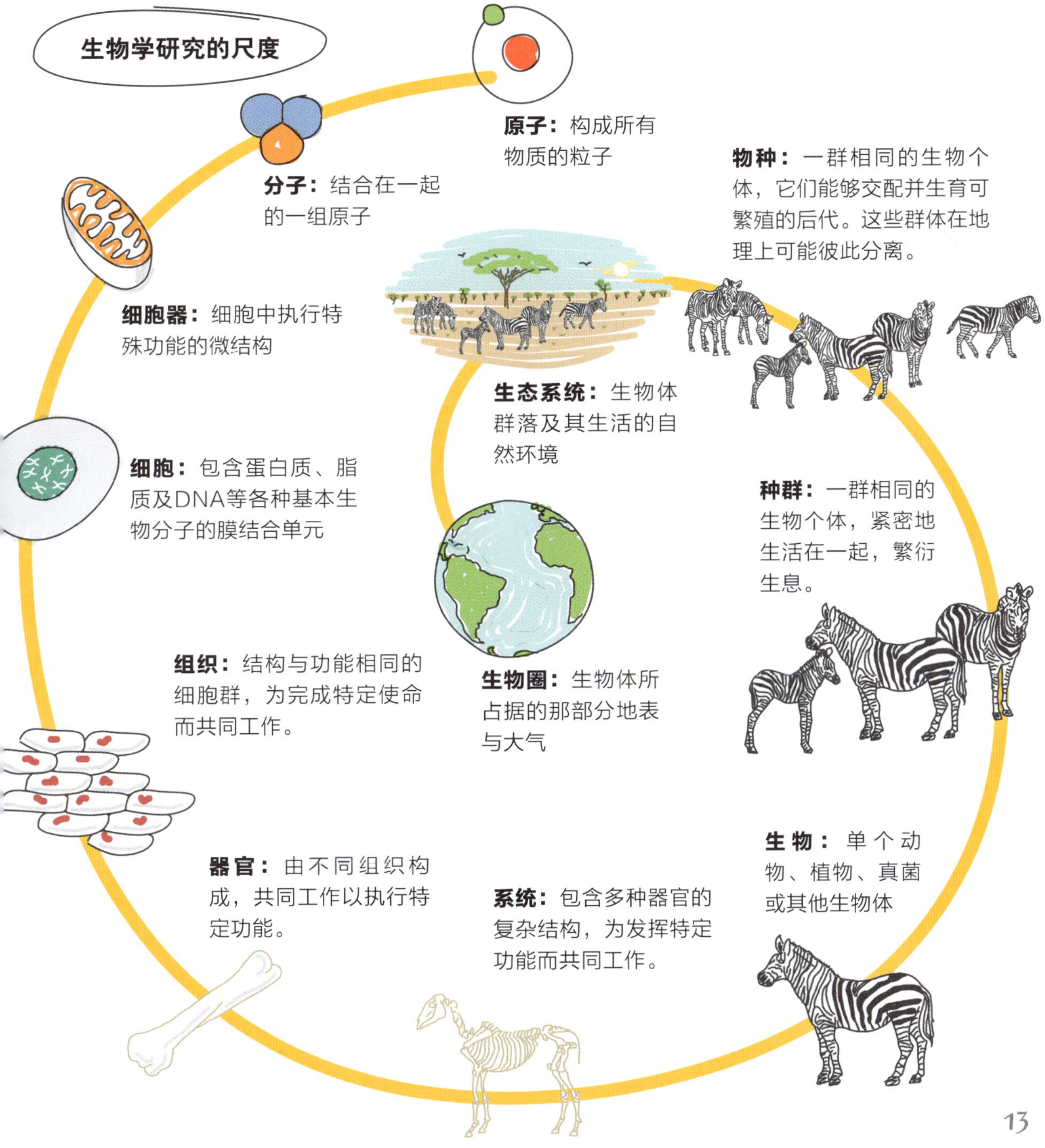

小结

生物的特性

应激性：生物能够感知刺激并作出应答反应。

运动：生物能够移动并变换位置。

繁殖：生物繁衍后代。

营养：食物被用来提供能量。

排泄：生物排泄废物和有毒物质。

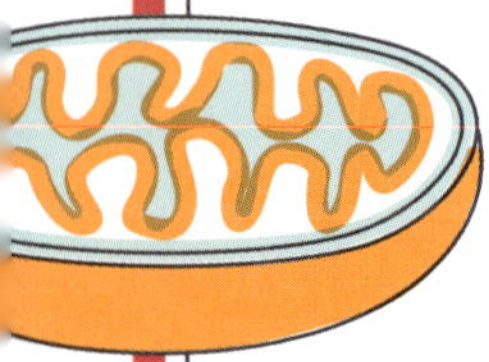

呼吸作用：呼吸作用是一种帮助生物分解营养物的化学反应。

生长：生物体发育与成长。

结构：生物由含有DNA的细胞构成。

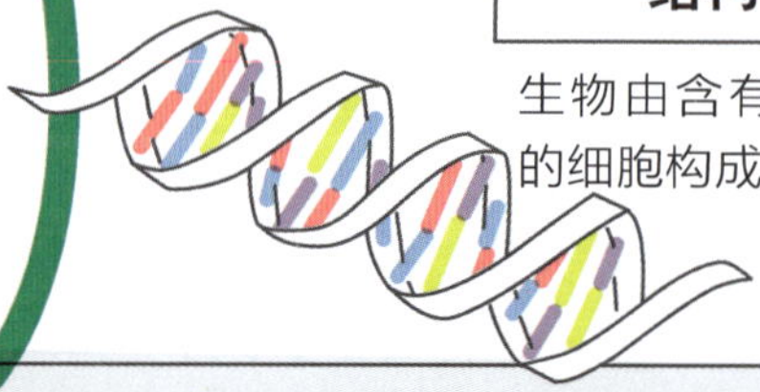

生物学基础知识

生物学研究

生物圈：生物圈指生物体所占据的那部分地表与大气。

生态系统：生态系统指生物体群落和其所处的自然环境。

物种：物种指一群相同并能够交配繁衍的个体。它们之间可能相隔很远。

种群：种群指一群密切接触、共同生活、交配繁衍的个体。

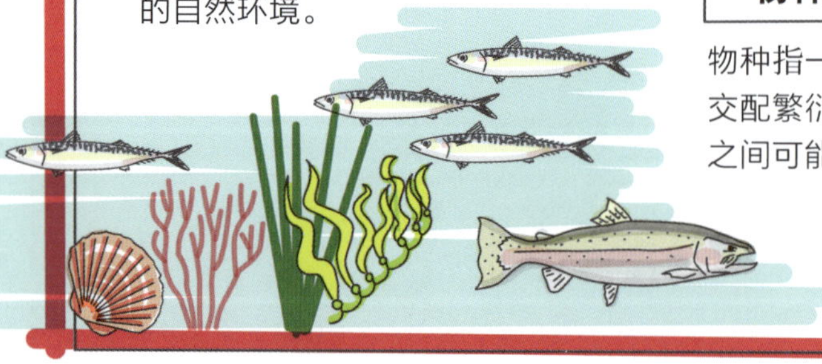

化学单元

原子

原子包含质子、电子和中子。

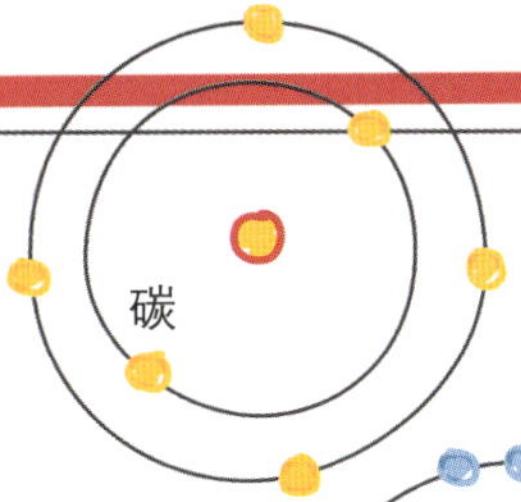

元素

元素由一种原子构成，如碳元素。

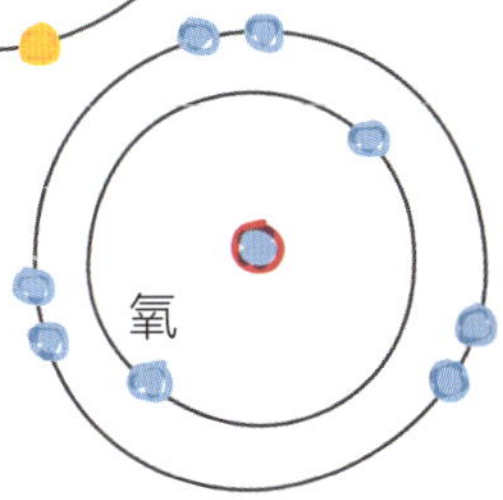

碳水化合物是生物的重要能量来源，既可以是葡萄糖等简单碳水化合物，也可以是淀粉等复合碳水化合物。碳水化合物含有氧、氢和碳。

碳水化合物

脂质是生物的重要能量来源，由甘油和脂肪酸链构成，如脂肪和油脂。脂质含有氧、氢和碳。

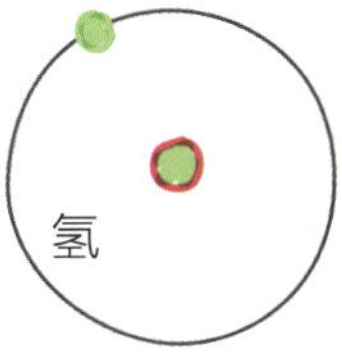

脂质

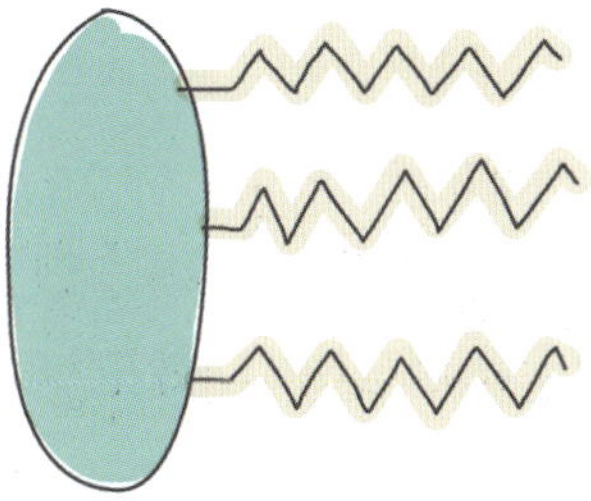

生物分子

蛋白质

蛋白质是由氨基酸链构成的复合分子，如血红蛋白。蛋白质含有碳、氢、氧和氮。

细胞器

细胞器是细胞中的微小结构。

细胞

细胞是构成生物的基础构件。

组织

组织是一同工作的细胞群。

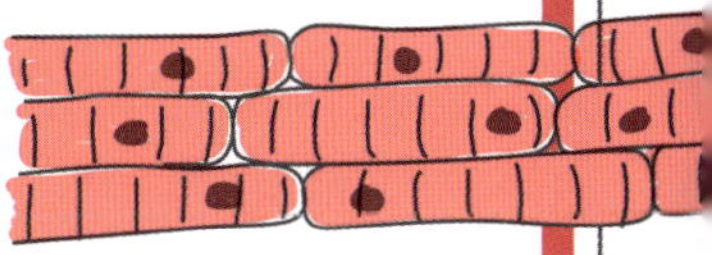

器官

器官由不同组织构成。

系统

系统是执行特定功能的器官群组。

生物是单一生命个体。

生物

第二章

细胞

所有生物都由细胞组成。细胞是所有生物的基本构成单位，种类繁多。例如，人体包含至少200种不同的细胞，每种细胞都发挥其特有的功能。

细胞虽然很小，但却异常复杂。细胞包含名为“细胞器”的微结构。细胞器像微型机器一样不停工作，帮助细胞正常工作。接下来，我们将探索细胞的这些结构，并了解其中发生的各种化学反应。

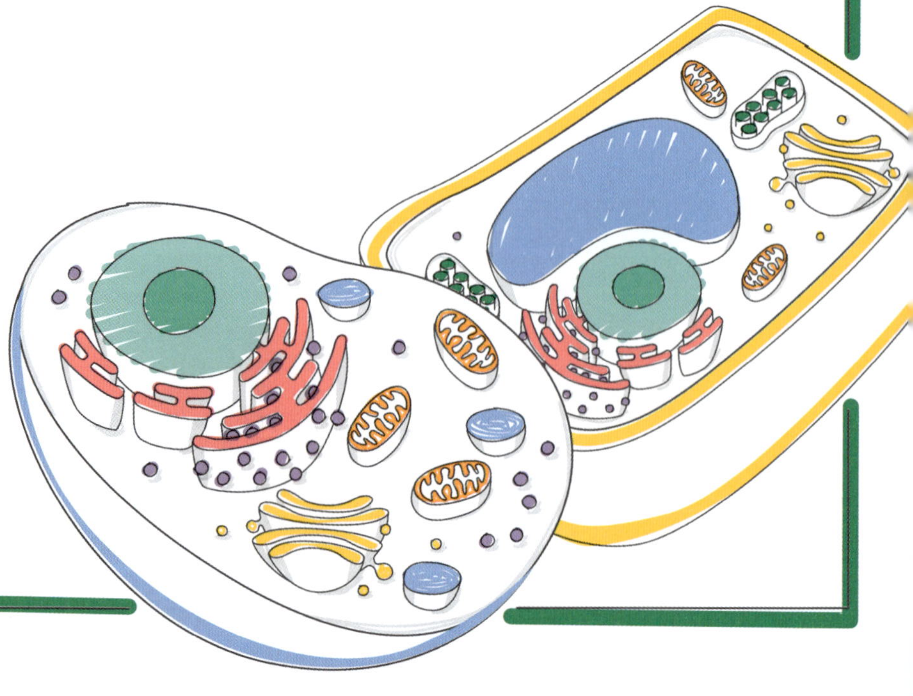

细胞基础知识

有些生物，如细菌和变形虫，由单个细胞构成，其结构相对简单。其他生物，如动物和植物，其细胞构成比较复杂，由各不相同且各具特定功能的特化细胞组合而成。

单细胞生物

单细胞生物由单一细胞构成，有各种不同的类型，包括细菌、某些真菌以及原生动物，如变形虫。

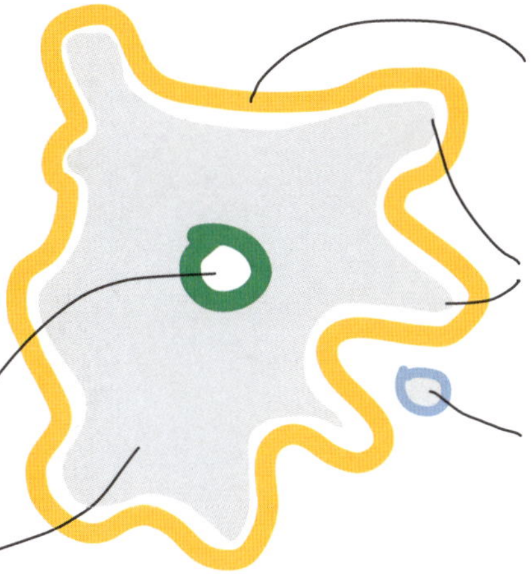

变形虫

多细胞生物

多细胞生物由2个或2个以上的细胞构成。大约在6亿年前，复杂的多细胞生物第一次出现。随着细胞的相互结合，多细胞生物不断进化，并开始获得新的功能。最早的多细胞生物非常简单，如海绵。后来，多细胞生物变得越来越复杂，并演化为许多各不相同的生命形态，这些生命形态一直栖息在我们的地球上。

海绵的身体是空的，它将水从身体上的小孔吸入体内以提取食物。海绵体内不同种类的细胞数量有限。

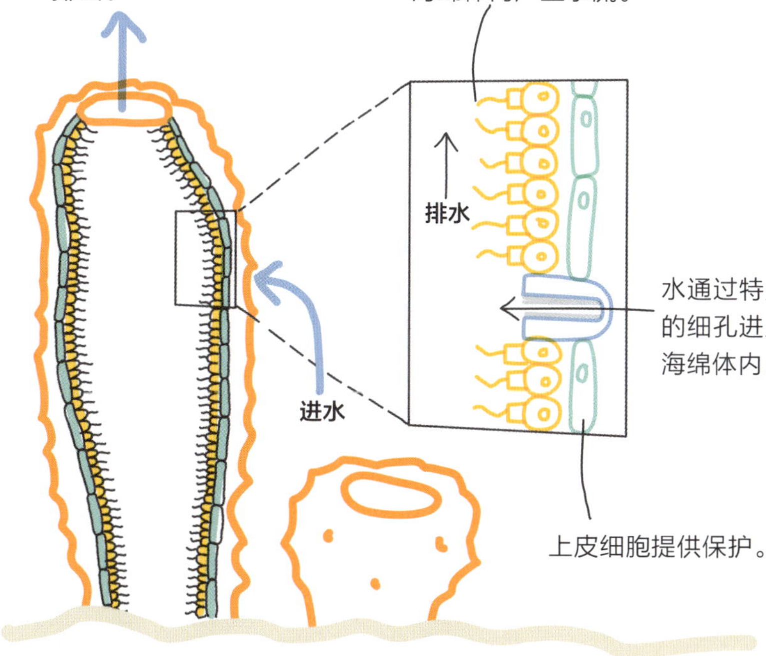

海绵

显微术

大多数细胞都很小，我们的肉眼根本看不见，所以生物学家使用显微镜研究细胞并为其拍照。

显微镜是一种可放大被观察物体的仪器，因为被观察物体（如很多细胞）太小，无法被直接看见。

细胞的形状和尺寸各不相同，人类卵细胞的大小刚好能够为肉眼所见。

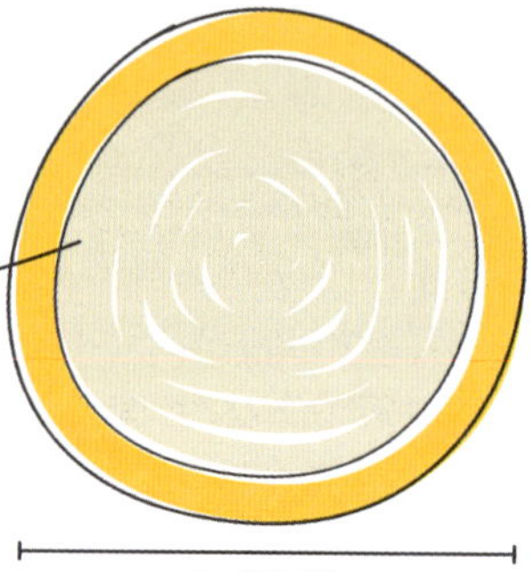

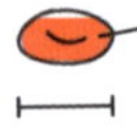

红细胞太小，肉眼看不见。

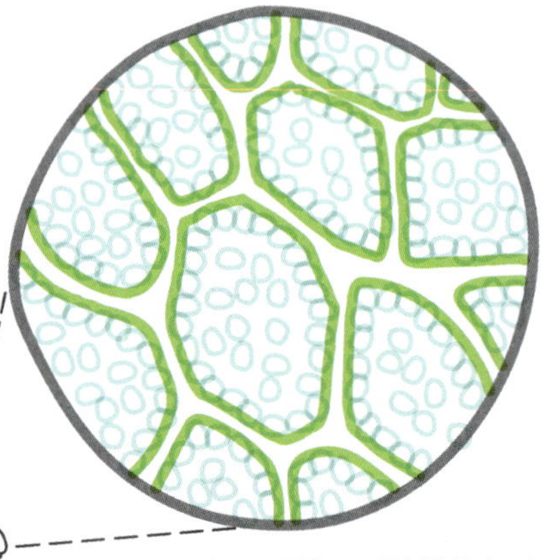

通过光学显微镜看到的植物细胞

光学显微镜

光学显微镜是最早的显微镜，通过可见光和透镜组放大物体。早期的光学显微镜可以将物体放大几百倍，现在的光学显微镜能够将物体放大几千倍。

光学显微镜能够用于观察细胞和细胞内部一些较大的结构，如细胞核。光学显微镜的用处很大，可用于研究活细胞。这意味着科学家能够观察细胞分裂等细胞的正常活动。

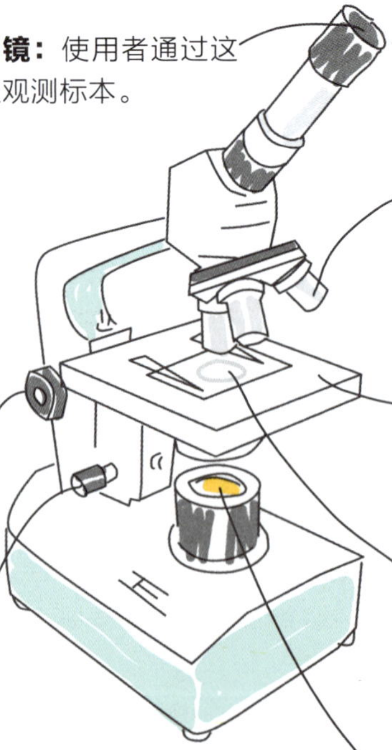

目镜：使用者通过这里观测标本。

物镜：光学显微镜通常有2个或3个物镜，每个物镜的透镜不同，放大倍数也不同。

载物台：用于放置被观察的标本。

标本：标本被安放在载玻片上并夹在载物台上。有时对标本使用化学染色剂，以使细胞内部结构更加清晰可见。

粗调旋钮：使镜筒缓慢下降或上升，直到看清物像为止。

微调旋钮：能够精细调整焦距使物像更清晰。

光源：用来照射标本。

电子显微镜

电子显微镜发明于20世纪30年代。它使用电子束形成影像，可将观测物体放大至1000万倍左右。因此，它被用于研究细胞内部的微小结构和其他极小结构，如花粉微粒等。

电子显微镜体积很大、价格不菲。与光学显微镜不同，由于被观测的标本需要放置在真空中，因此电子显微镜不能用来研究活细胞。电子显微术主要有两种：扫描电子显微术和透射电子显微术。

扫描电子显微术使用电子束在标本表面来回移动，产生精细的三维影像。

透射电子显微术在标本的切片上进行操作。电子束穿过切片，可产生细胞内部结构的精细影像。

分辨率是辨别两个不同观测点的能力。高分辨率产生更为清晰、精细的影像。相比光学显微镜，电子显微镜具有更高的分辨率。

测量微小物体

一道刻度题

细胞及其结构通常以毫米、微米和纳米为单位进行测量。

1厘米=10毫米

1毫米=1000微米

1微米=1000纳米

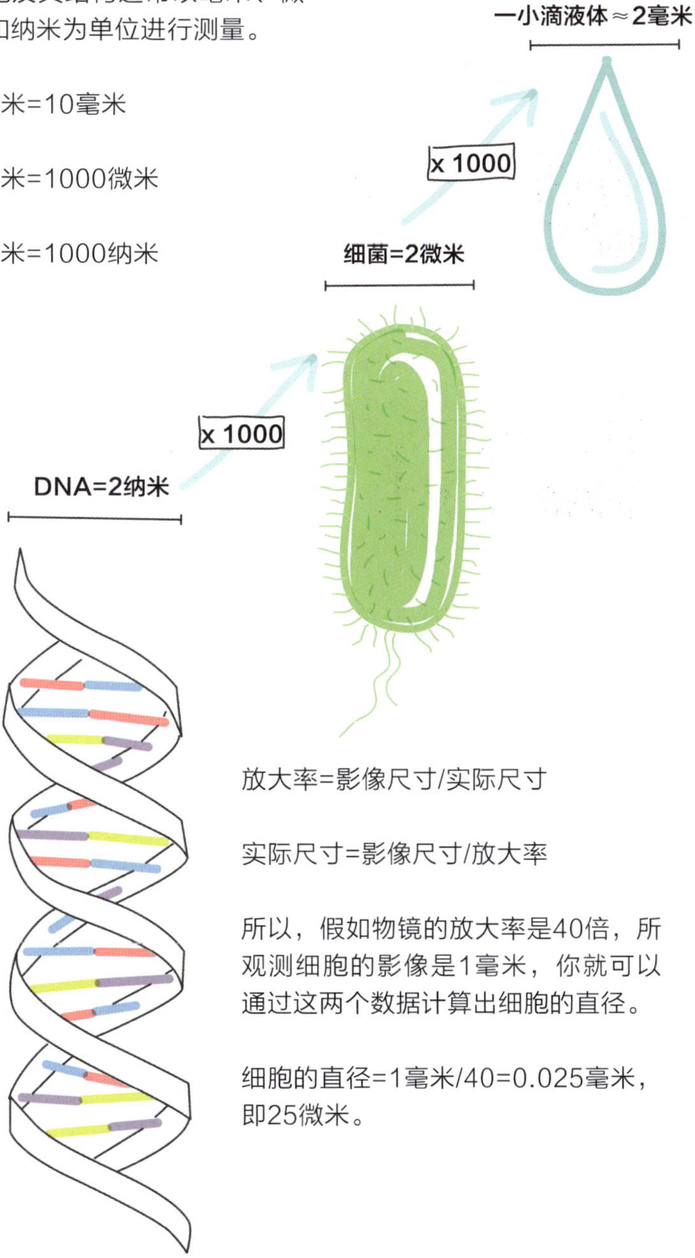

放大率=影像尺寸/实际尺寸

实际尺寸=影像尺寸/放大率

所以，假如物镜的放大率是40倍，所观测细胞的影像是1毫米，你就可以通过这两个数据计算出细胞的直径。

细胞的直径=1毫米/40=0.025毫米，即25微米。

细胞结构

植物细胞与动物细胞的构成有许多共同点。例如，它们的遗传物质都包含在细胞核中，它们的细胞器位于一种像溶胶的物质——细胞质中。相比之下，细菌的细胞要小得多，它们没有成型的细胞核，遗传物质在其细胞质中自由浮动，也没有许多标准的植物细胞、动物细胞所具备的细胞器。

动物细胞

动物细胞是真核细胞。这意味着它们具有带核被膜的细胞核与各种执行不同功能的细胞器。

细胞核是真核细胞内最大、最重要的细胞结构，是细胞遗传与代谢的调控中心。

细胞膜是包围着细胞质的外层结构，控制物质进出细胞。

细胞质是细胞膜以内、细胞核以外的部分。细胞分裂和一些重要的化学反应在细胞质中发生。细胞的大部分由细胞质构成。

线粒体是细胞质中微小的电池状结构，为细胞提供能量。能量通过呼吸作用产生。线粒体包含少量的DNA。

内质网是平坦的管状结构系统，有两种类型。粗面内质网充满核糖体，并产生许多蛋白质。光面内质网不含核糖体，产生脂质。

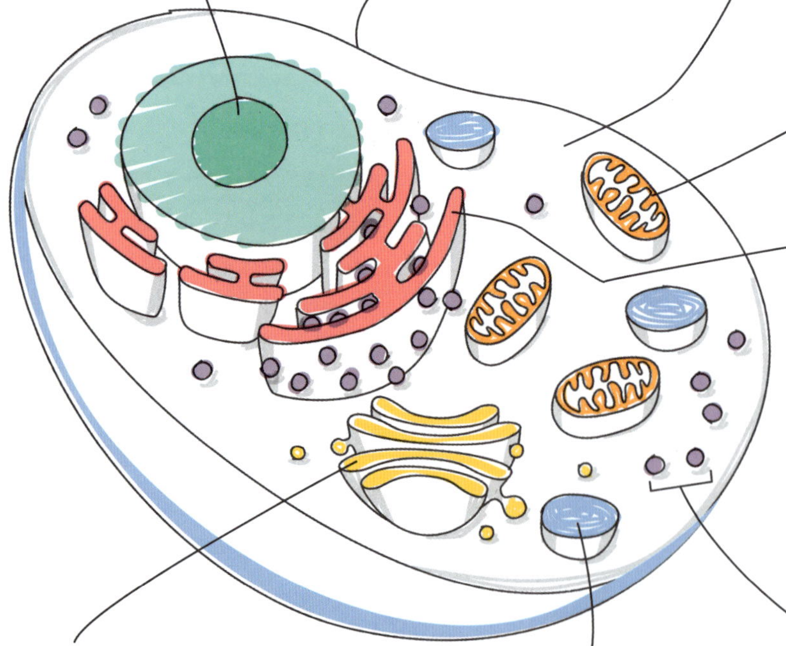

高尔基体是较大的细胞器，它们接纳、制造、修改、分配多种不同的分子，如酶和其他蛋白质。

溶酶体是帮助将大分子分解为小分子的结构。

核糖体是微小的蛋白质制造工厂，它们将氨基酸连接起来形成蛋白质。那些生物活性非常强并制造大量蛋白质的细胞，都含有大量核糖体。

共同特点

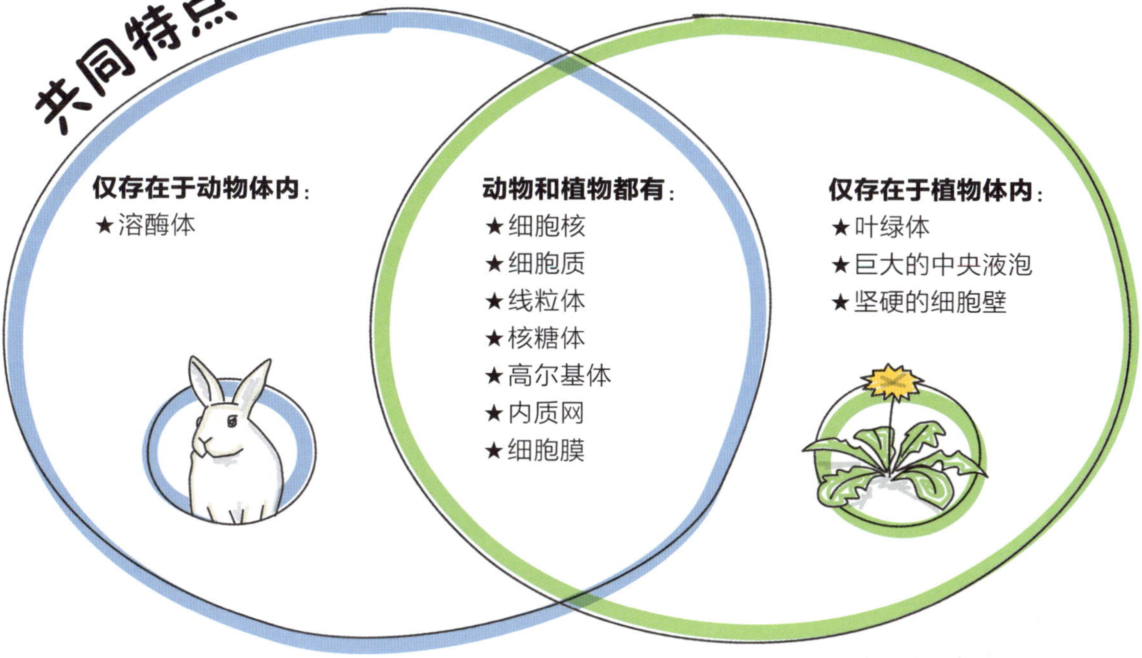

植物细胞

与动物细胞一样，植物细胞也是真核细胞，在含有核被膜的细胞核中携带大量DNA，有专门的细胞器帮助它们正常运转。但是，植物细胞中包含一些动物细胞没有的结构。

细胞质中有一个庞大的中央空间，称为“**液泡**”。液泡中充满细胞液，并形成细胞的结构和容积，同时让植物保持直立挺拔。

植物细胞和藻类细胞被一层含有纤维素的厚实、坚硬的**细胞壁**所包围，使得植物具有了强度和结构。

叶绿体是一种充满绿色色素——**叶绿素**的微结构，光合作用就发生于此。植物的绿色部分，如嫩枝和树叶上，都有叶绿体。植物的根系上没有叶绿体，因此植物的根上没有绿色着色。

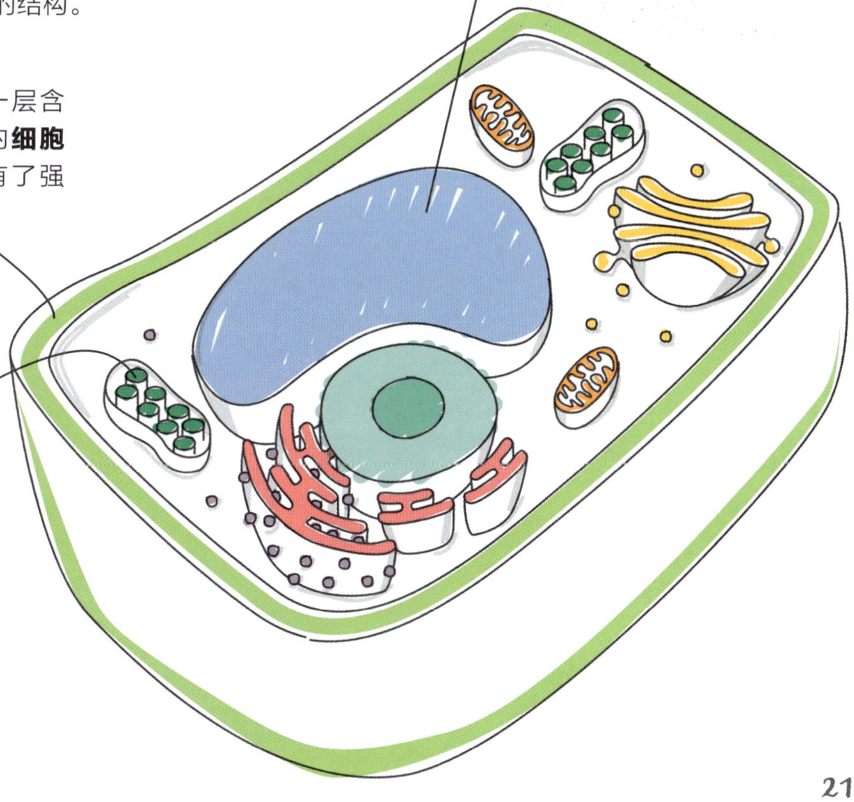

细菌细胞

虽然细菌细胞与动物细胞和植物细胞拥有某些共同点，但与二者还是有很大差别的。细菌细胞是原核细胞，这意味着它们的细胞质中没有成形的细胞核。

细胞膜由磷脂构成，包围着细胞质，帮助控制物质进出细胞。

细胞壁环绕细胞膜，这种保护性结构使细菌具有了硬质、固定的形状。细菌的细胞壁由“肽聚糖”分子构成。青霉素以细菌细胞壁中的肽聚糖分子为目标进行攻击，造成细胞壁破裂并杀死细菌。

遗传物质在细胞质内自由浮动。图中是DNA的单环结构。

细胞质是一种溶胶状物质，大多数细胞活动在此发生。

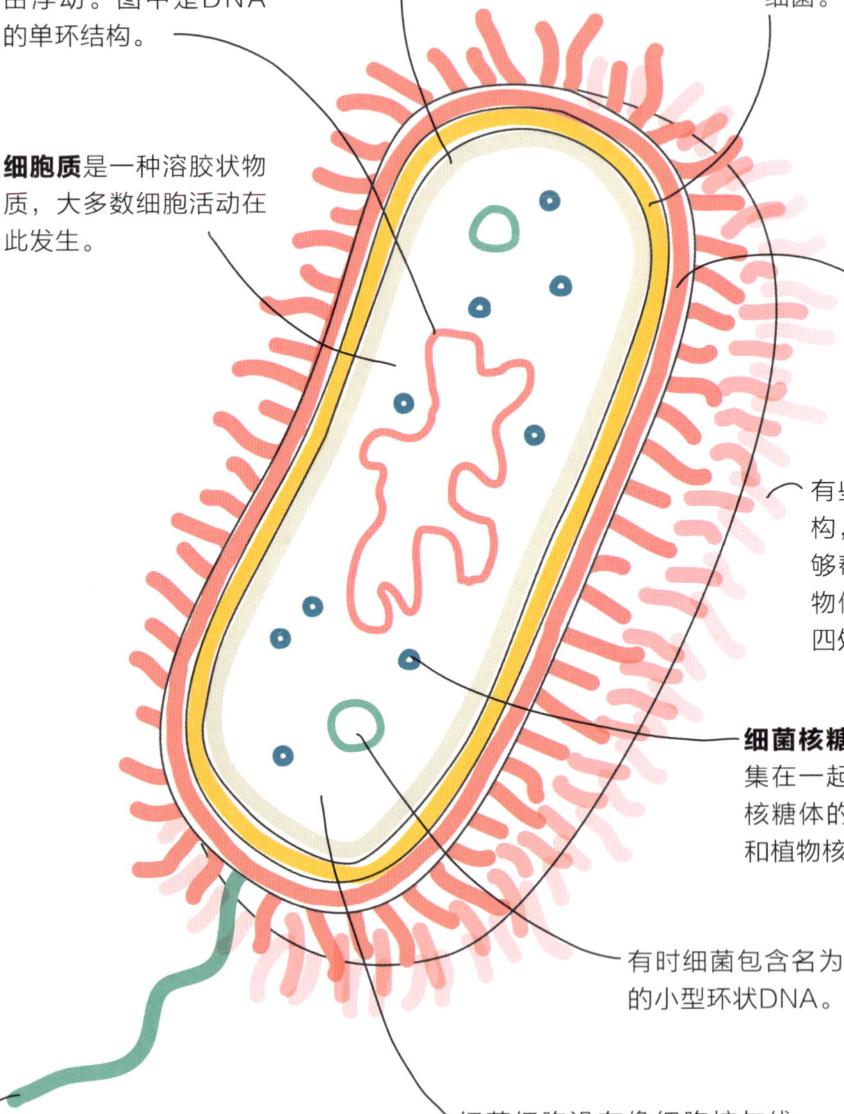

有时**黏液层**环绕着细胞壁，这同样能够使细菌受到保护。

有些细菌布满毛发状结构，称为“**菌毛**”，能够帮助细菌黏附在各种物体上，也可帮助细菌四处移动。

细菌核糖体将氨基酸分子聚集在一起产生蛋白质。细菌核糖体的结构与动物核糖体和植物核糖体的结构不同。

有时细菌包含名为“**质粒**”的小型环状DNA。

细菌细胞没有像细胞核与线粒体那样的膜性细胞器。

有些细菌有尾巴，称为“**鞭毛**”。鞭毛朝四周不断拍打，帮助细菌移动。

真核细胞与原核细胞

地球上的生物可分为真核形态与原核形态两种。真核生物含有巨大的膜性细胞器，原核生物则没有。

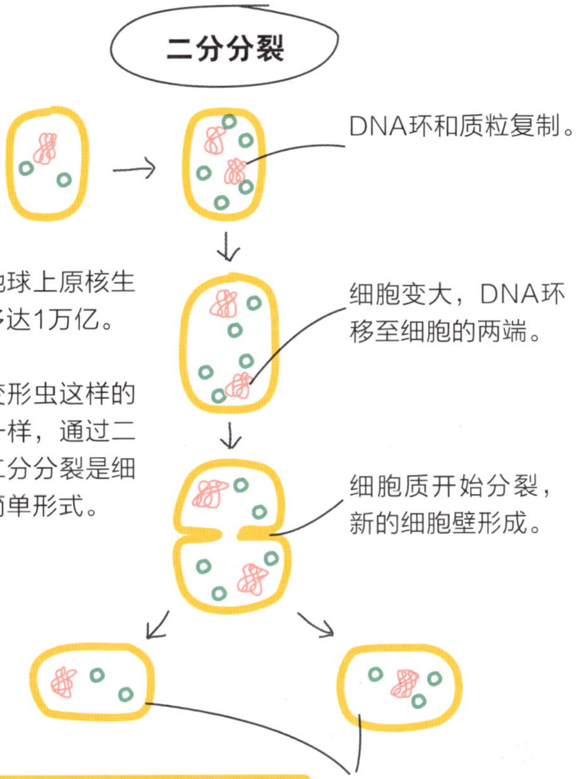

2个子细胞产生，每个子细胞都包含1个DNA环和数量可变的质粒。如果条件适宜，二分分裂能够让原核生物以非常快的速度繁殖。例如，大肠杆菌可以在短短20分钟内完成繁殖。

真核生物形态比原核生物形态更加精细，也更高级。真核生物可以是多细胞生物，如动物和植物，也可以是单细胞生物，如一些藻类和真菌。据估计，地球上的真核生物大约有900万个物种。

原核生物形态不像真核生物形态那样具有特异性，人类对这些简单、微小的单细胞生物物种了解得不多。

科学家认为，地球上原核生物的种类可能多达1万亿。

原核生物与像变形虫这样的简单真核生物一样，通过二分分裂复制。二分分裂是细胞分裂的一种简单形式。

真核生物与原核生物的特点

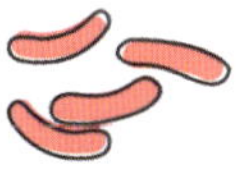

	真核生物		
特点	动物	植物	原核生物
DNA	✓	✓	✓
细胞核	✓	✓	✗
细胞质	✓	✓	✓
核糖体	✓	✓	✓
细胞膜	✓	✓	✓
细胞壁	✗	✓	✓
线粒体	✓	✓	✗
高尔基体	✓	✓	✗
内质网	✓	✓	✗
叶绿体	✗	✓	✗
充满细胞液的大液泡	✗	✓	✗

细胞分裂

有时，多细胞生物的细胞需要分裂，它们或自我复制，或产生新的其他类型的细胞。细胞分裂有两种形式：有丝分裂和减数分裂。当细胞核中的DNA团块（称为“染色体”）重新排列以及新的子代细胞形成时，细胞分裂就发生了。

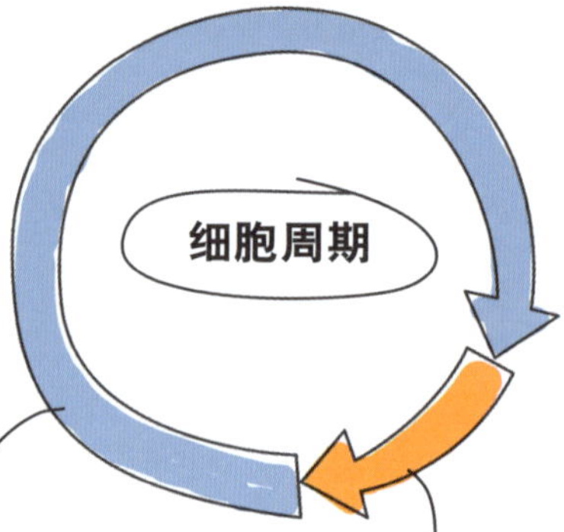

细胞有丝分裂

细胞有丝分裂产生基因相同的子细胞，用于促进生长、修复身体的损伤。全身细胞都进行有丝分裂。分裂中的细胞要经历“**细胞周期**”中的各个阶段，而有丝分裂作为一种无性繁殖形式，是这个周期中的一个阶段。

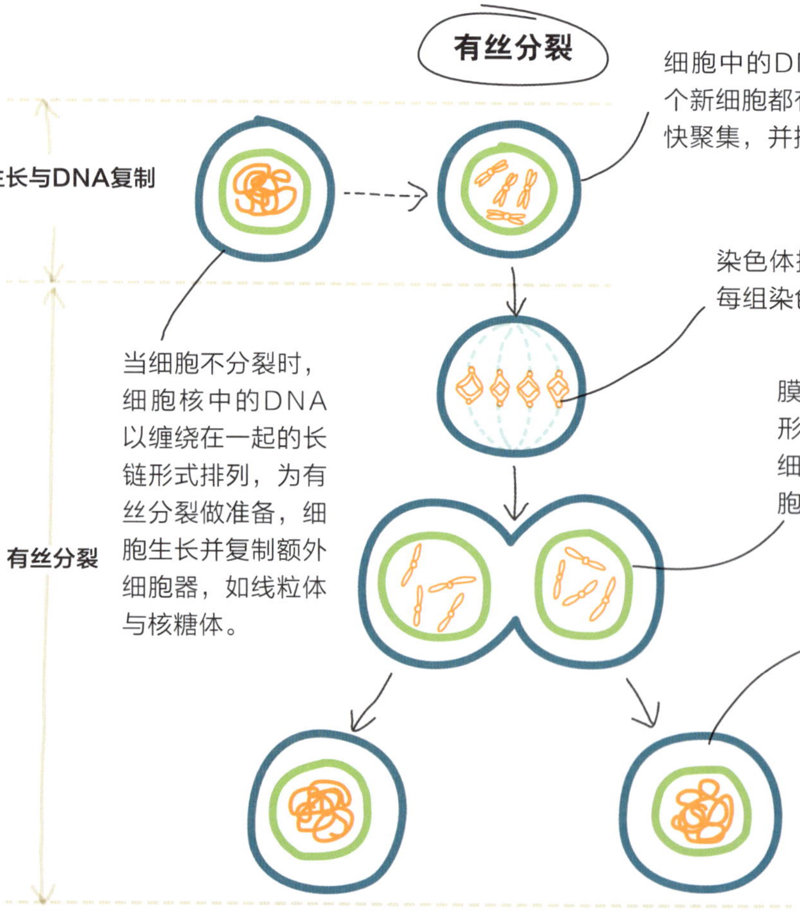

细胞减数分裂

细胞减数分裂产生性细胞，即**配子**，如精子、卵子和孢子。减数分裂进行两轮。人类细胞减数分裂发生在卵巢和睾丸中，是有性繁殖的重要部分。

与其他体细胞不同，配子的每个染色体中只有1个副本，而非2个。人类的性细胞里含有23个单一染色体，而不是23对染色体。

就这样，当2个配子结合时，所产生的细胞最终就会带有正确数量的染色体。细胞进行减数分裂以产生配子，这些配子带有的染色体为最初数量的一半。

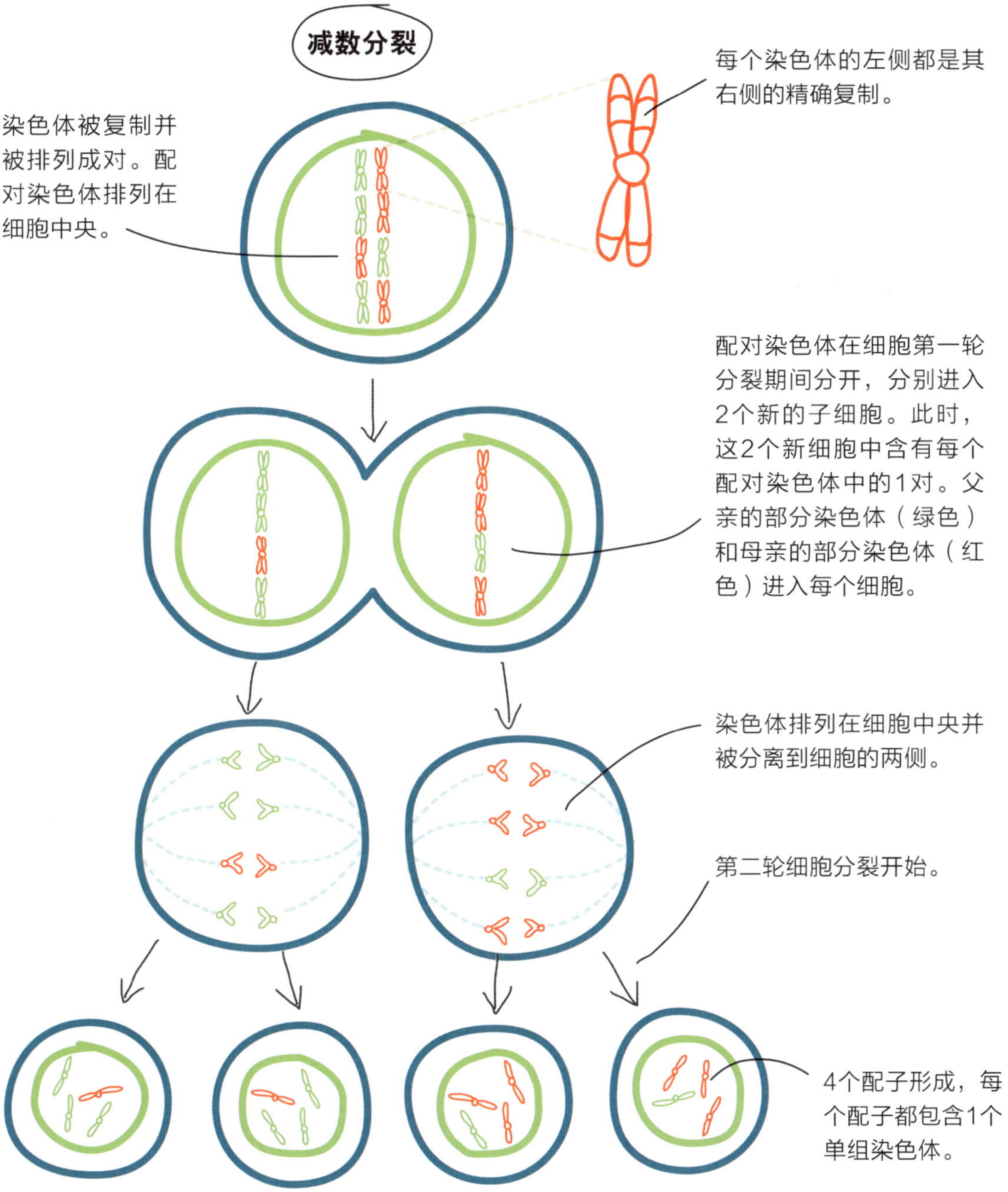

细胞转运

细胞需要具备转运能力，例如，对进出自身的所有物质进行控制，吸收营养物和水分，排除废物和化学物质等。溶解物通过细胞膜进出细胞。细胞转运有三种主要方式：扩散、渗透和主动运输。

扩散

扩散是指微粒从高浓度区域向低浓度区域运动。气体和液体会发生扩散。浓度差异被称为**浓度梯度**。单糖（如葡萄糖）与气体（如氧气和二氧化碳）都是通过扩散的方式实现移动的。

植物也在光合作用和呼吸作用时通过扩散交换气体。

扩散过程

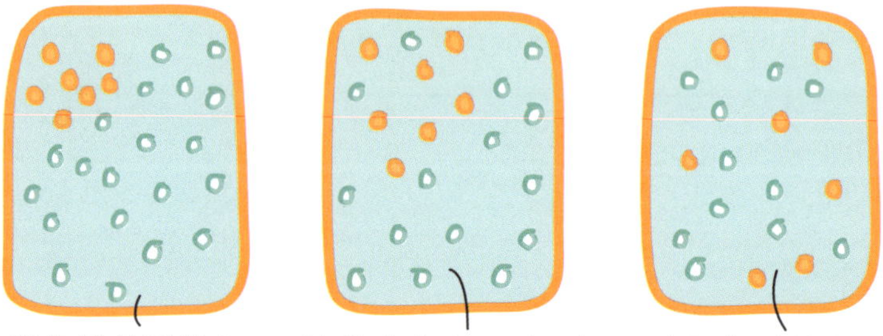

橙色微粒刚进入混合剂时是聚在一起的。

随着它们的四处移动，它们相互碰撞并开始混合。它们向各个方向移动，但其净移动总体上是从高浓度区域向低浓度区域进行的。

当橙色微粒在液体或气体中完全散开时，扩散就结束了。但这些微粒仍然会随机运动。

肺中的扩散

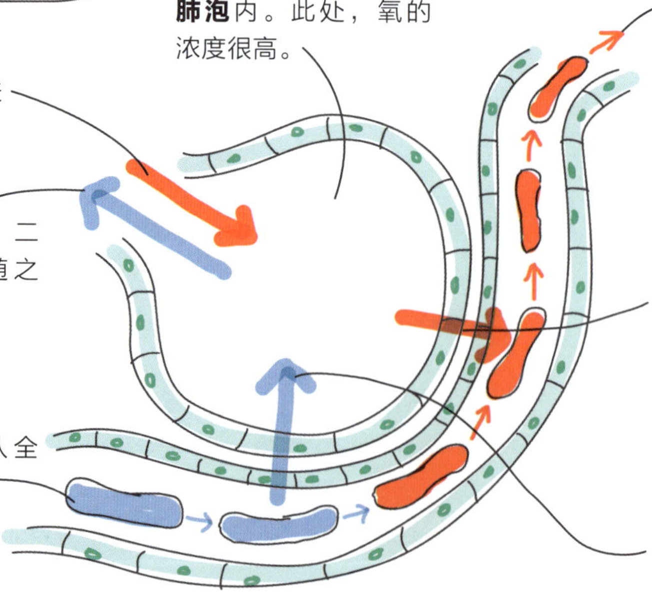

人吸气时，富氧空气进入肺。

人呼气时，二氧化碳被随之呼出。

贫氧血液从全身返回肺。

富氧空气最终进入微小的囊泡状肺组织——**肺泡**内。此处，氧的浓度很高。

富氧血液被传送到全身。

氧从肺泡中扩散出来，进入邻近血管中的红细胞内。此处红细胞中的氧浓度较低。

二氧化碳是呼吸产生的废物。从二氧化碳浓度很高的红细胞中扩散出来，进入二氧化碳浓度较低的肺泡内。

渗透

渗透是一种水分子的特殊扩散类型。当水分子从浓度高的区域向浓度低的区域移动时，渗透就发生了。渗透的发生需要穿过一层**半透膜**，半透膜只让某些特定物质通过。渗透也会在动物体内发生，帮助保持细胞内的水平衡。

植物细胞中的渗透

低渗：细胞外水的浓度高于细胞内水的浓度，水就通过渗透进入细胞。液泡涨满，对细胞壁产生压力，使得细胞坚固或充盈。

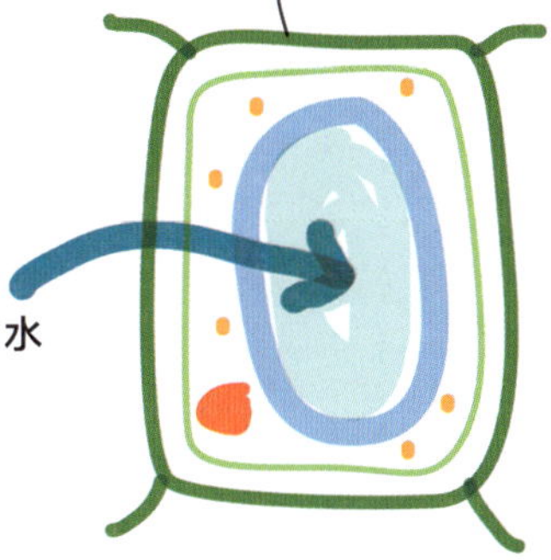

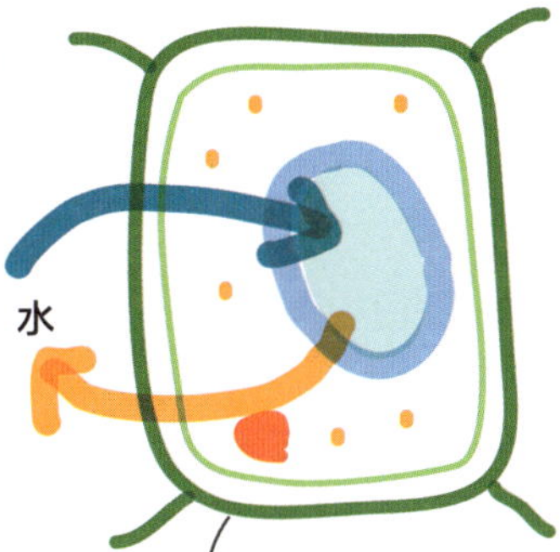

等渗：细胞内和细胞外的水浓度相同，此时穿过细胞膜的水没有总体移动。

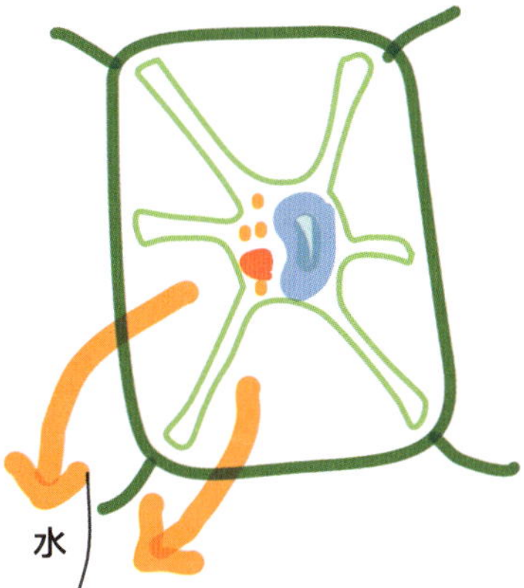

高渗：细胞内水浓度高于细胞外，使得水通过渗透离开细胞。这样会造成液泡萎缩，远离细胞壁。

主动运输

主动运输是指溶解物逆浓度梯度，从低浓度区域向高浓度区域移动。与扩散和渗透不同，主动运输需要能量。

植物根系包含一种特化细胞，称为“**根毛细胞**”。它们帮助植物从土壤中获取硝酸盐等矿物质。这些矿物质通过主动运输进入根毛细胞之中。

主动运输也发生在动物体内。例如，葡萄糖分子穿过消化道管壁并进入血液中就是依靠主动运输完成的。

植物根毛细胞中的主动运输

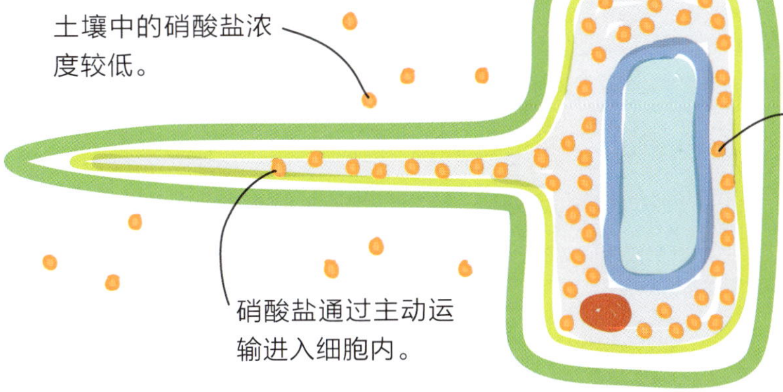

干细胞与特化

多细胞生物由神经细胞和肌肉细胞等大量不同类型的特化细胞构成，这些特化细胞由被称为干细胞的非特化细胞变化形成。特化过程称为“**分化**”。

干细胞也能够自我分裂以形成新的自己。从事培育人工干细胞的生物学家认为，他们培育的干细胞可以用来帮助病患。例如，干细胞可以被分化成心肌细胞，用以修复受损的心脏。

动物细胞的分化大多发生在动物发育早期，但很多植物细胞一生都能分化。当细胞分化时，其DNA保持不变，但是它的主要基因有的开启，有的关闭。细胞因此获得新的特性。

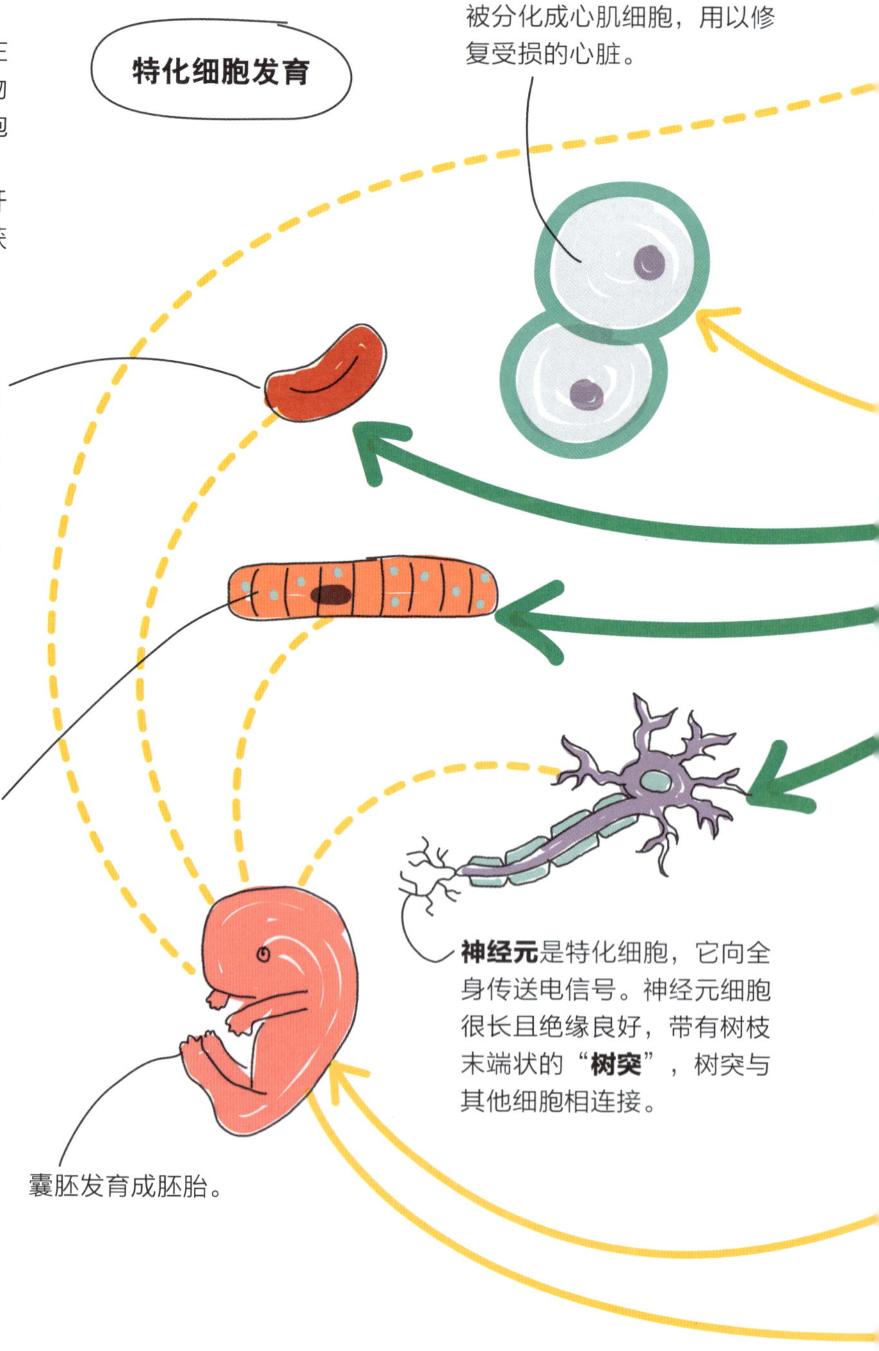

红细胞是特化细胞，微小柔韧，能够进入毛细血管。红细胞中含有血红蛋白，血红蛋白与氧结合在一起。哺乳动物体内的红细胞没有细胞核，这就为血红蛋白腾出了空间。这些红细胞的形状略微扁平，这就形成了较大的表面区域以更好地吸收氧。

肌肉细胞是特化细胞，它们修长且可以收缩。肌肉细胞收缩时需要消耗能量，因而它们有大量的线粒体。

神经元是特化细胞，它向全身传送电信号。神经元细胞很长且绝缘良好，带有树枝末端状的“**树突**”，树突与其他细胞相连接。

分化是细胞进一步特化的过程。细胞分化以获得不同形态和功能，这主要发生在发育阶段。

囊胚发育成胚胎。

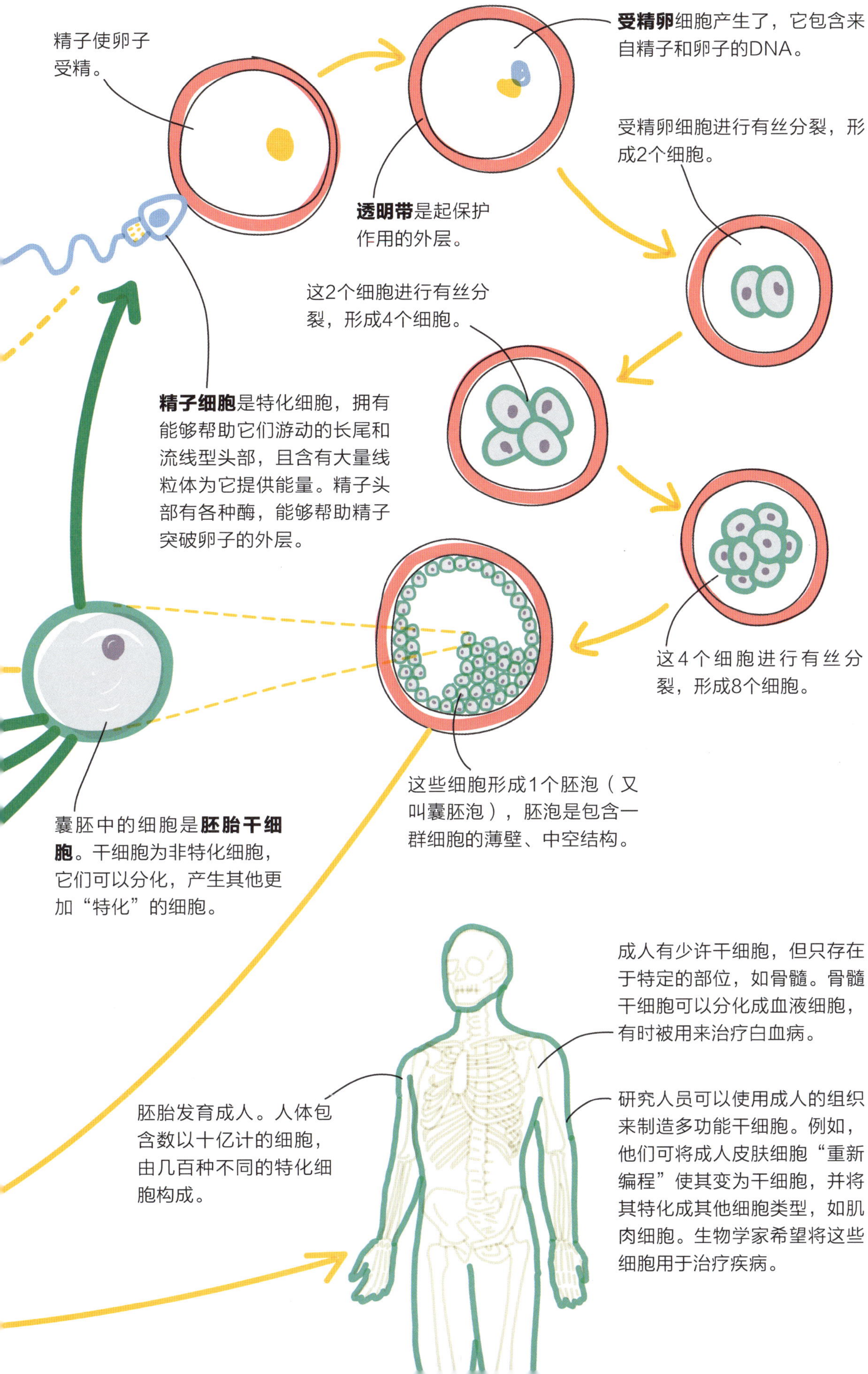
精子使卵子
受精。
受精卵细胞产生了，它包含来自精子和卵子的DNA。
透明带是起保护作用的外层。
受精卵细胞进行有丝分裂，形成2个细胞。
这2个细胞进行有丝分裂，形成4个细胞。
精子细胞是特化细胞，拥有能够帮助它们游动的长尾和流线型头部，且含有大量线粒体为它提供能量。精子头部有各种酶，能够帮助精子突破卵子的外层。
这4个细胞进行有丝分裂，形成8个细胞。
这些细胞形成1个胚泡（又叫囊胚泡），胚泡是包含一群细胞的薄壁、中空结构。
囊胚中的细胞是**胚胎干细胞**。干细胞为非特化细胞，它们可以分化，产生其他更加“特化”的细胞。
成人有少许干细胞，但只存在于特定的部位，如骨髓。骨髓干细胞可以分化成血液细胞，有时被用来治疗白血病。
胚胎发育成人。人体包含数以十亿计的细胞，由几百种不同的特化细胞构成。
研究人员可以使用成人的组织来制造多功能干细胞。例如，他们可将成人皮肤细胞“重新编程”使其变为干细胞，并将其特化成其他细胞类型，如肌肉细胞。生物学家希望将这些细胞用于治疗疾病。

多细胞生物结构

从细胞、组织再到器官和系统，大型多细胞生物有许多层结构。这些结构帮助生物协同完成多项不同的生理活动，如呼吸和运动等。

从细胞到系统

细胞
细胞是生物的基本构成单位。在多细胞生物体内，细胞单靠自己是无法发挥其多项功能的。所以，它们共同合作以发挥重要作用。

组织
1个组织是1组相似的细胞，它们相互合作以实现特定的功能。有时组织包含的细胞类型不止1种。

单个肌肉细胞不能使肌肉正常工作。

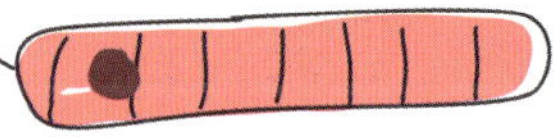

若干肌肉细胞组共同发挥作用，使肌肉收缩、舒张。

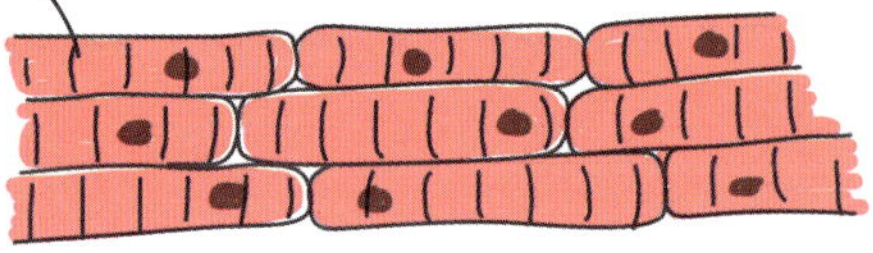

单个上皮细胞不能形成保护屏障。

上皮细胞层所提供的保护，是通过与肠道、血管和其他结构内部细胞组成内壁实现的。

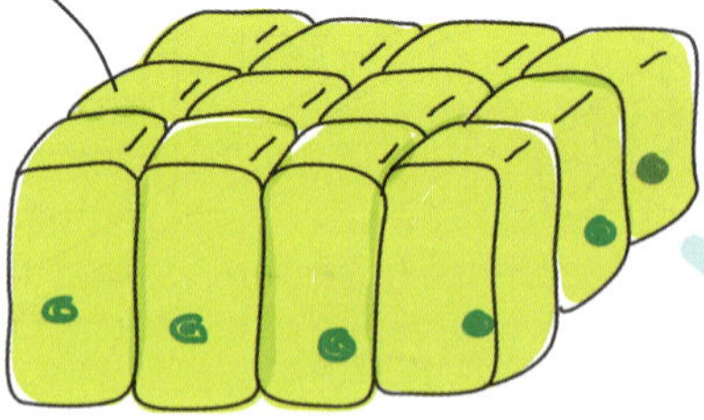

腺细胞是特化的上皮细胞，但它自己不能单独作为腺体。

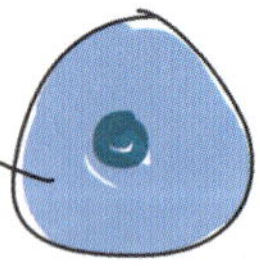

若干腺细胞组共同发挥作用，产生并释放酶和激素等物质。

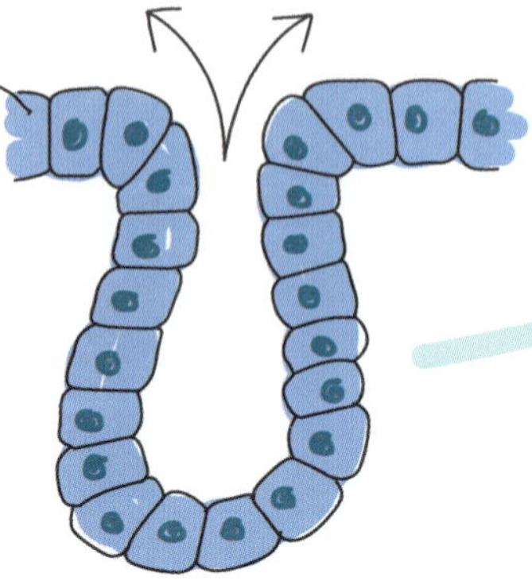

器官

器官由不同的组织构成，它们共同发挥作用以实现特定的功能。例如，大脑是一个控制思维、运动、语言表达等许多功能的器官；心脏是一个将血液泵至全身的器官；肾脏从血液中过滤废物并产生尿液，帮助身体除去水和多余盐分。

胃也是一个器官，其功能是消化食物。为了实现这个目的，胃中含有各种共同发挥作用的组织类型。肌肉组织收缩、舒张，帮助混合研磨食物；腺组织分泌用于分解食物的消化液；上皮组织覆盖胃的内壁和外壁。

系统

若干器官组合起来形成系统。系统共同发挥作用，完成特定功能。例如，呼吸系统包括肺、气管和其他各种器官，其功能是将氧气带入体内，将二氧化碳排出体外。

不同的系统相互依存。例如，消化系统中的细胞依靠呼吸系统得到所需的氧，而呼吸系统中的细胞则依靠消化系统获得其正常发挥作用所需的养分和能量。

器官、系统共同发挥作用，形成完整的生物体。

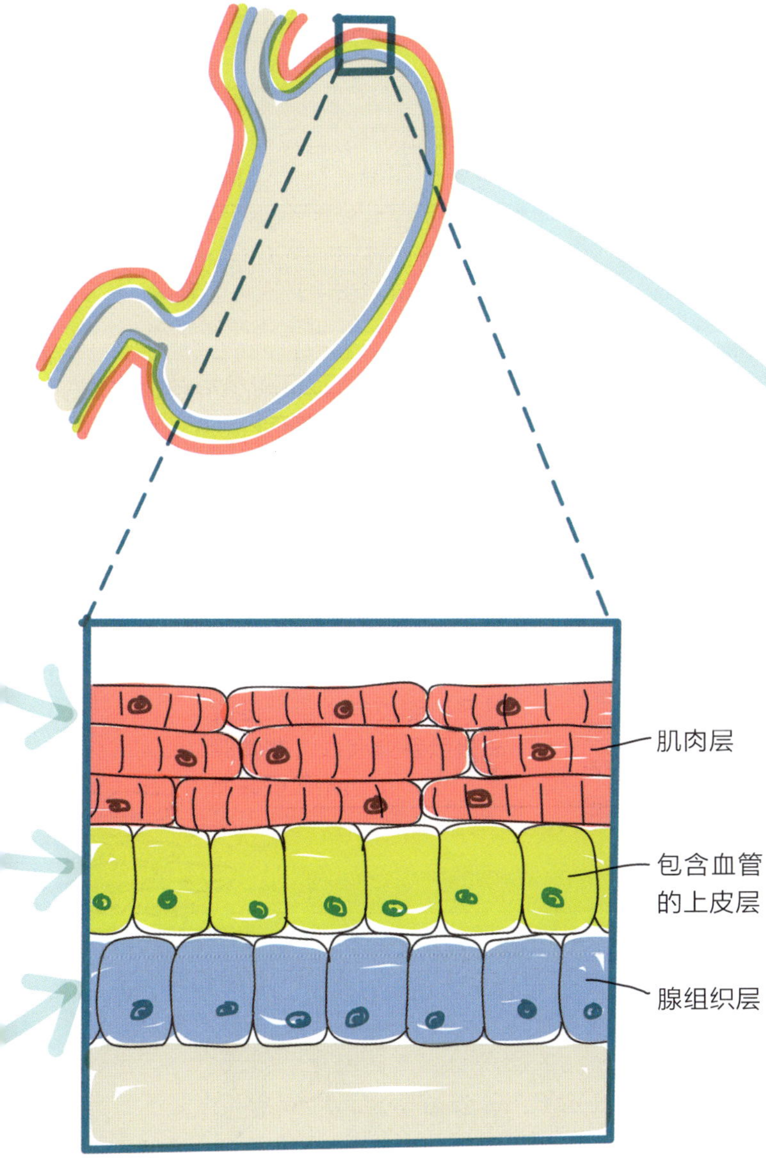

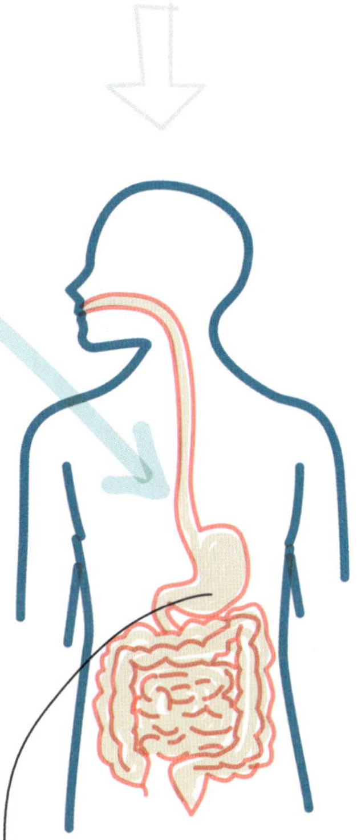

人类消化系统由包括胃在内的许多不同器官构成。

小结

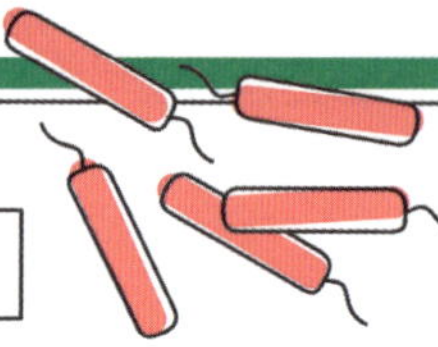

原核细胞

原核细胞缺乏大的细胞器，含有自由浮动的DNA，如细菌。

真核细胞

真核细胞具有带核被膜的细胞核，如真菌、植物和动物。

生物形态

单细胞生物

单细胞生物由单一细胞构成，如变形虫和细菌。

多细胞生物

多细胞生物含有很多细胞，如植物和动物。

细胞类型

细胞

多细胞生物结构

- 细胞
- 组织
- 器官
- 系统
- 生物体

干细胞

干细胞可以分裂，形成完全相同的副本。

分化

干细胞可以分化，产生特化细胞。

特化细胞

特化细胞是有特定功能的细胞。

显微术

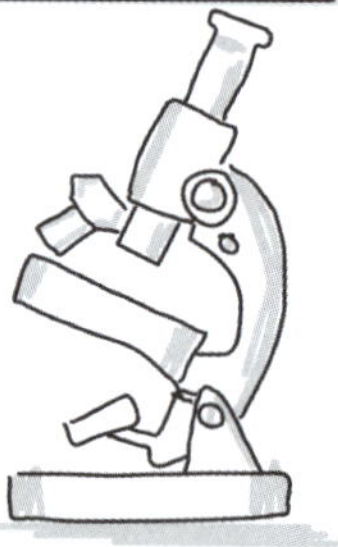

放大率

放大率 = 影像尺寸 / 实际尺寸

光学显微镜

光学显微镜的放大率相对较低，可用于研究活细胞。

电子显微镜

电子显微镜的放大率相对较高，不可用于研究活细胞。

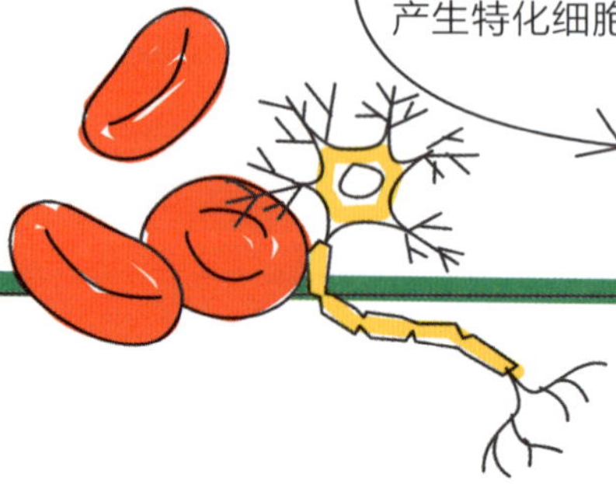

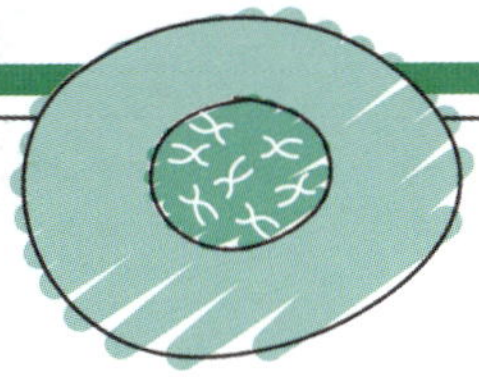

细胞结构

细胞质

细胞质是一种溶胶状物质，大多数细胞活动在此发生。

细胞核

细胞核包含DNA，是细胞的遗传与代谢的调控中心。

高尔基体

高尔基体修改酶和其他蛋白质分子。

线粒体

线粒体是产生能量的电池状结构。

细胞膜

细胞膜是环绕在细胞外表的薄膜。

细胞壁

植物细胞被坚硬的细胞壁环绕。

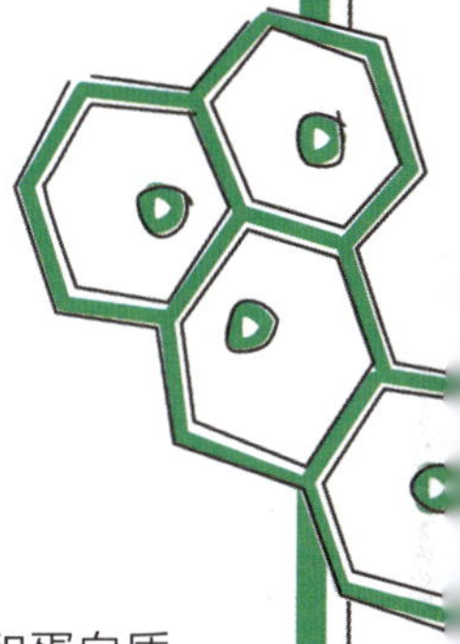

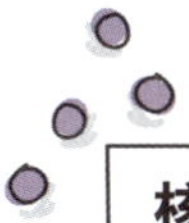

溶酶体

溶酶体分解动物细胞中的大分子。

核糖体

核糖体制造蛋白质。

液泡

植物细胞中含有充满细胞液的液泡，液泡使植物坚硬挺拔。

内质网

内质网帮助处理、转运脂质和蛋白质。

细胞运转

主动运输

分子从低浓度区域向高浓度区域移动。这个过程需要能量。

扩散

分子从高浓度区域向低浓度区域移动。

渗透

水分子通过一层半透膜从高浓度区域向低浓度区域移动。

细胞分裂

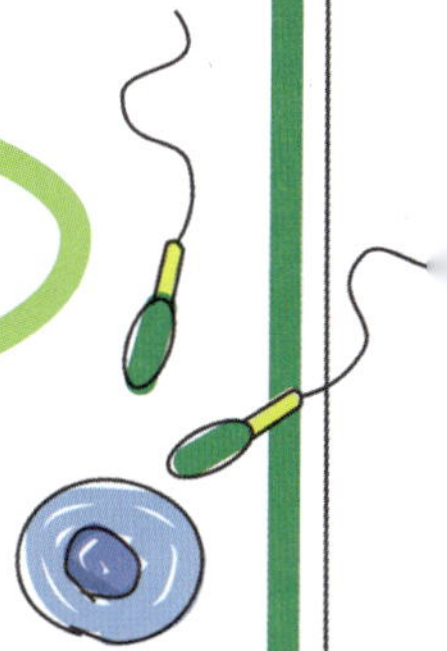

减数分裂

减数分裂发生在细胞分裂阶段，产生卵子、精子或孢子等配子。

有丝分裂

有丝分裂发生在细胞分裂阶段，产生完全相同的副本。

二分分裂

原核生物通过二分分裂复制。

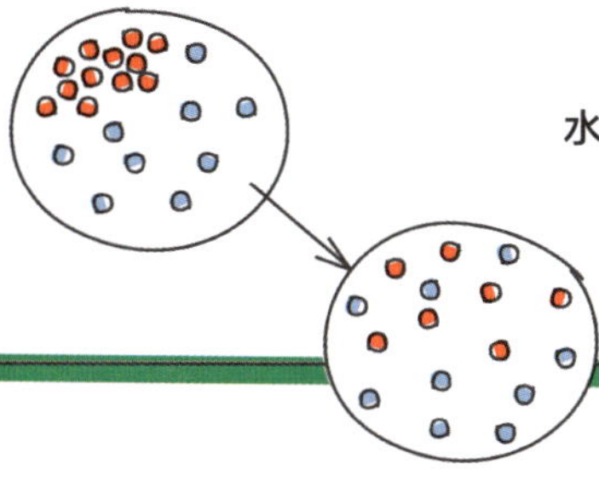

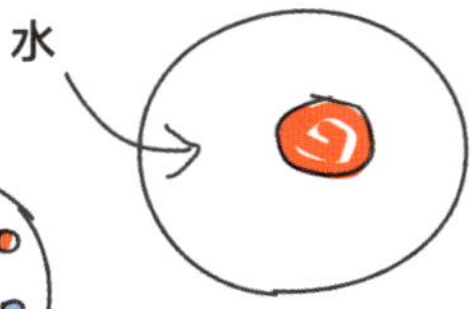

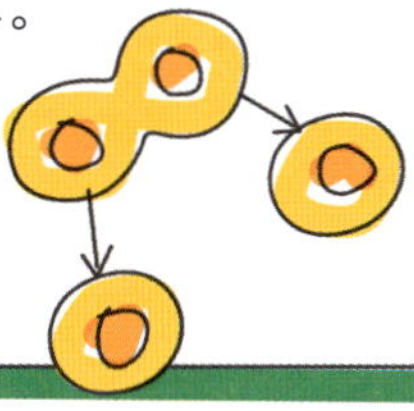

第三章

遗传学

遗传学研究的是脱氧核糖核酸（DNA）和生物体的身体特性，如身高、头发颜色，以及身体对遗传疾病的易感程度。所有生物体都以DNA的形式从他们的父母那里继承遗传信息。

在这章里，你将了解DNA的结构、遗传基因所产生的影响，以及遗传序列出现错误时会发生什么。你还将有机会探索基因编辑这门新兴科学，并且查验你的DNA是如何与环境发生相互作用从而使你成为一个独特个体的。

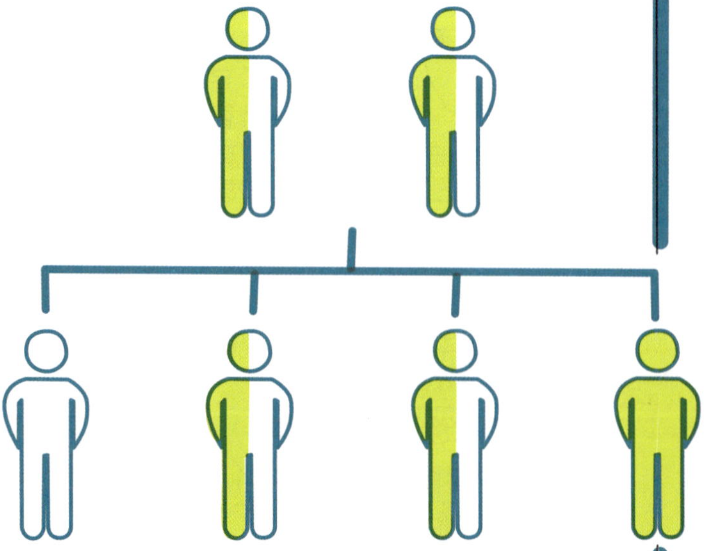

脱氧核糖核酸（DNA）

生物体是以DNA的形式携带遗传信息的。DNA是核酸的一种。核酸由碳、氢、氧、氮和磷元素有机组成。

DNA是一种聚合物。**聚合物**是由许多相似的单元结合在一起构成的分子。DNA就是由名为核苷酸的重复单元组成的。它们以特定的方式排列，形成结构独一无二的DNA。

在20世纪50年代，英国科学家詹姆斯·沃森（James Watson）和弗朗西斯·克里克（Francis Crick）破译了DNA的结构，并建立了1个DNA模型。这个模型显示出DNA由彼此缠绕并形成类似螺旋形梯子的2根链条组成。这个结构称为**双螺旋**。

DNA的分子结构

碱基：这些分子包含氮元素。每个碱基与另一个碱基形成1对，这1对碱基在双螺旋链条上方向相反。碱基总是以一种特别的方式配对，我们将其称为**互补碱基对**。

每个**核苷酸**由1个糖分子、1个磷酸盐分子和1个碱基组成。

磷酸盐组合由1个磷原子和4个氧原子组成。

糖：DNA由**脱氧核糖**的单糖组成。这是一个包含5个碳原子的环形分子。

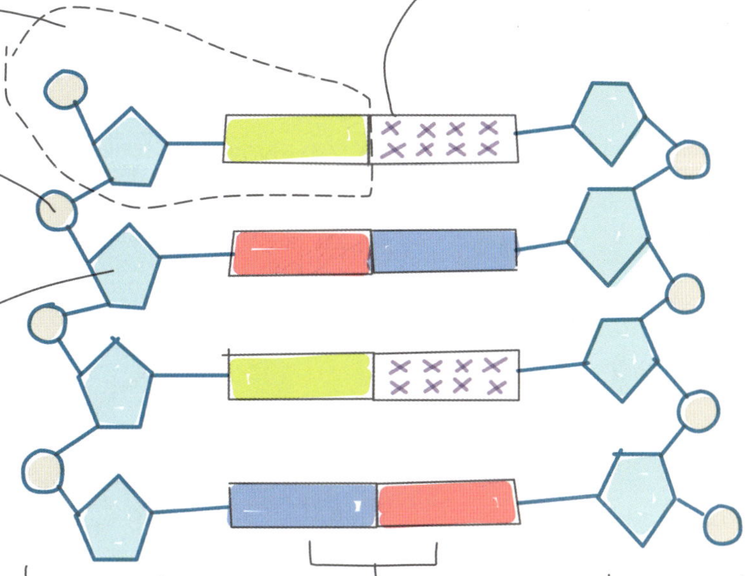

碱基分子有4种：胸腺嘧啶（T）、腺嘌呤（A）、胞嘧啶（C）和鸟嘌呤（G）。

成对的碱基形成梯形的“梯级”。

交替的糖和磷酸盐分子形成DNA链条的主链，相当于梯子两侧的“帮”。

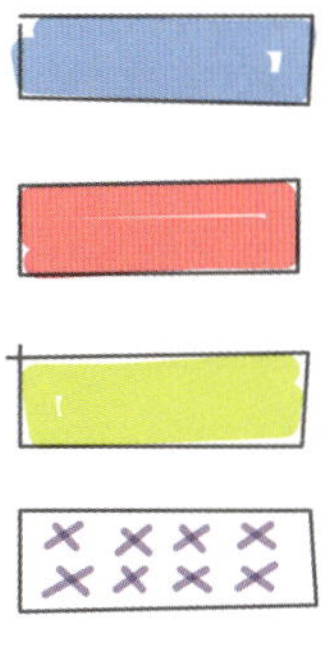

胞嘧啶

鸟嘌呤

胞嘧啶总是与鸟嘌呤成对出现。

腺嘌呤

胸腺嘧啶

腺嘌呤和胸腺嘧啶成对出现。

染色体和基因

DNA是一个长而薄的分子。每一个人类细胞包含的DNA长度大约为2米。在人体内有几百种不同类型的细胞，这些细胞中都有DNA。

染色体中含有**基因**。基因的大小有所不同。最小的基因包含几百个碱基，最大的包含超过200万个碱基。基因是编码不同蛋白质的DNA片段，这些蛋白质包括血红蛋白和睾丸甾酮蛋白等。

DNA的结构

在细胞核内，DNA排列在**染色体**内，染色体呈离散状态。

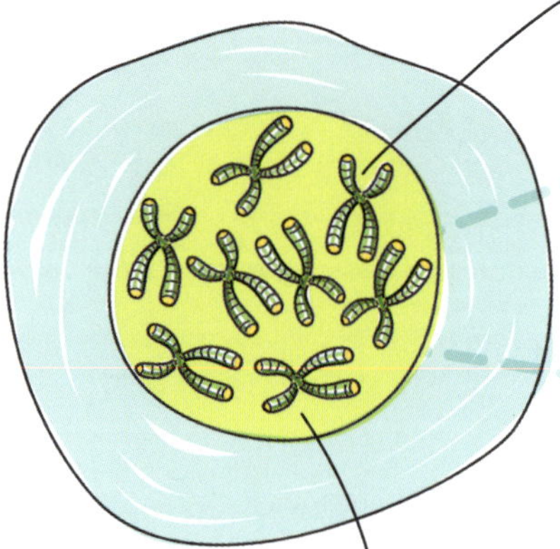

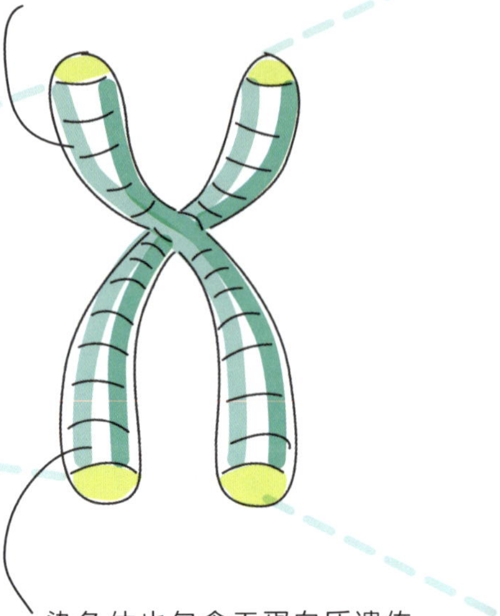

染色体也包含无蛋白质遗传密码的DNA，这些DNA称为**非编码DNA**。最初，遗传学家认为这些非编码DNA没有实际功能，现在他们认为大多数非编码DNA十分活跃并且具有一定实际意义。它们有些发挥着“开关”的作用，在某些特殊细胞内打开或关闭一些关键性的基因。它能够控制发挥基因功能的地点和时间，因此影响一个细胞的形成，例如它能够影响这个细胞最终成为神经细胞还是肌肉细胞。基因活性方面的改变称为**基因表达**的变化。

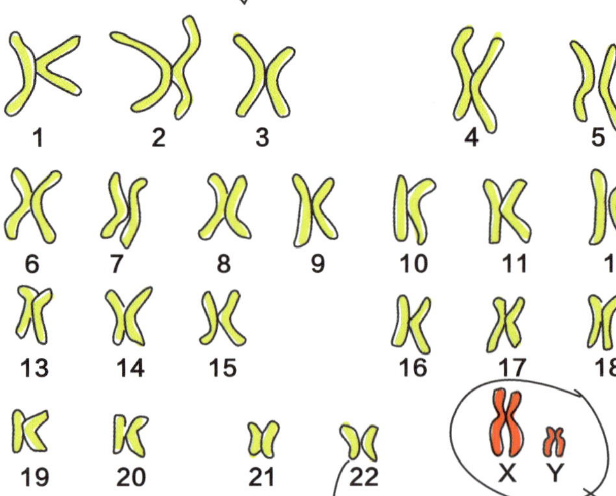

不同生物体内的染色体数目不同。例如，人体有23对染色体（共有46个），每对染色体中，一个染色体来自生物体的母体，另一个来自其父体。

人体染色体中有22对是**常染色体**，它们是除性染色体以外的染色体。我们用1~22对其进行标记。常染色体包含许多不同的基因，这些基因影响着人体许多不同的特征。

人体第23对染色体是**性染色体**，它们决定后代是男性还是女性。

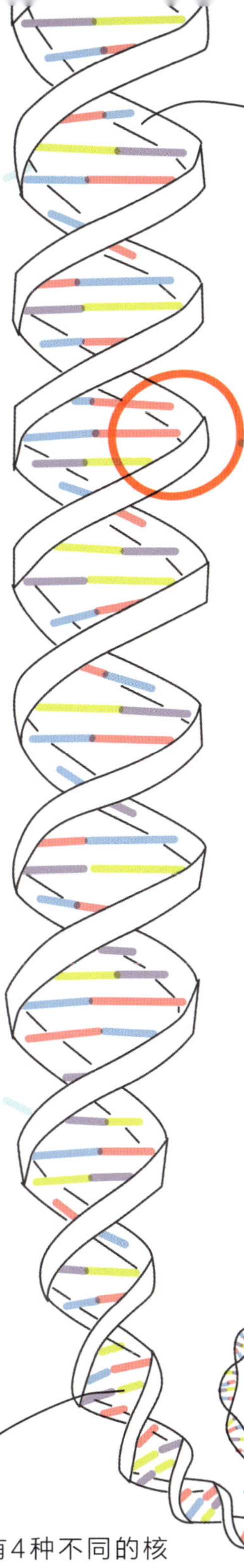

DNA分子相互缠绕形成双螺旋结构。

活细胞能够合成氨基酸。氨基酸可组成成千上万种不同的蛋白质。

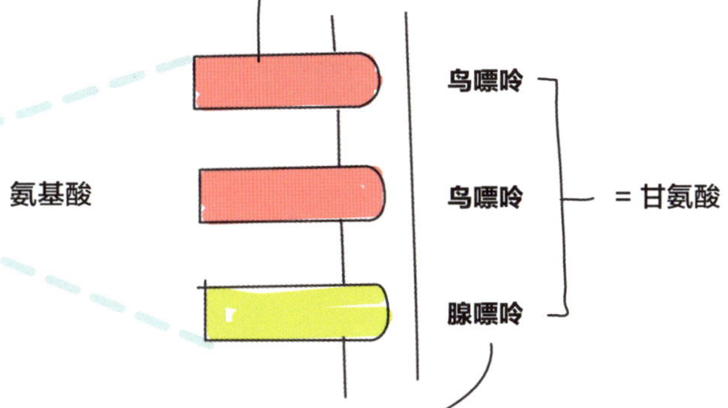

每种氨基酸都由3个为一组的碱基进行遗传编码。基因指示细胞按照特定的序列合成氨基酸。例如，如果碱基的序列是鸟嘌呤–鸟嘌呤–腺嘌呤，细胞将合成一种称为甘氨酸的氨基酸。蛋白质由一系列氨基酸组成，因此甘氨酸分子就会被增加到新合成的蛋白质链中。

在一个生物体内，**基因组**是所有DNA的总和。人类基因包含超过30亿对核苷酸和大约2万种不同的基因。基因组于2003年被破译。研究人类基因组可以帮助科学家探寻导致疾病的基因，制订遗传性疾病的新治疗方案，了解生命的孕育过程，并追寻人类进化的轨迹。

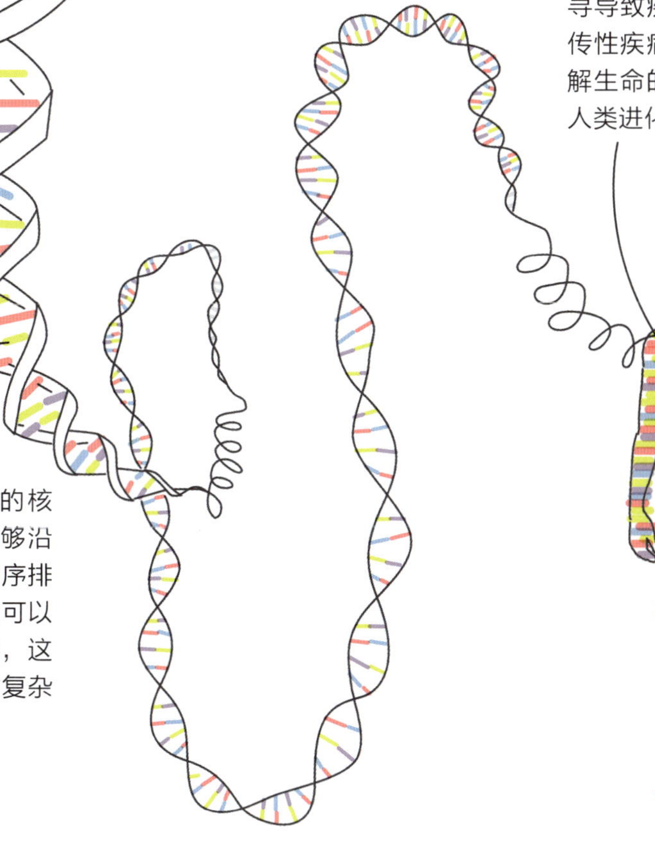

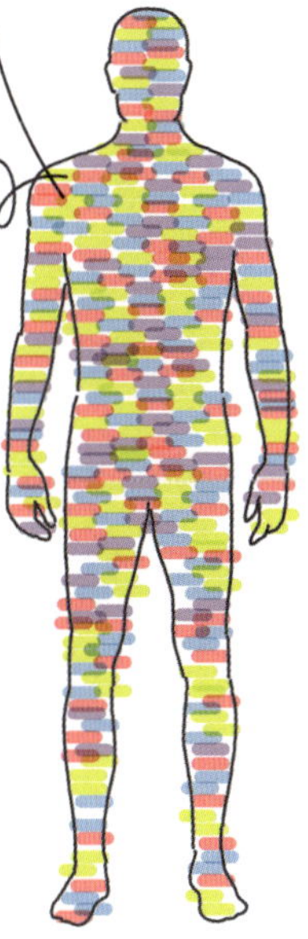

虽然只有4种不同的核苷酸，但是它们能够沿着DNA链以任意顺序排列。DNA链的长度可以容纳数百万对碱基，这表明DNA链能够对复杂的信息进行编码。

基因的遗传

每个生物个体之所以会展现其父母的明显特征，是因为他们所继承的基因中一半来自其母亲，另一半来自其父亲。基因能够影响你能想到的一切特征，比如你的身高、眼睛颜色、奔跑速度以及是否喜欢喝咖啡等。

等位基因

等位基因是同源染色体相同位置上控制同一性状不同形态的基因。例如，有一种基因可以控制很多开花植物花瓣的颜色，一种等位基因可以促使植物开红花，另一种不同的等位基因可以使植物开白花。一朵花最终将呈现什么颜色，在很大程度上取决于它所继承的等位基因。等位基因可能是显性的，也可能是隐性的。

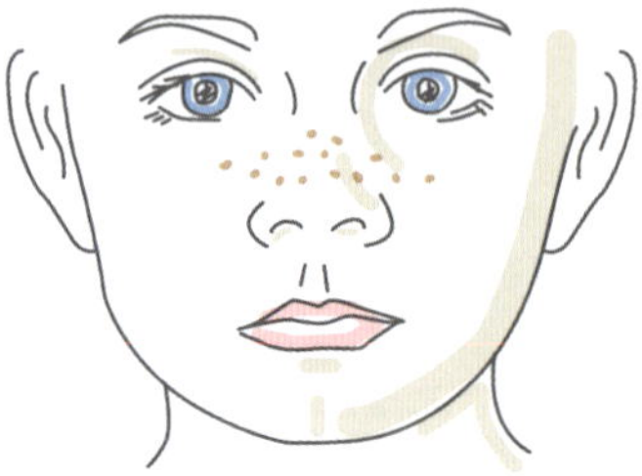

后代即使只遗传了1个**显性等位基因**，也可对个体产生影响。例如，对人类来讲，决定是否长雀斑的主要基因来自不同的等位基因。如果一个人继承了1份或2份引起雀斑的显性等位基因，那么这个人将生有雀斑。我们用英文大写字母表示显性等位基因，如第39页的图解所示。

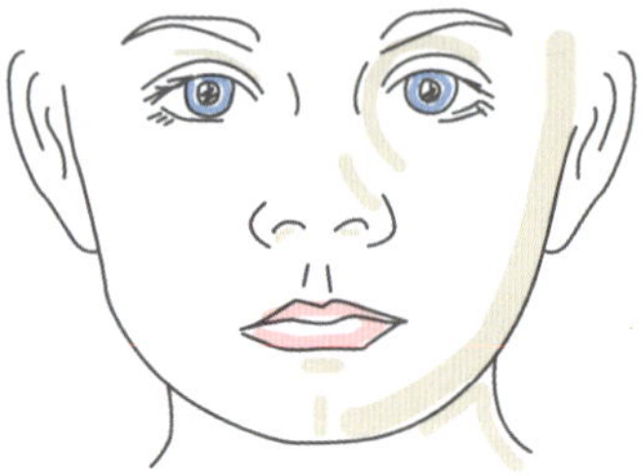

后代只有在同时携带2个**隐性等位基因**时，隐性基因才会对这个个体产生影响。对人类来说，有一种不会导致雀斑的隐性等位基因。如果某人携带2份这种等位基因，这个人将不长雀斑。我们用英文小写字母描述隐性等位基因，如第39页的图解所示。

对于某一个特殊基因，如果一个生物体携带了2个它的相同等位基因，这就属于通常所说的**纯合子**（同型结合）基因。同样，对于一个特殊基因，如果一个生物体携带了它的2个不同等位基因，那就属于**杂合子**基因。

预测遗传结果

被誉为“现代遗传学之父”的格雷戈尔·孟德尔（Gregor J. Mendel）是19世纪居住在奥地利布隆（今捷克布尔诺）的一个僧侣。他用豌豆植物进行试验，探索决定基因遗传的规律。他于1866年公布的研究成果成了现代遗传学的基础。

孟德尔研究发现，决定植物特性的是“遗传单元”。今天，我们已知道这些单元就是基因。此外，他还认识到，每一个后代都从其父母那里各继承了一个遗传单元，这个单元可能是显性的，也可能是隐性的。这些信息可以用来预测跨植物种类之间的遗传结果。现在我们用“棋盘法”（Punnett squares）来解释这类信息。

棋盘法

豌豆植物用棋盘法阐述时，红色等位基因是显性基因，白色等位基因是隐性基因。

这棵豌豆植物是纯合子型的，它包含2个相同的等位基因。由于红色等位基因是显性基因，因此它的花呈红色。

这棵豌豆植物也是纯合子型的。但是因为它包含2个隐性白色等位基因，所以它的花呈白色。

父代

RR × rr

当植物通过减数分裂产生配子时，等位基因被分裂。配子的一半包含一个等位基因，另一半包含另一个等位基因。

配子	r	r
R	Rr	Rr
R	Rr	Rr

后代继承一个结合的等位基因，其中一个等位基因来自其父，另一个来自其母。

子代

结果：
后代中的第一代全部都是红色杂合体。

Rr × Rr

配子	R	r
R	RR	Rr
r	Rr	rr

结果：
后代中的第二代颜色为混合色。

75%为红色，25%是白色。

一半是纯合体，另一半是杂合体。

繁殖

生物的繁殖十分重要。生物体把自己的遗传信息传递给后代，这就是生命能够延续下去的机理。繁殖有2种基本类型：有性繁殖和无性繁殖。

有性繁殖

当来自父母双方的遗传信息相结合时，有性繁殖就开始了，这使得后代的基因不同于父母。大多数植物、动物和真菌都是有性繁殖。

有性繁殖涉及细胞的减数分裂。这种细胞分裂形式产生**单倍体**配子，也就是说它们包含正常染色体数目的一半。

当2个配子结合形成1个受精卵时，形成的细胞是**二倍体**。这表明它包含2组完整的染色体，各来自其父母。

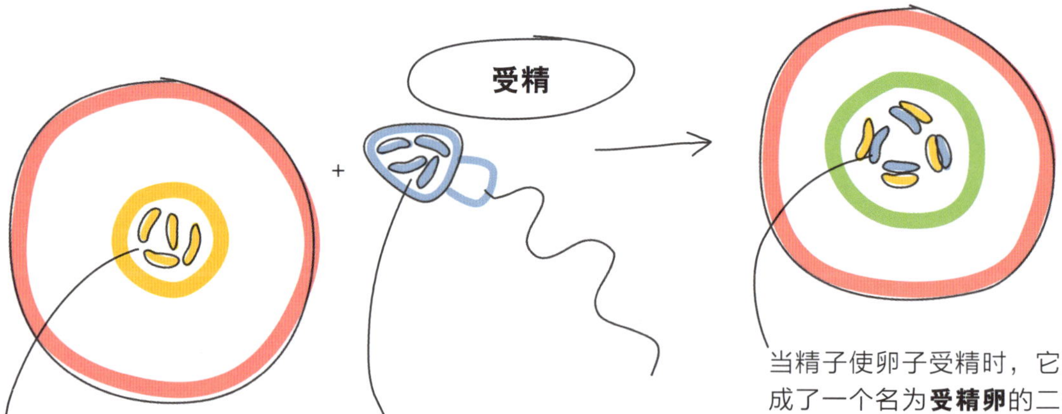

有性繁殖和无性繁殖的优点和缺点

对于有性繁殖，生物体需要花费许多时间和精力寻找一个配偶才能够完成。其优点是子代从父母双方继承其DNA的结合体。这就是遗传学研究的遗传变异，意味着每个个体的DNA都有一些细微的差异。这有益于一个种群的长期生存，特别是当一种新的传染病出现时，这种差异就更为重要。如果全部后代都有相同的DNA，它们全部都可能得病死去。但是如果后代的基因有所改变，其中的一些可能就能够存活下来。

动物的配子称为精子和卵子。开花植物的配子称为花粉和卵细胞。真菌的配子名为孢子。

无性繁殖

无性繁殖仅涉及母体一方，所繁殖的后代与母体基因完全相同。这就是人们熟知的“克隆”。像一些植物和动物那样，原核生物（如细菌等）就是通过无性繁殖进行繁衍的。

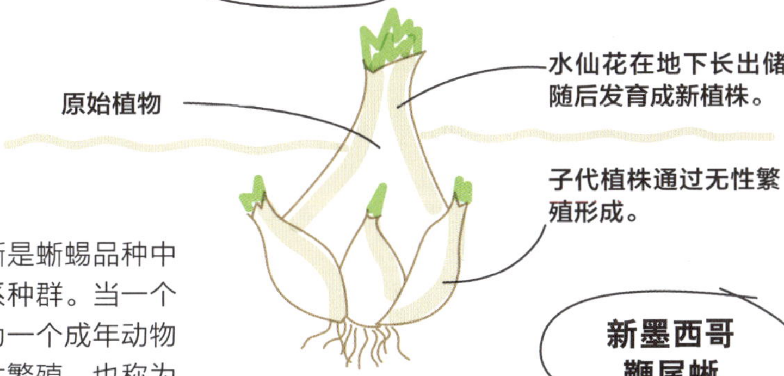

新墨西哥鞭尾蜥是蜥蜴品种中的一个完全母系种群。当一个非受精卵成长为一个成年动物时，它就是无性繁殖，也称为单性繁殖。无性繁殖不涉及配子融合，遗传基因的信息也没有混合，所以母体与其后代之间没有遗传变异。

当单个细胞分裂产生一个相同副本时，无性繁殖通过有丝分裂实现。动物和植物都按照这一机理使新细胞生长。

无性繁殖只与母体一方有关。由于母体不必找配偶就能完成无性繁殖，因此与有性繁殖相比，无性繁殖更加容易，繁殖速度也更快。

无性繁殖用时很短、数量巨大，但是后代的所有基因都是相同的，这是其不好的一面。这意味着其后代适应环境变化的能力更弱。

性别决定

只有2个染色体被称为性染色体，它们决定着生物体的性别。每一个染色体用一个英文字母进行标识。例如，人类性染色体被标记为X和Y。人类有23对染色体，第23对是性染色体。在通常情况下，性染色体的大小相差很大。人类的Y染色体就非常小。

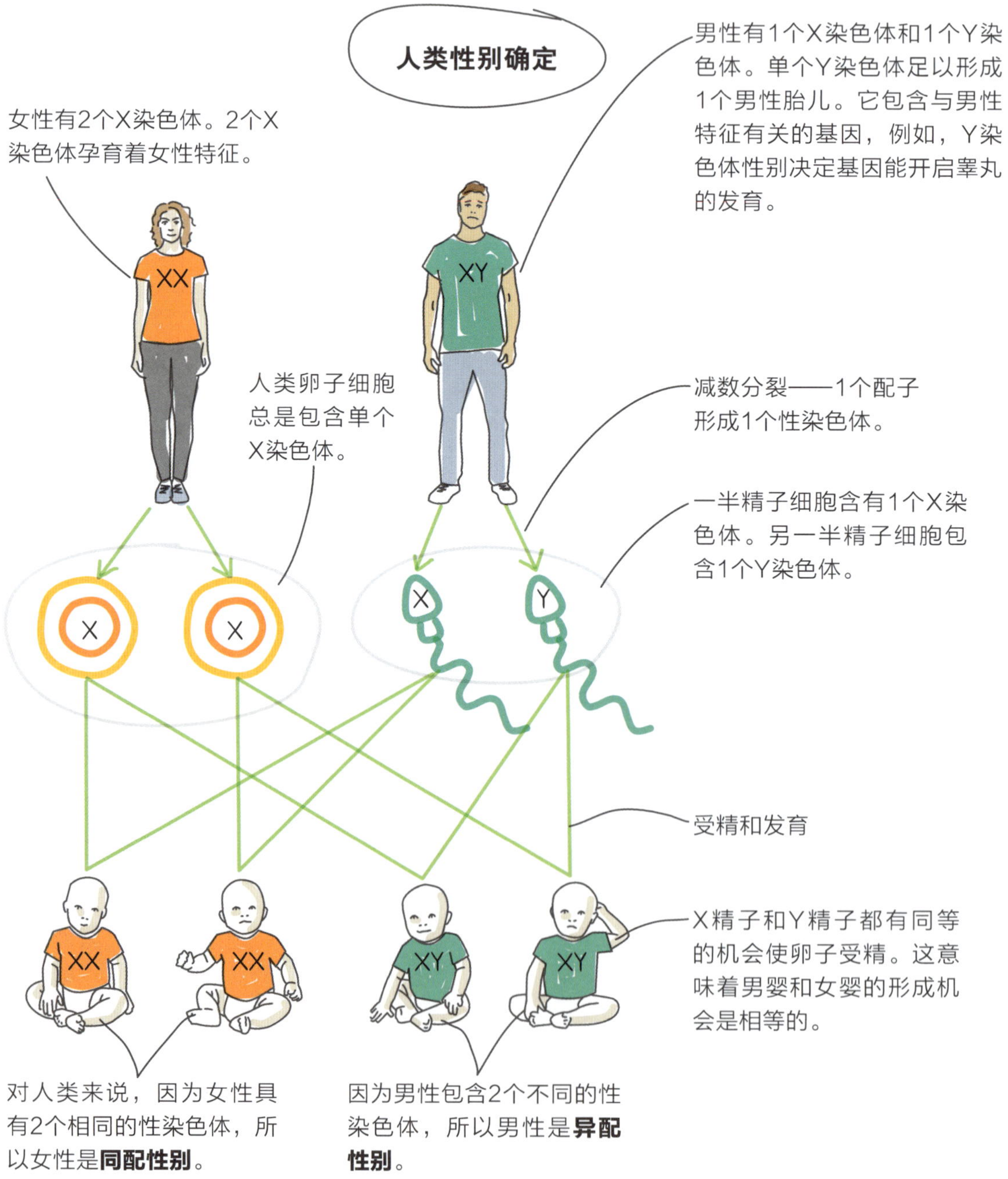

有时候，不同物种有不同的性染色体。鸟、鱼和一些昆虫以及爬行动物有Z和W性染色体。对这些物种来说，Z和W染色体共同决定其后代的性别。

鸡的性别确定

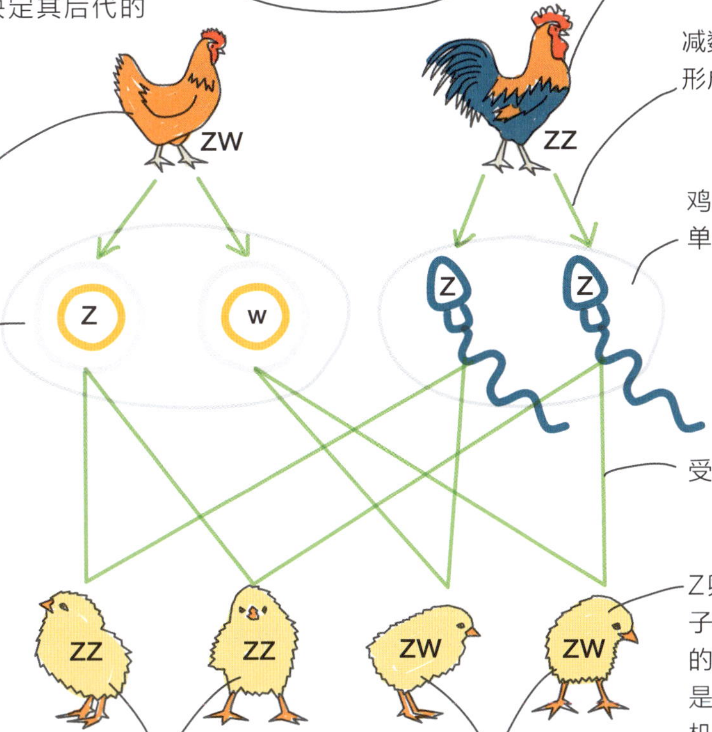

公鸡有2个Z染色体。

减数分裂——1个配子形成1个性染色体。

母鸡有1个Z染色体和1个W染色体。

鸡的精子细胞总是由单个Z染色体构成。

一半卵子细胞有1个Z染色体，另一半卵子细胞有1个W染色体。

受精与发育

Z卵子和W卵子与精子结合的机会是相等的。这就意味着后代是雄性或雌性小鸡的机会是一样的。

对鸡来说，雄性属于同配性别，因为它们包含2个相同的性染色体。

雌性是异配性别，因为它们包含2个不同的性染色体。

结合

兄弟或姐妹从其父母那里分别遗传获得1个染色体副本。它们继承相同的染色体，但却有很大差别。这是怎么回事呢?

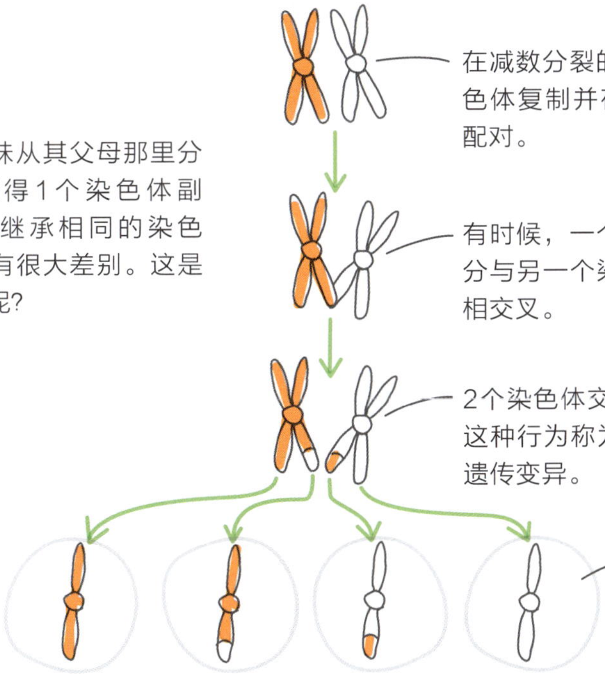

在减数分裂的初期阶段，染色体复制并在相邻2个之间配对。

有时候，一个染色体的一部分与另一个染色体的一部分相交叉。

2个染色体交换DNA片段，这种行为称为**重组**，会导致遗传变异。

当配子形成时，它们所包含的染色体都稍有差异。

突变

有时生物体的遗传密码会发生错误，这类错误称为突变。一些突变是遗传性的，它们由父母传给孩子。还有一些突变是自主发生的。

细胞分裂有时会出现错误。环境因素，如污染或辐射等，也会引起突变。

突变会改变遗传密码中的碱基顺序。这将导致遗传性变异，产生相同基因的不同版本。碱基编码形成氨基酸，氨基酸继续合成蛋白质。如果突变引起氨基酸的改变，那么蛋白质可能也会发生变化。突变的类型包括置换、插入和删除。

突变很常见。大多数突变几乎不会影响蛋白质的生成。因为蛋白质是大分子，一般情况下，一些小的变化不会影响它们的正常工作。不过有时突变不但会对蛋白质产生影响，甚至影响还很大。一些突变会改变蛋白质的形状并阻碍其正常工作。例如，酶是复杂的蛋白质并有非常特殊的形状，如果改变了酶的形状，它就可能无法与反应物相结合，从而无法发挥其功能。

由于在遗传密码内有4个碱基，那么3个碱基的不同结合体就会产生64种可能性。不过，由于只有20种氨基酸，因此有时一种氨基酸可以被多种不同的碱基三联体编码。

各种氨基酸都有自己的名称，如丙氨酸和苏氨酸。每种氨基酸都是由碱基三联体编码的。

突变

置换突变：一个单个碱基被置换成另一个不同的碱基，例如，一个T被一个G所替代，这使得某种氨基酸发生改变。

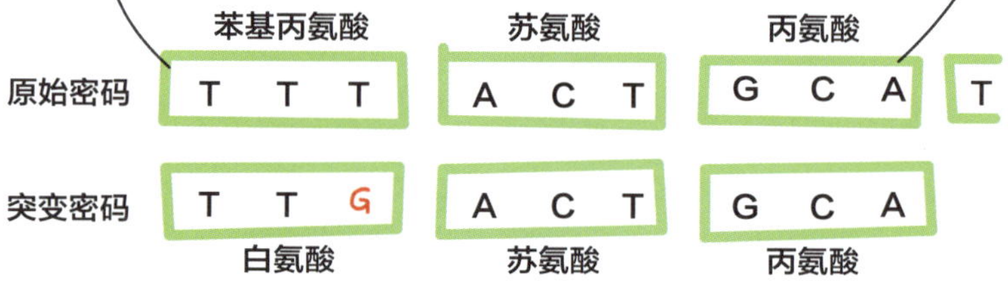

插入突变：一个附加碱基插入到DNA序列中，这样就会导致一系列的位移。这就能够改变许多氨基酸。

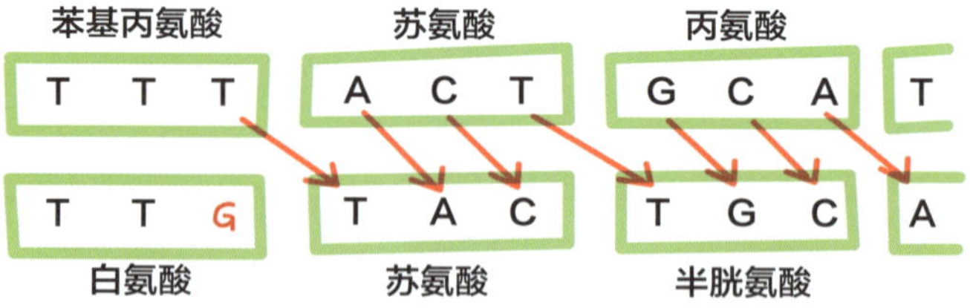

删除突变：一个碱基从DNA序列中删除，这样会引起一系列逆序列方向的位移。这也能够改变许多氨基酸。

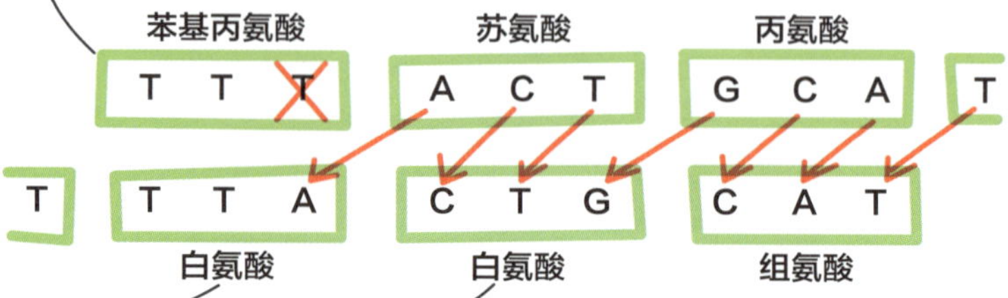

遗传紊乱

如果在配子中发生突变，那么突变就可能由父亲或母亲传给孩子。如果它对这个孩子有不利的影响，就可能引起遗传紊乱，如使孩子患上囊肿性纤维化或镰刀型红血球疾病。

大多数遗传紊乱是由隐性等位基因引起的。但也有一些是由显性等位基因引起的，如亨廷顿氏舞蹈病和马凡氏综合征

囊肿性纤维化是由一个关键基因的突变引起的。这个突变的根本性质可能各不相同，但经常会有3个核苷酸被删除。这会导致人体产生浓厚、黏稠的黏液，阻塞肺和消化系统，从而引起肺部感染及消化道方面的问题。囊肿性纤维化是由隐性等位基因引起的。

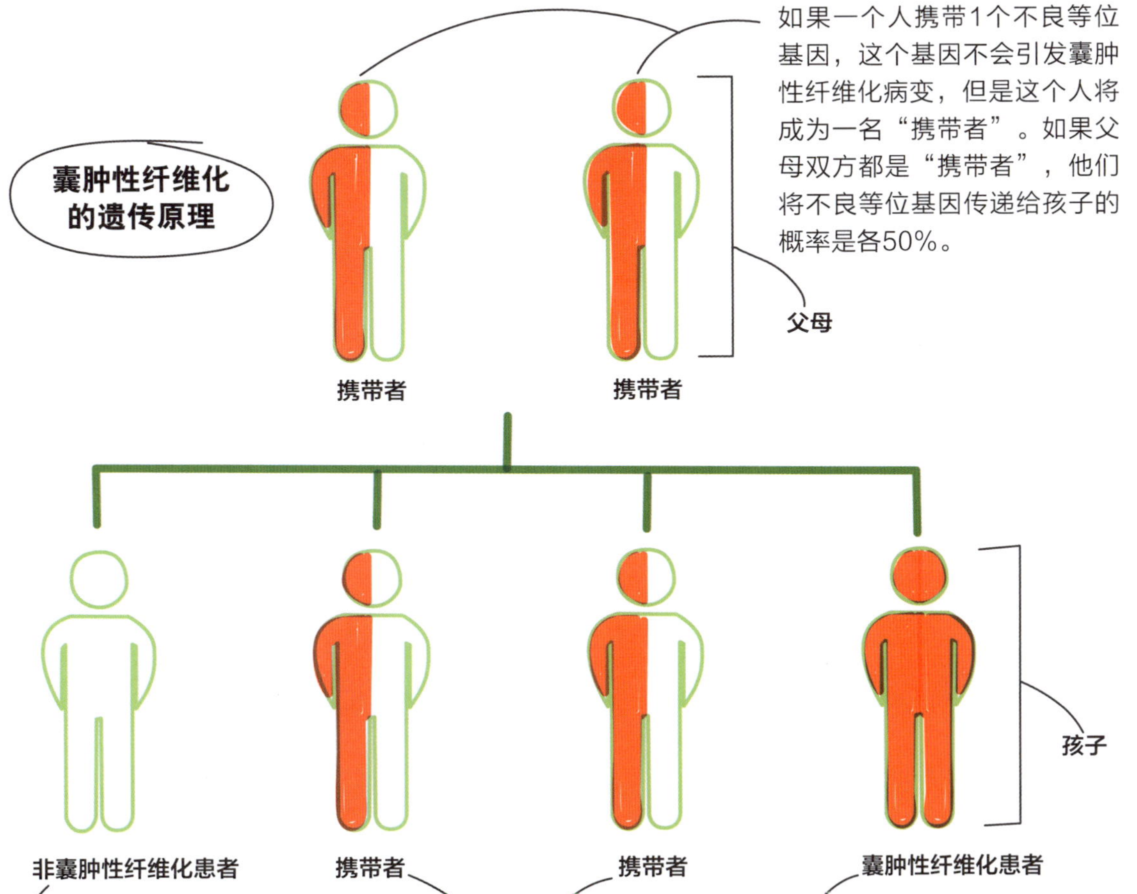

如果一个孩子没有继承不良等位基因，他们将不会患囊肿性纤维化，也不会携带这种疾病基因。这种情况发生的概率是25%。

如果一个孩子从父母那里继承了1个不良等位基因，他们也不会患囊肿性纤维化。但是他们将成为一名致病基因的携带者。这种情况发生的概率是50%。

如果一个孩子从父母那里继承了2个不良等位基因，他们将患囊肿性纤维化。这种情况发生的概率是25%。

如果父母一方或双发已经患有囊肿性纤维化，并且携带2个不良等位基因，那么子女遗传这种疾病的概率会再次改变。如果父母中只有一方携带了1个单一不良等位基因，他们的孩子患病的概率也会不同。

基因编辑

目前，像囊肿性纤维化这样的遗传紊乱疾病是不能够被治愈的，其症状可以在一定程度上得到控制。但是患病的病根，即遗传因素改变不了。生物学家希望采用一种名为基因编辑的新技术来改变这种状况。

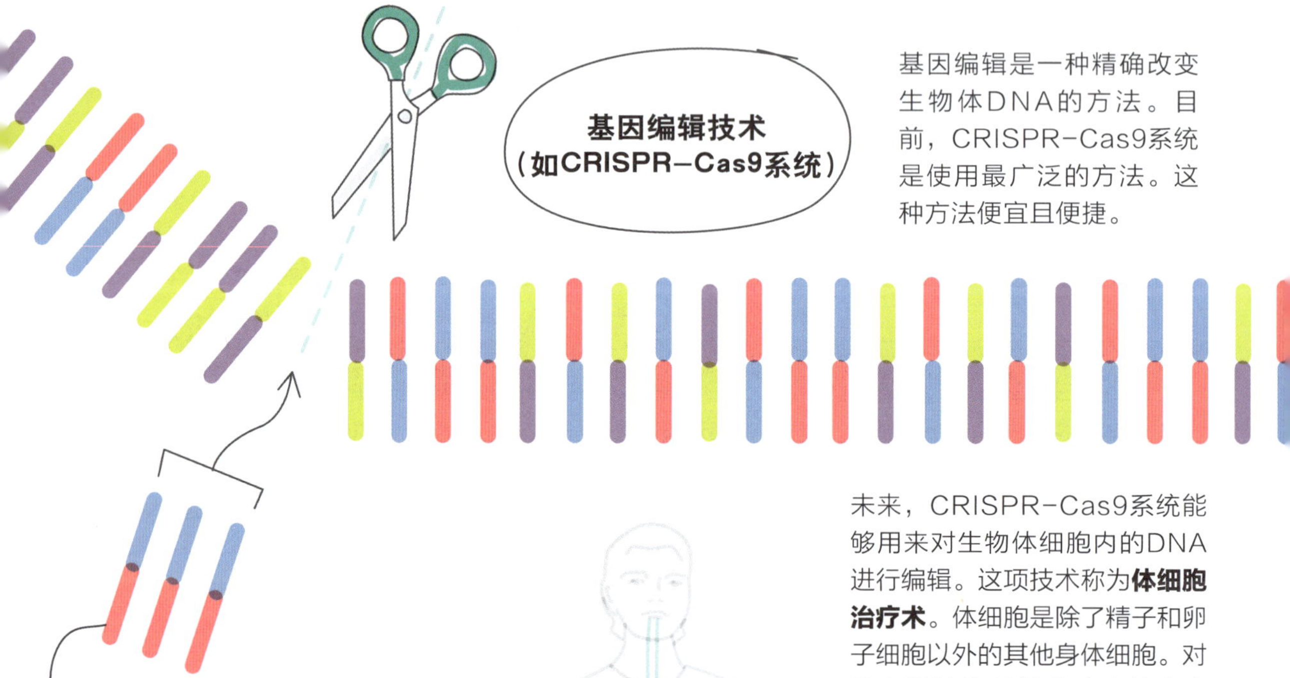

基因编辑是一种精确改变生物体DNA的方法。目前，CRISPR–Cas9系统是使用最广泛的方法。这种方法便宜且便捷。

CRISPR–Cas9系统像用一把分子剪刀剪开DNA链，然后对其进行插入、移动，或者改变DNA的单个或多个碱基。

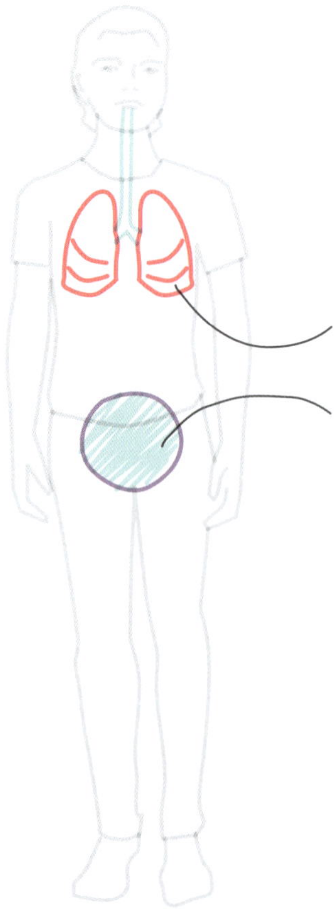

未来，CRISPR–Cas9系统能够用来对生物体细胞内的DNA进行编辑。这项技术称为**体细胞治疗术**。体细胞是除了精子和卵子细胞以外的其他身体细胞。对患有囊肿性纤维化疾病的人来说，体细胞治疗术可用于改变其肺部细胞的DNA，从而缓解患者的症状。

CRISPR–Cas9系统也能够用于编辑精子和卵子的DNA，这项技术称为**生殖细胞疗法**。它意味着对遗传做出的任何改变将代代相传。对那些携带可导致囊肿性纤维化不良等位基因的人群，生殖细胞疗法可以改变其配子，从而使他们的子女不会再遗传这种疾病。此外，该方法还可能根治遗传紊乱。

虽然一些科学家认为基因编辑在帮助治疗遗传疾病方面具有巨大的潜能，但这项技术也因涉及社会伦理问题而引发某些忧虑。人们担心生殖细胞疗法会被用来改变人类基因组。基于社会伦理和人类安全的考虑，目前编辑生殖细胞和人类胚胎基因这项技术在不少国家是不合法的。

基因编辑的其他用途

基因编辑在医学研究领域的用途十分广泛，包括用于对基因功能的研究、建立疾病研究的动物模型，以及开发新的治疗方法。

目前，基因编辑还用于食品加工技术领域，以开发新作物，例如无麸质小麦、辣西红柿和无过敏原食品等。在农业方面，基因编辑应用在“强化”牛和羊，以及培育对特定疾病具有抵抗力的动物品种。

人们通过编辑藻类的DNA，来帮助其产生高效生物燃料。然而，CRISPR-Cas9系统最前沿的用途是在**人工再造已灭绝生物**领域，即通过人工的方式使那些已灭绝的物种复活。

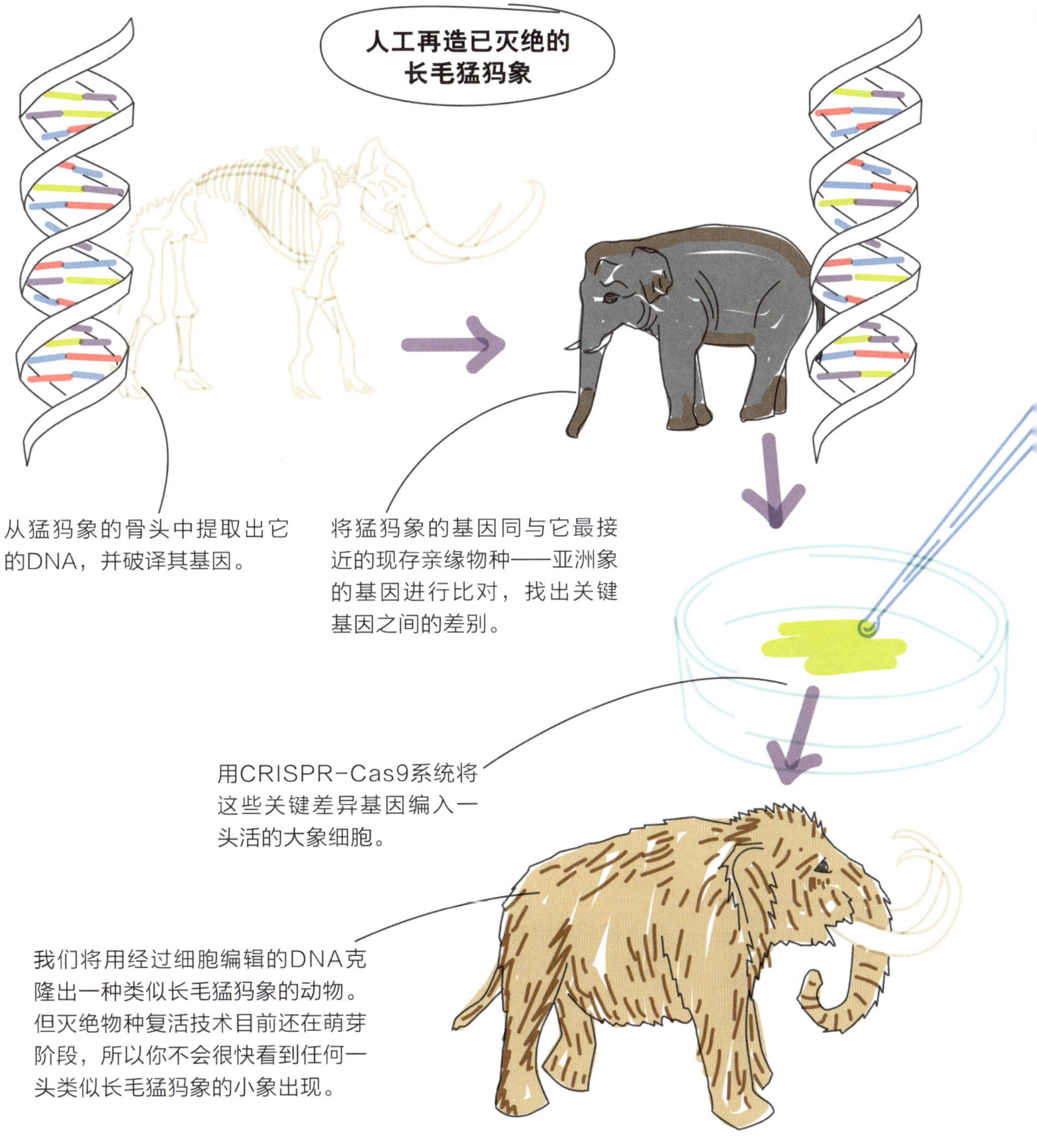

先天生成和后天养成

任何两个人之间拥有超过99.5%的相同基因。同卵双胞胎的基因更是相似，然而我们每个人都成长为拥有不同性格、不同兴趣爱好以及有各种小毛病的独立个体。我们拥有如此相似的DNA，却又为何如此不同呢？其原因在于先天生成和后天养成。

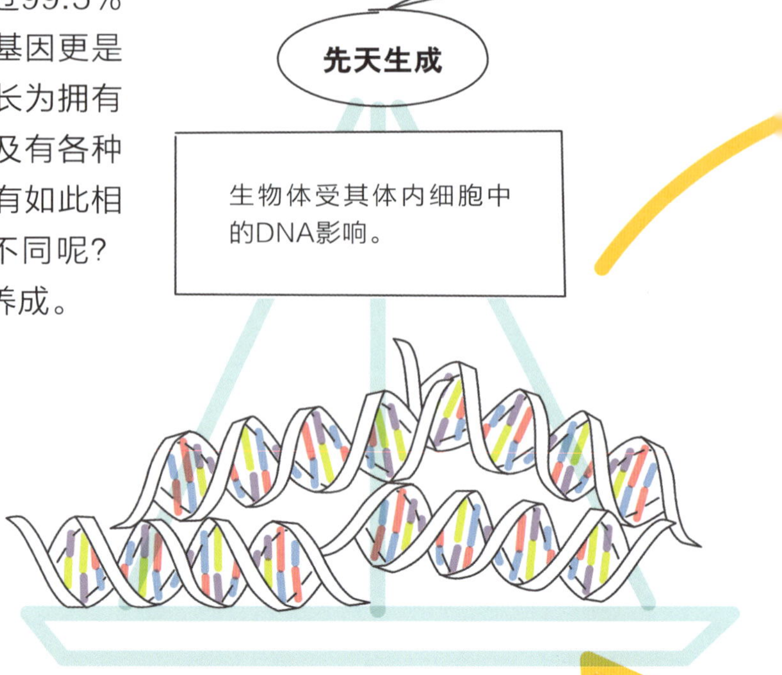

某些生物特性是由单一基因控制的，但是这种情况非常少见。例如，某种单个基因变异会引发红色和绿色色盲。一个有这方面基因突变的人将难于区分红色、绿色和棕色。

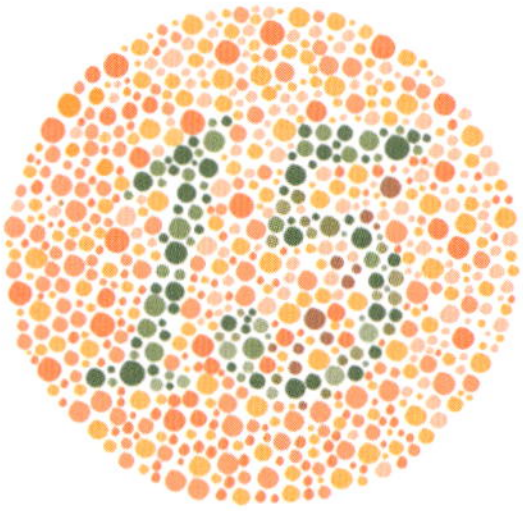

生物体的大多数特征受许多不同基因的影响。智商、肥胖或其他复杂特征等，不是由单个基因决定的。相反，成百上千种不同的遗传变异将会对生物体产生综合性的影响。

对双胞胎的研究

对双胞胎的研究有助于梳理出先天生成和后天养成哪个相对来说更重要。

★**同卵双胞胎**由一个受精卵分裂而成，它们拥有相同的DNA。

★**异卵双胞胎**由单独的精子和卵子受精形成，它们一半的DNA相同。

双胞胎一般在一个相同的环境中长大。人们认为，如果个体的特性存在遗传成分，同卵双胞胎比异卵双胞胎更可能拥有相同的特性。我们做了数千次对双胞胎的研究，这些研究结果显示，基因影响了几乎所有性状，从“你能够跑多快”到“你是否喜欢喝咖啡”等。

我们所受的抚养方式和所处的生长环境，对我们的成长有很大影响。如果我们成长在一个污染严重的地区，我们很可能在晚年时遭受呼吸疾病之苦。如果我们自小在一个音乐世家受熏陶，我们很可能自己也会演奏一两种乐器。

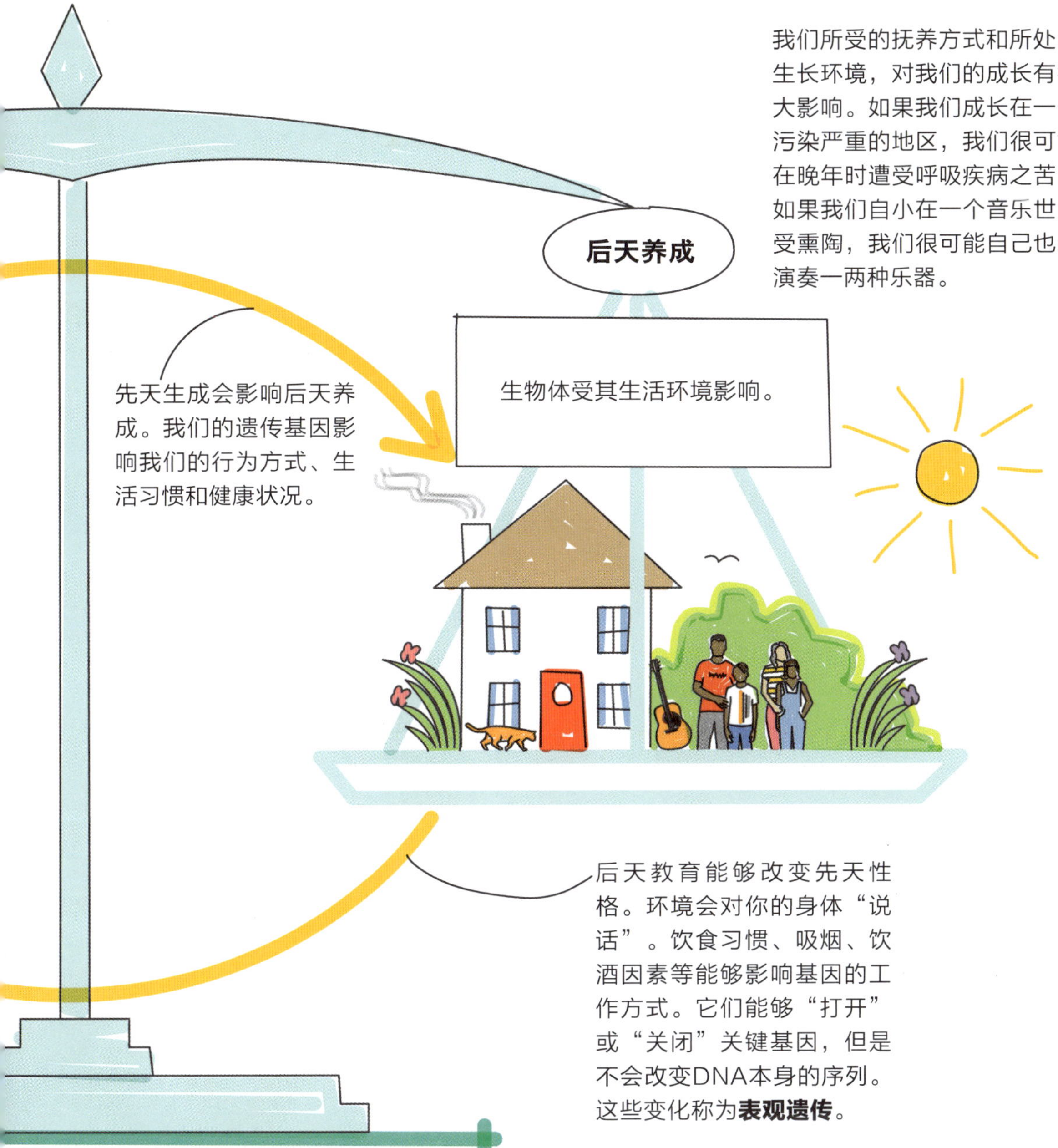

先天生成会影响后天养成。我们的遗传基因影响我们的行为方式、生活习惯和健康状况。

后天教育能够改变先天性格。环境会对你的身体“说话”。饮食习惯、吸烟、饮酒因素等能够影响基因的工作方式。它们能够“打开”或“关闭”关键基因，但是不会改变DNA本身的序列。这些变化称为**表观遗传**。

不过，这些对双胞胎的研究已经显示出基因实际上不能完全决定个体的特征，环境因素也起着决定性的作用。一些像身高和眼睛的颜色这样的特征更受遗传的影响。其他方面，如数学能力和个人爱好，则更多受到我们成长环境的影响。先天生成和后天养成两者都重要。

偶然事件也会对我们的成长产生很大影响。随机事件可能是内部的，如某种基因的自发突变；也有可能是外部的，如一次交通事故。像这样的事件能改变我们的生物性状和日常行为，从而改变基因活动方式，反过来基因活动方式又可以改变我们的生物性状和日常行为等。

小结

遗传学

遗传

等位基因

等位基因是同源染色体相同位置上控制同一性状不同形态的基因。显性等位基因无论是1个还是2个，都会对个体产生影响。隐性等位基因只在同时有2个时才会对个体产生影响。

结合体

携带2个相同的等位基因的生物体为纯合子。携带2个不同的等位基因的生物体为杂合子。

配子	R	r
R	RR	Rr
r	Rr	rr

棋盘法

棋盘法用于预测遗传结果，与孟德尔遗传定律一致。

繁殖

配子

配子是性细胞，如卵子和精子。单倍体配子包含1组染色体。

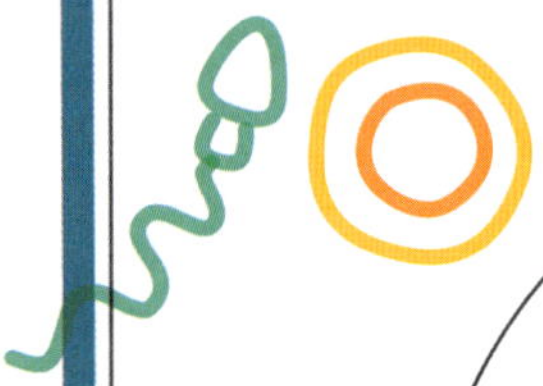

有性繁殖

与父母双方有关。单倍体配子融合。子女在遗传特征上有所改变。

无性繁殖

与父母一方有关。二倍体配子重叠。子女在遗传特征上是相同的。

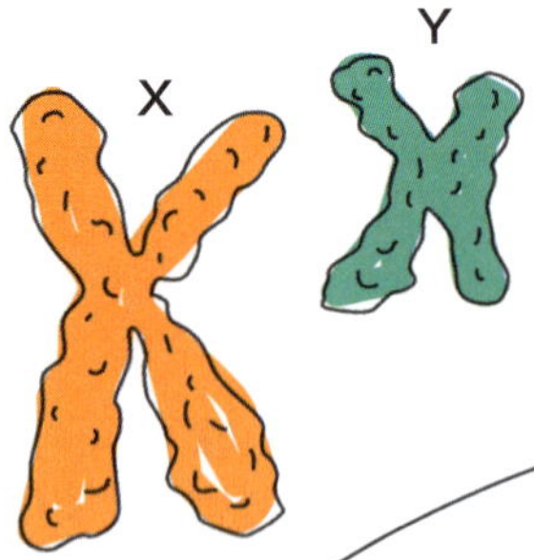

性染色体

性染色体是确定性别的染色体，如人体中的X染色体和Y染色体，鸟类的Z染色体和W染色体。

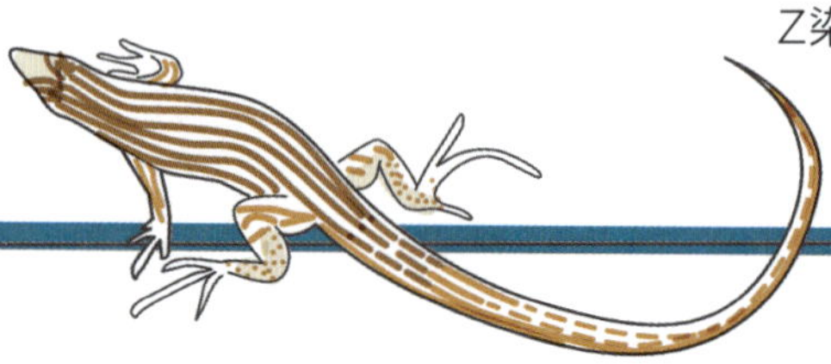

突变

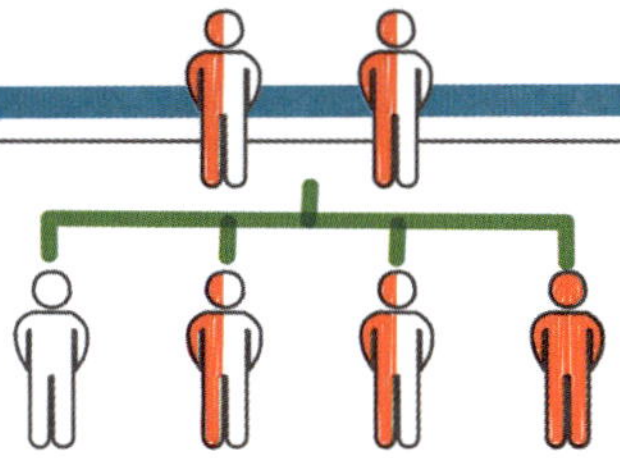

遗传紊乱

遗传紊乱是由父母传给孩子的，主要由隐性等位基因引起，如囊肿性纤维化。

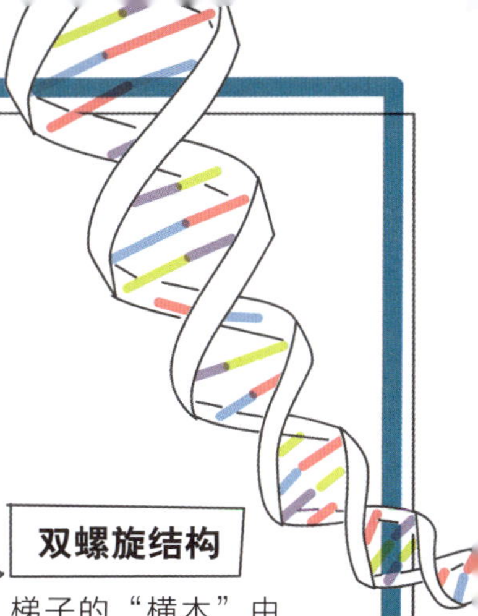

遗传变异

遗传变异可能是自发的或遗传的。大多数是中性的。一些遗传变异会引发疾病。

DNA

双螺旋结构

梯子的“横木”由相互配对的碱基C-G和A-T构成。

基因

基因是合成蛋白质的DNA序列，人类大约有2万种基因。

染色体

染色体是大量有序排列的DNA。人类有23对。

基因组

基因组是一个生物体中所有的遗传信息。人类的基因组包含30亿对碱基。

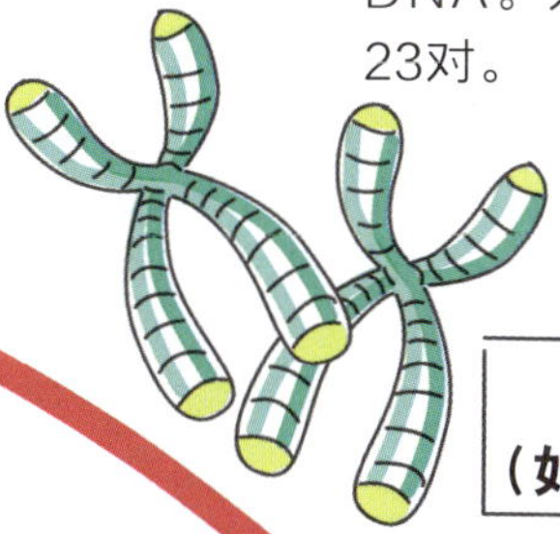

基因编辑

基因编辑技术（如CRISPR–Cas9系统）

DNA能够被精确地插入、删除或改变。

医学研究

基因编辑在医学研究领域可被用于改善遗传紊乱，治疗遗传性疾病以及生殖胚胎细胞缺陷。

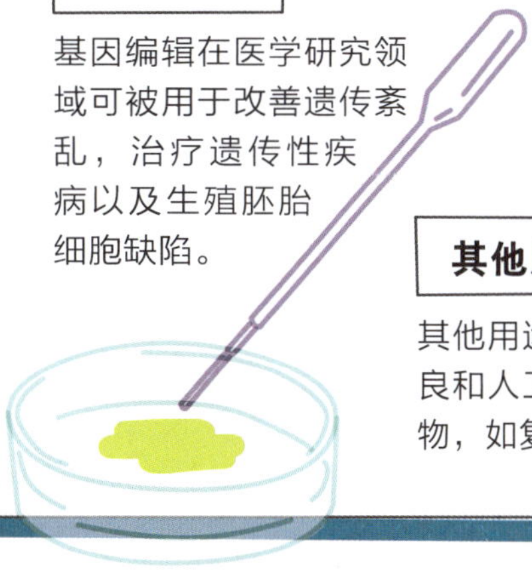

其他用途

其他用途包括植物基因改良和人工再造已灭绝的生物，如复活长毛猛犸象。

性别决定

异配性别与同配性别

异配性别具有2个不同性染色体。同配性别具有2个相同性染色体。

重组

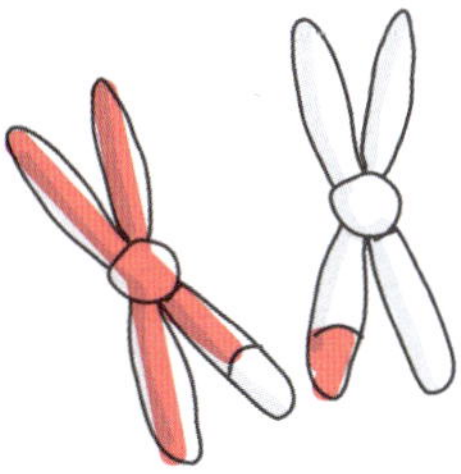

重组是指染色体交换DNA片段，会产生遗传变异。

第四章

进化

以自然选择为基础的进化论是迄今为止最具科学性的理论之一。一个多世纪以来，这个理论已被确凿的证据所证明，它既解释了从30多亿年以前那个共同的简单生命形式开始到现在，所有生物体是如何繁衍的，又讲述了地球上的所有物种是怎么起源，以及生物体随着时间的推移将发生什么变化。在这章里，我们将详细介绍这个既引人入胜又十分重要的生物学理论。

查尔斯·达尔文和“贝格尔号”之旅

两位英国科学家各自独立提出了进化论。他们是查尔斯·达尔文（Charles Darwin）和阿尔弗雷德·拉塞尔·华莱士（Alfred Russel Wallace）。1858年，他们各自在所发表的文章里公布了他们的发现，但是这两篇文章基本上都被忽视了。达尔文于第二年出版了《物种起源》，他的理论开始广泛传播。从此，进化论永远与达尔文联系在了一起。

达尔文的想法是在他搭乘英国“贝格尔号”远航考察船考察期间形成的。当这艘船在南美洲大洋上航行时，他对野生动物进行了仔细的考察。

达尔文在位于南美洲的科隆群岛（加拉帕戈斯群岛）上研究了各种雀鸟。他发现了物种在不同岛之间的变化。而且，虽然有些物种在表面上极其相似，但实际上仍有重要的差别。

达尔文雀

一些雀鸟有细而尖的喙，以帮助它们捕食昆虫。

一些雀鸟有厚实、弧形的喙，以帮助它们啄开并享用各种种子。

一些雀鸟有长而锋利的喙，以帮助它们啄食仙人掌。

达尔文认识到各种雀鸟的亲缘关系十分紧密，并且具有一个共同祖先。当它们在不同的小岛生活并适应那里不同的生存条件时，它们之间的差别就出现了。结合对化石标本的研究和其他方面的实验，他萌生了“自然选择进化论”。

自然选择进化论

进化论是最重要的科学理论之一。它解释了生命是如何随着时间而改变的，并讲述了进化是由3个至关重要的因素决定的，即变异、自然选择和遗传。

达尔文的自然选择进化论

变异：同一个物种的所有成员大体上都较为相似，但也存在明显差别。例如，一些个体可能更大或更小、更能够忍耐干旱或更能够抵御寒冷。这些可以被观察到的差别称为**表型**。

自然选择：最能够适应环境的那些个体更有可能生存并且繁衍下去。达尔文称其为**适者生存**。不能够很好适应环境的那些个体难以幸存并繁衍后代。

遗传力：个体将验证成功的适应性传递给子女，子女再把它传递给他们的子女，以此类推。达尔文称其为**后代渐变**。

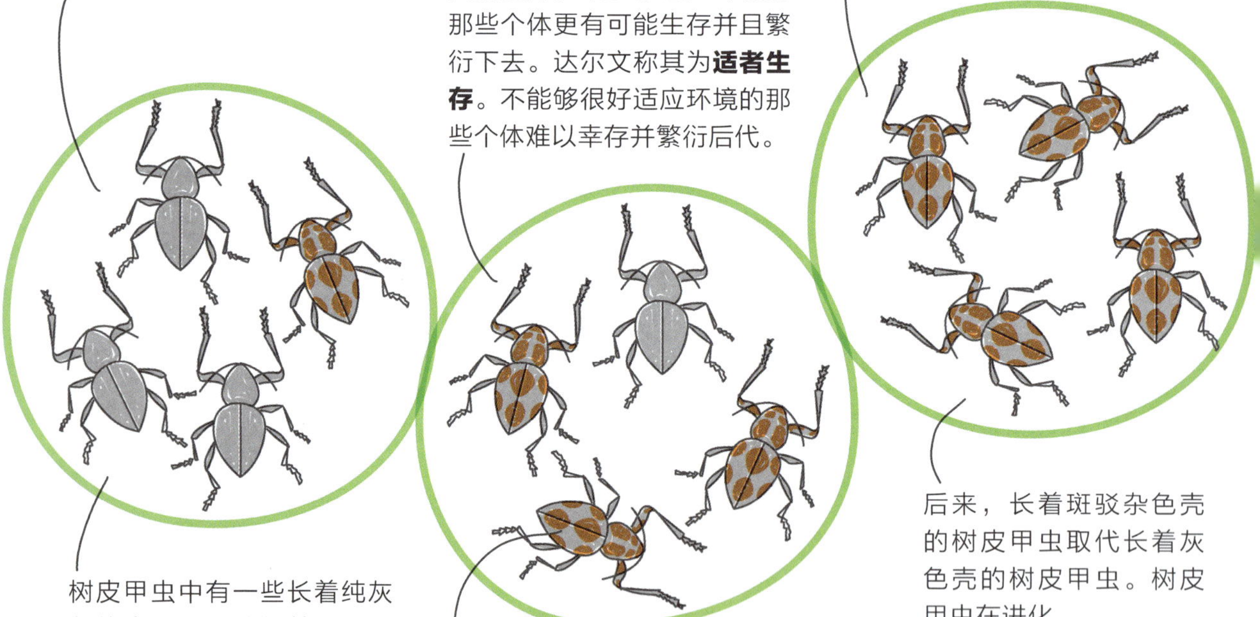

树皮甲虫中有一些长着纯灰色的壳，另一些长着斑驳杂色的壳。对生物生存起到帮助作用的特征称为**适应性**。长着斑驳杂色壳的树皮甲虫具有适应性。

斑驳杂色的壳为树皮甲虫提供了伪装。长着斑驳杂色壳的树皮甲虫很少被吃掉，更有可能繁殖下去。而长着纯灰色壳的树皮甲虫则特别显眼，最有可能被吃掉，从而丧失繁殖后代的机会。因此，长着斑驳杂色壳的树皮甲虫开始变得更加常见，而长着纯灰色壳的树皮甲虫却变得稀少。

后来，长着斑驳杂色壳的树皮甲虫取代长着灰色壳的树皮甲虫。树皮甲虫在进化。

今天，我们知道变异是由基因突变引起的。生物体脱氧核糖核酸（DNA）的变化能够导致表型的变化。适应性的结果可能对生物体有益、有害，或者呈中性。

对达尔文理论的反应

当达尔文进化论初次公开发表后，人们都在嘲笑达尔文。例如，维多利亚女王时代的一些杂志印了一幅讽刺漫画，将达尔文的头安到了一个猴子的身体上。

当时，进化论之所以引发争议，原因如下：

★一些人认为达尔文的理论缺乏足够的证据。

★当时，没有人确切地知道究竟是“什么”被继承下来。今天，我们知道当生物群体繁殖时，所继承的是基因。

★那时候，上帝创造世界万物是人尽皆知的“真理”。而进化论向这个金科玉律提出了挑战。

当时，人们误解了达尔文，他们误认为达尔文相信人是从猴子进化而来的，而达尔文只是推断人和猴子具有共同祖先。这也是如今许多人认可的理论。

另一种学说

19世纪，法国生物学家吉恩-巴普蒂斯特·拉马克（Jean-Baptiste Lamarck）提出了除进化论之外的另一种学说。他认为动物在其一生中的行为方式会对它的身体发育及成长产生影响，这些影响导致的变化可以被遗传下来。这个理论称为**拉马克学说**。然而，迄今进行的大量遗传学实验仍未能证实该学说。

关于拉马克学说，广为人知的是，长颈鹿是在其后代能够吃到树梢上的叶子和嫩枝以后才进化出长长的脖子的。

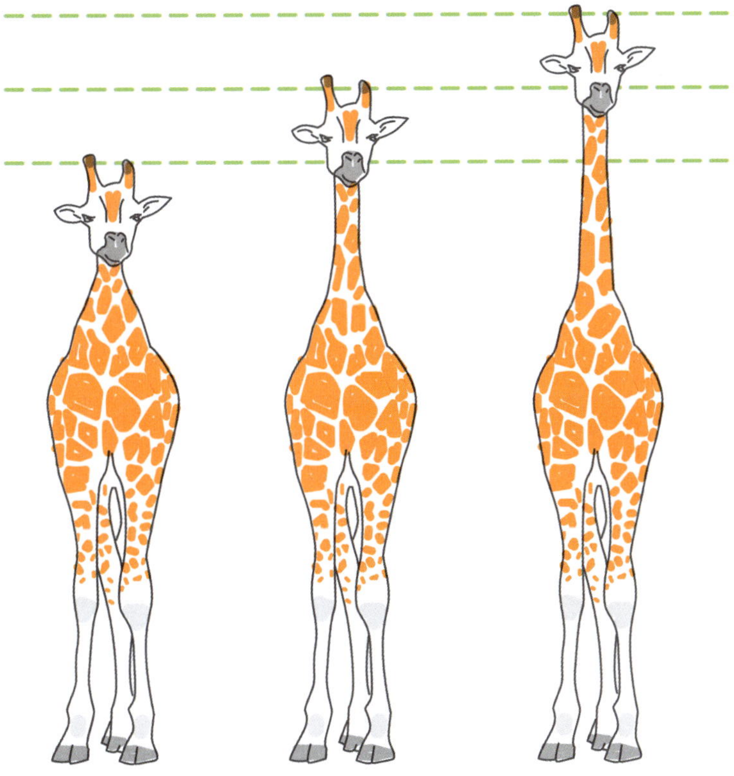

物种形成

突变引起变异，而变异使适应性向好的方向变化，从而帮助一些个体得以生存和繁衍。在时间长河中，这个过程带来的是生物的性状改变以及物种的进化。

物种是能够孕育并接续繁殖下一代的一群相同生物群体。当新的生物种类形成时，我们称其为**物种形成**。

新物种能够以不同的方式形成。隔离是物种形成的常见方式之一。

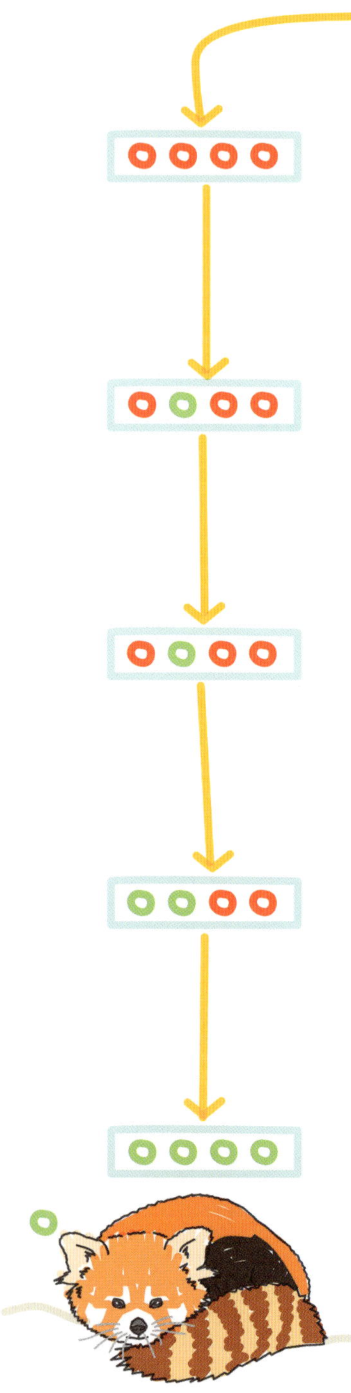

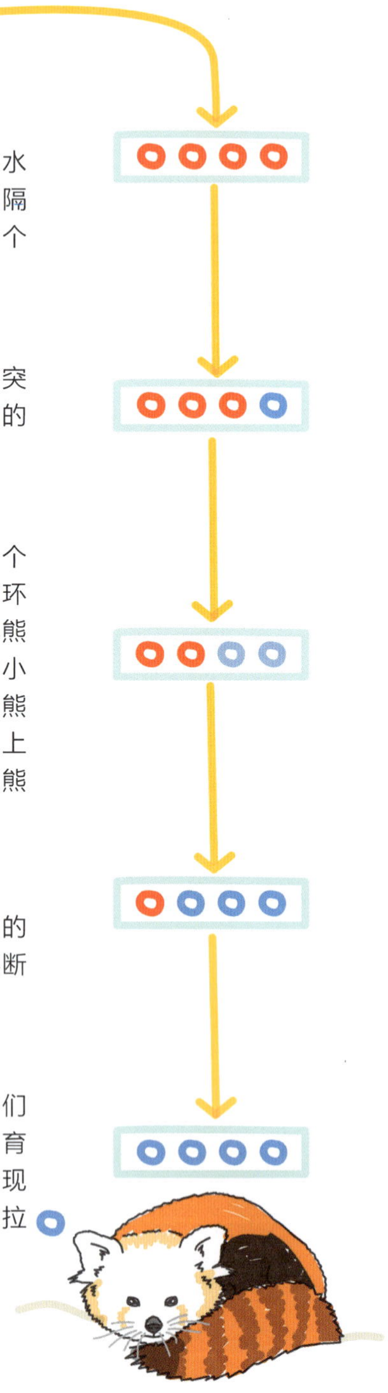

隔离

一些天然的障碍，如一座山脉或一座水坝，能够导致2个生物群体在地理上的隔离。例如，25万年前，一条河分开了一个小熊猫种群。

变异

被隔离开的一部分小熊猫突然发生基因突变。结果，一些小熊猫长出了不同颜色的毛和有斑纹的尾巴。

自然选择

这条河两岸的生存条件不同。例如，每个地区都有一点略有不同的小气候和地理环境。在每一个地点，“最能够适应”的小熊猫得以生存和繁衍，“最不能够适应”的小熊猫就死去了。生活在这条河一侧的小熊猫身上长出了色泽越来越红的毛，尾巴上还长了条纹；而栖息在河另一侧的小熊猫，其身上的毛的颜色则越来越淡了。

遗传力

“获胜”基因得以遗传下来。随着时间的推移，2个种群由基因构成引起的差异不断扩大。

物种形成

如果来自2个种群的个体有机会相遇，它们或许互不感兴趣，或者不能够交配并孕育后代。这就是物种形成的生物学意义。现在小熊猫有两种，即中华小熊猫和喜马拉雅小熊猫。

灭绝

根据世界自然保护联盟（IUCN）的物种等级标准，灭绝指某物种在过去的50年中未在野外被找到。科学家估计，在地球上曾生存过的全部物种中，超过99.9%的生物已经灭绝。

导致物种灭绝的原因很多，其中包括以下几种：

小行星撞击： 6500万年以前，一颗巨大的小行星撞击地球，导致恐龙灭绝。这是一次非常罕见的事件。

气候变化： 珊瑚裸尾鼠是一种曾生活在澳大利亚大堡礁区域一座孤岛上的鼠类，2019年已经灭绝。

疾病： 在澳大利亚，一种名为“袋獾”的有袋动物前景堪忧，因为当这种动物互相打斗并且被咬伤后，一种传染性癌症就会乘虚而入，危及它们的生命。

物种入侵： 有时外来物种是本地物种的天敌。生活在新西兰的鸮鹦鹉数量减少，就是白鼬和老鼠等外来物种入侵所致，白鼬和老鼠专门吃鸮鹦鹉的蛋和雏鹦鹉。

人类活动： 因为水体污染、过分捕捞以及船只拥堵，生活在中国长江流域的白鳘豚曾被宣布灭绝。由于环境的改善，21世纪初，在中国长江中再次发现白鳘豚。

鸮鹦鹉是新西兰陆生鹦鹉，属极度濒危物种，环境保护主义者正在努力拯救它们。

当出现下列情形时，物种有灭绝的危险：

★某个种群现存的个体数量很少。例如，现在仅存的鸮鹦鹉总数只有大约200只。

★幸存的物种没有明显的遗传变异。例如，目前幸存的鸮鹦鹉全部都是现有鸮鹦鹉的后代。因为它们都是近亲，遗传变异十分有限。

进化的证据

自然选择进化论现在已被广泛接受，它是揭开地球上丰富多彩、千变万化生命之谜的最好理论。经过世界各地一代又一代科学家的努力，现在该理论可谓论据充分。

化石档案

化石是被保存下来的、很久以前的生物遗骸。**化石档案**是所有现存化石的统称。化石档案十分重要，因为它提供了一整套随着时间变迁生命变化的印记。通过这些化石，科学家不仅可以研究已灭绝的物种，还可以研究物种的进化过程。

一个生物体变成化石这件事并不常发生，但是只要条件适宜，差不多任何生物体都可以变成化石被保存下来。科学家已经找到了动物、植物、真菌甚至细菌的化石。生物也可能在泥炭沼泽、沥青坑、琥珀和冰里被保存下来。

化石档案总是零碎散落且不完整的。尽管如此，科学家还是发现了很多激动人心的化石。这些化石告诉我们，生命在漫长的时光里是如何发生变化的。

化石是如何形成的

一条鳄鱼死后沉到河的底部。

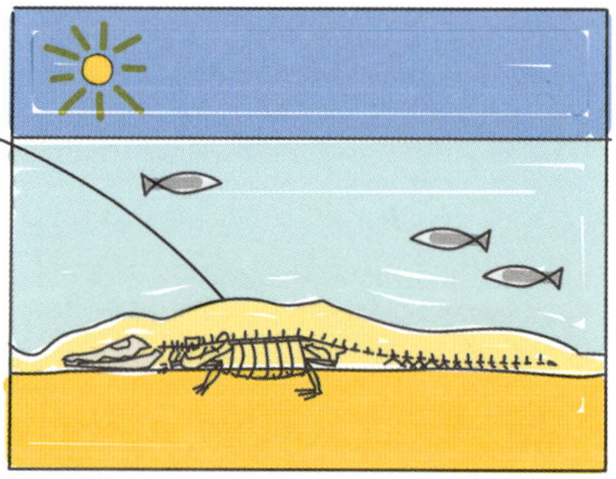

这条鳄鱼迅速被周围的泥土颗粒等**沉积物**掩埋。它的身体的柔软部分渐渐腐烂，其坚硬的部分，如骨头和牙齿被保留了下来。

新的沉积物堆积在旧的沉积物之上，其压力会压迫这条鳄鱼的骨骼，并且一些矿物质会渗入骨头并且置换出这条鳄鱼的生物分子。数百万年以后，这架骨骼变成了石头。

地质活动引起海底提升，使其露出海面。岩石表层逐渐被风化。这一过程称为**侵蚀**，而侵蚀最终使化石裸露出来。

生命的复杂性在不断增加

达尔文在自己的进化论中推测：目前地球上的所有生命都是几十亿年前简单生物群体的后裔，并且在这个漫长的进化过程中，生物体变得越来越复杂。这个推断可以在有关的化石档案中找到依据。此外，进化论还指出物种会灭绝。化石档案中记录着霸王龙等许多已灭绝的物种。进化论也指出“**过渡化石**”的存在。这是一种具有远古和近代生命特征的中间生命形式。

始祖鸟的化石是世界上最著名的化石之一。这种与渡鸦大小差不多的动物生活在1.5亿年以前。

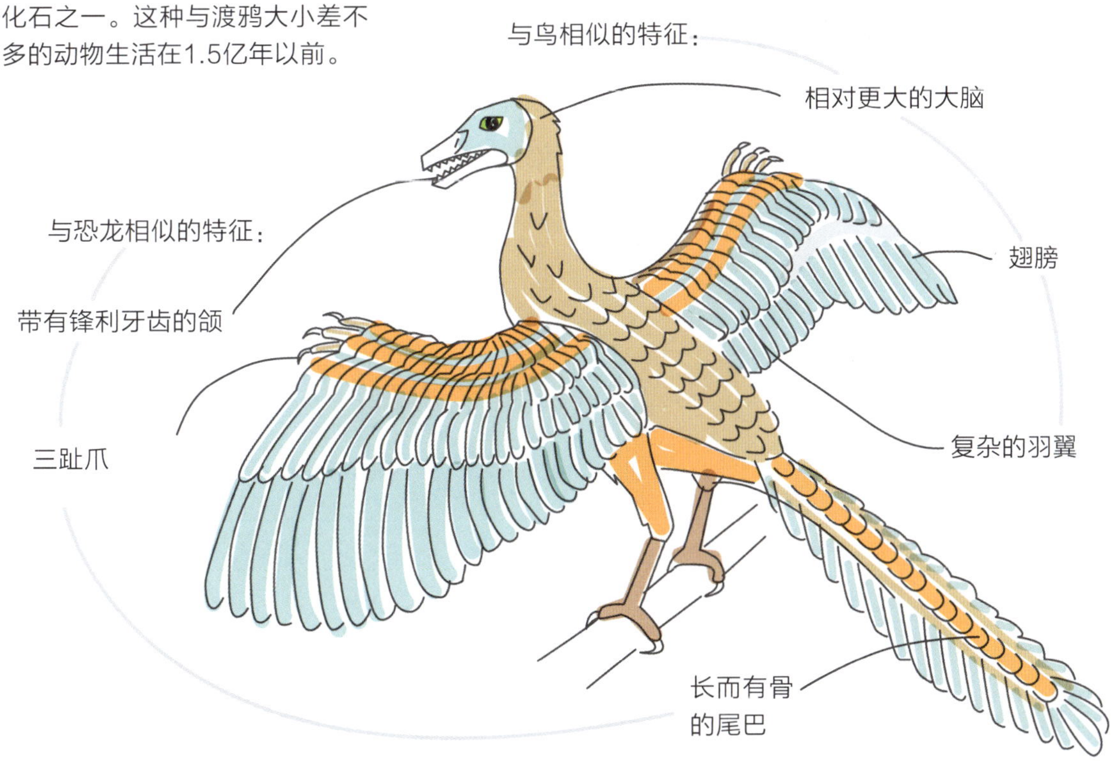

1859年，达尔文出版《物种起源》时，他因缺乏过渡化石资料遇到了不少麻烦。例如，人们很难想象，作为爬行动物的恐龙，怎么可能演变成鸟呢?

《物种起源》出版两年后，人类首次发现了始祖鸟的化石。始祖鸟的重要意义在于它提供了恐龙与鸟之间“丢失的连接”，进而印证了达尔文的理论。

自从始祖鸟化石被发现，人们不再质疑双足兽脚亚目食肉恐龙是鸟类祖先的事实了。此后，科学家又发现了很多其他动物的过渡化石。

进化仍在进行

当达尔文思考进化论时，他想象物种的变化是在几千年甚至数百万年的岁月里缓慢发生的。但是，有时候我们能够看到进化就发生在我们眼前，这为我们提供了更多进化论的证据。

桦尺蛾

桦尺蛾是一个进化的代表。它清楚地表明生物群体是怎样适应环境变化，并且在变化的环境中逐步进化的。由于桦尺蛾是进化论科学性的经典佐证，所以也被称为“达尔文的蛾”。

在工业革命之前

1. 桦尺蛾在夜里飞行，白天憩息。

2. 桦尺蛾的体色是带有黑斑点的奶油色。

在工业革命期间

3. 来自工厂烟囱的煤灰和烟雾飘落在桦尺蛾白天憩息的树干上。

4. 一次偶然的基因突变改变了桦尺蛾涉及颜色的那部分基因。突变的桦尺蛾长出了黑色的翅膀。

5. 桦尺蛾继续进化。由于工业污染，树干颜色变黑，奶油色的桦尺蛾很容易被鸟发现并吃掉，而黑色的外表更有利于桦尺蛾伪装。因此，原有稀少的黑色蛾更加普遍，而奶油色的蛾却越来越少。

在工业革命之后

6. 空气清洁法案颁布实施，污染减少了，树干恢复了它们正常的颜色。

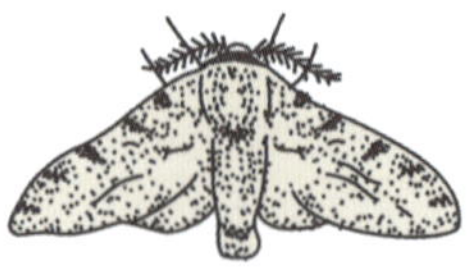

7. 桦尺蛾进一步进化。黑色的桦尺蛾更容易被鸟发现并吃掉，而奶油色的外表更有利于桦尺蛾伪装。因此，奶油色的蛾又变得更加普遍了。

耐药细菌

繁殖迅速且体积小的生物相对容易被观察到其进化的发生。细菌是这方面一个很好的例子。细菌对抗生素产生的耐药性是自然选择进化论的另一例证。

抗生素是处方药，也被广泛应用于农业，用来预防牲畜和农作物的疾病。

抗生素仅对细菌有效，但人们经常在非必要时使用抗生素，导致细菌产生耐药毒株的风险增加，而抗生素却对这样的细菌束手无策。耐甲氧西林的金黄色葡萄球菌便是这种毒株之一，非常危险，因为它对大多数抗生素都有耐药性。

为了抑制具有抗生素耐药性的细菌的数量增加，人们应采取以下措施：

★医生只应对严重细菌感染的病患使用抗生素，对病毒感染的病患不应使用抗生素。

★病人应遵照医生处方服完全疗程抗生素，保证将全部细菌杀死，使它们不能产生突变从而形成耐药毒株。

★在农业领域应尽量少用抗生素。

正常的细菌

耐药细菌

在正常的细菌中，有一个细菌的细胞（红色）包含一个随机突变。

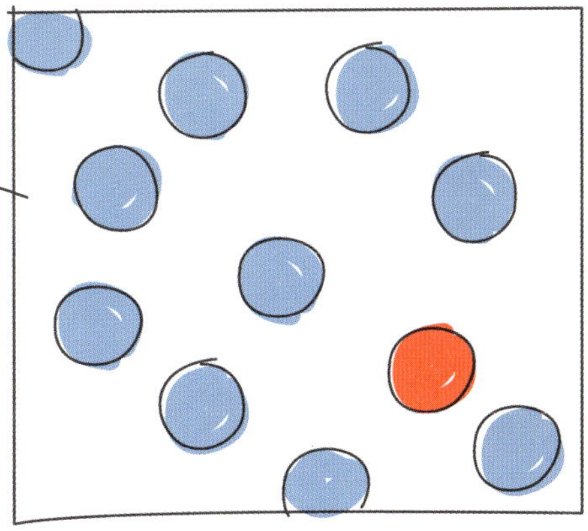

对细菌使用抗生素，抗生素杀死大多数正常的细菌，但不包括突变细菌。这些突变细菌对抗生素产生了耐药性。

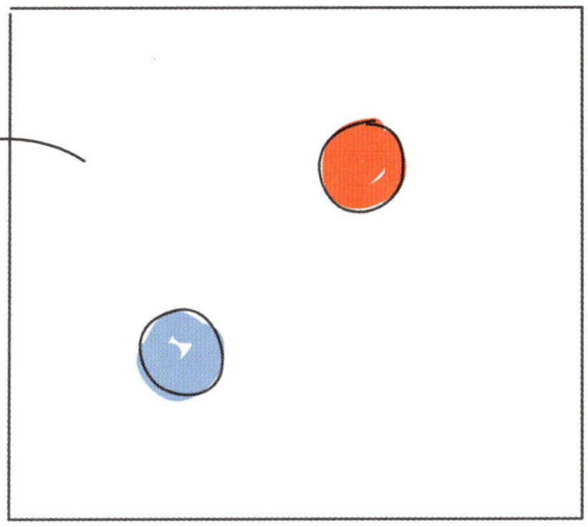

没有突变的细菌会死去或不能繁殖。有耐药性的细菌大量繁殖，变得更加普遍。

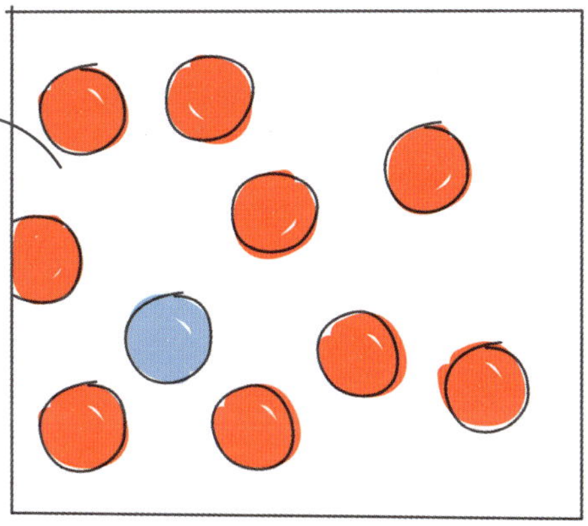

一种新的具有抗生素耐药性的细菌毒株出现了。人体对它没有免疫力，抗生素也对它无效，因此它开始蔓延。

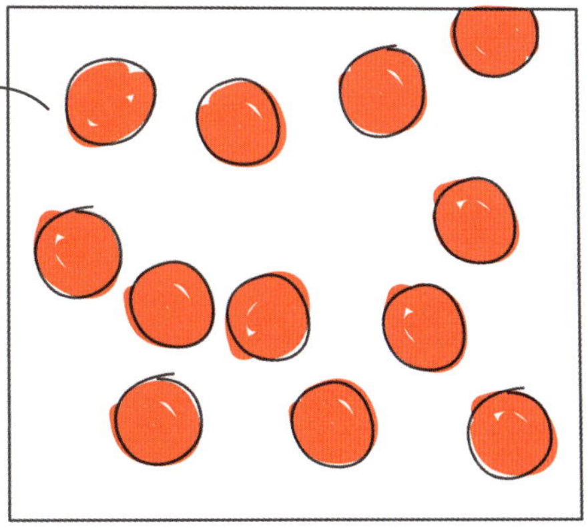

共同的解剖特征

如果地球上所有的生命都来自相同祖先，那么根据进化论的推断，相关的生物应会具有某些共同的解剖特征。当不同的物种具有遗传而来的相似解剖学特征时，这些解剖学特征称为**同源结构**。

人类、鸟类和鲸类都拥有一个非常遥远的共同祖先。因此，他们虽然在外表上看起来迥异，但是身体内部结构却有许多共同点。

这些骨骼都以相同的方式排列组合在一起。它们是同源结构。

同源结构

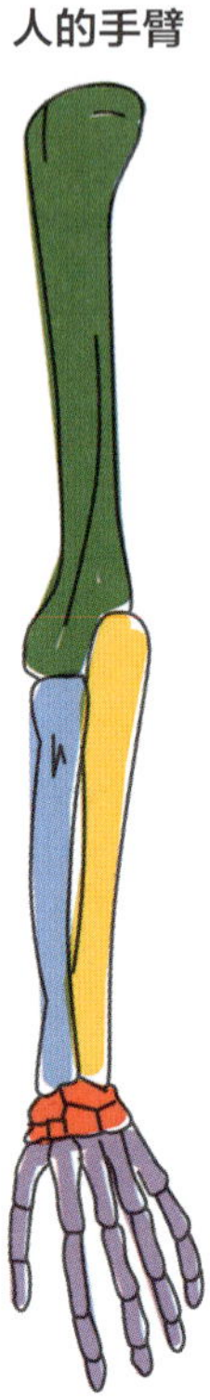

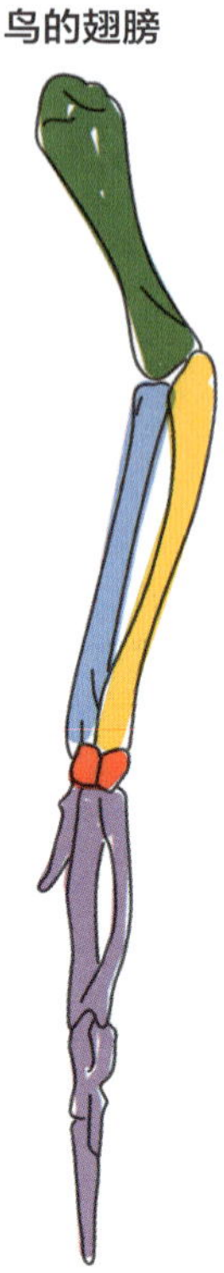

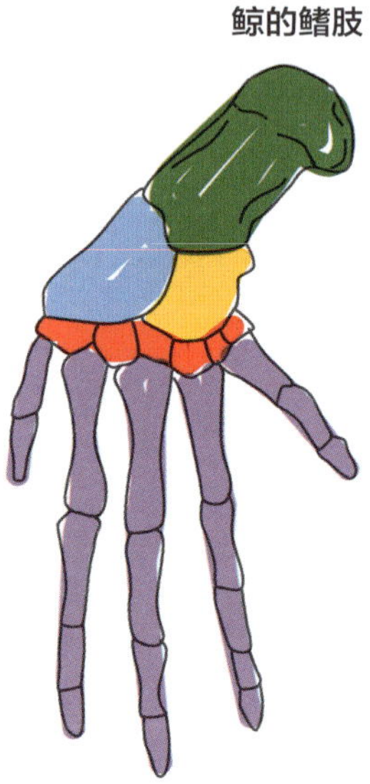

脊椎动物是有脊柱的动物。它们拥有共同的祖先，因此所有脊椎动物的胚胎看起来都非常相似，每一个胚胎都有一条尾巴。有些动物，如鱼类，长大后仍有尾巴。但是其他动物，如人类，长大后就没有尾巴了。在人体内，尾巴是一个退化结构。**退化结构**属于遗传特征，对人类来说现在几乎没有用处。但当初它们是很有用的。

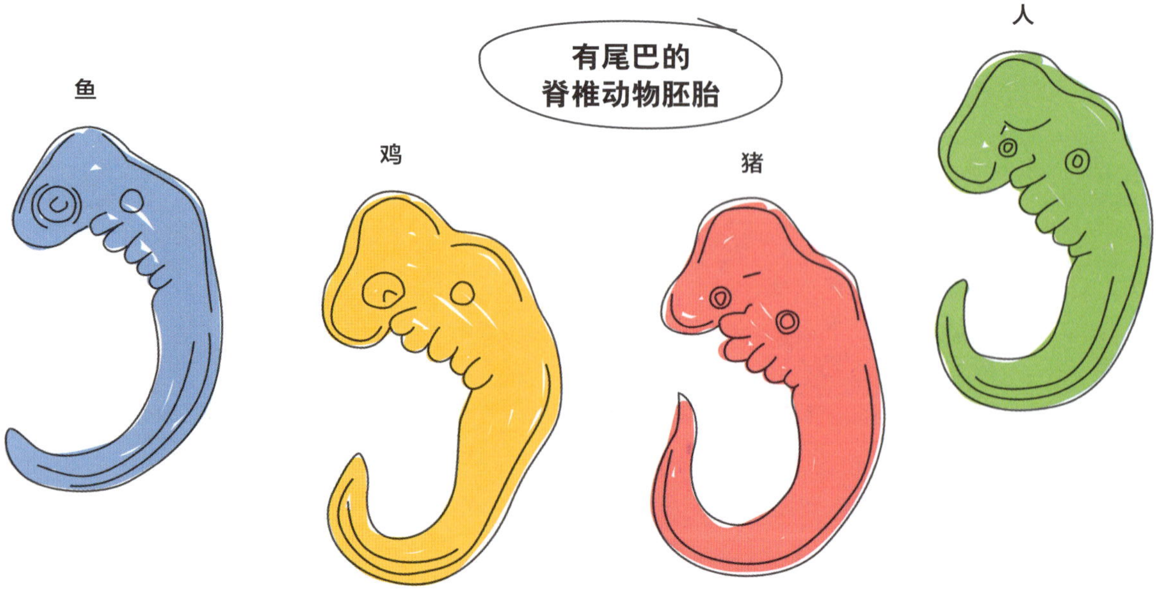

共同的遗传特征

所有生物体都使用相同的遗传密码，遗传密码从父母到子女代代相传。进化论推断地球上的所有生命都是从相同的祖先繁衍下来的。如果事实真是如此，那么各种生物体也应该具有相同的遗传特征。

通过对很多不同物种的基因进行比较，遗传学家发现生物之间的大多数基因相同。例如，人类有成千上万个基因与细菌和植物等其他生物的基因相同。

亲缘关系近的物种比亲缘关系远的物种共享着更多相同基因。例如，与其他物种相比，人类和大猩猩、黑猩猩等有着更多相同的基因，这表明猿类是我们最近的亲缘动物。这个结论同样也被相关的化石所证明。换句话讲，这些化石同样表明人类和猿类之间具有密切的亲缘关系。

为了清晰地描述生命是如何进化以及不同物种之间是如何关联的，研究人员绘制了“**进化树**”。

下图显示的是经过大幅简化的进化树。有时物种之间会进行交配，所以在进化树分支之间仍然存在着联系。在现实中，进化树看上去其实并不太像一棵树，更像一个灌木丛。

进化树

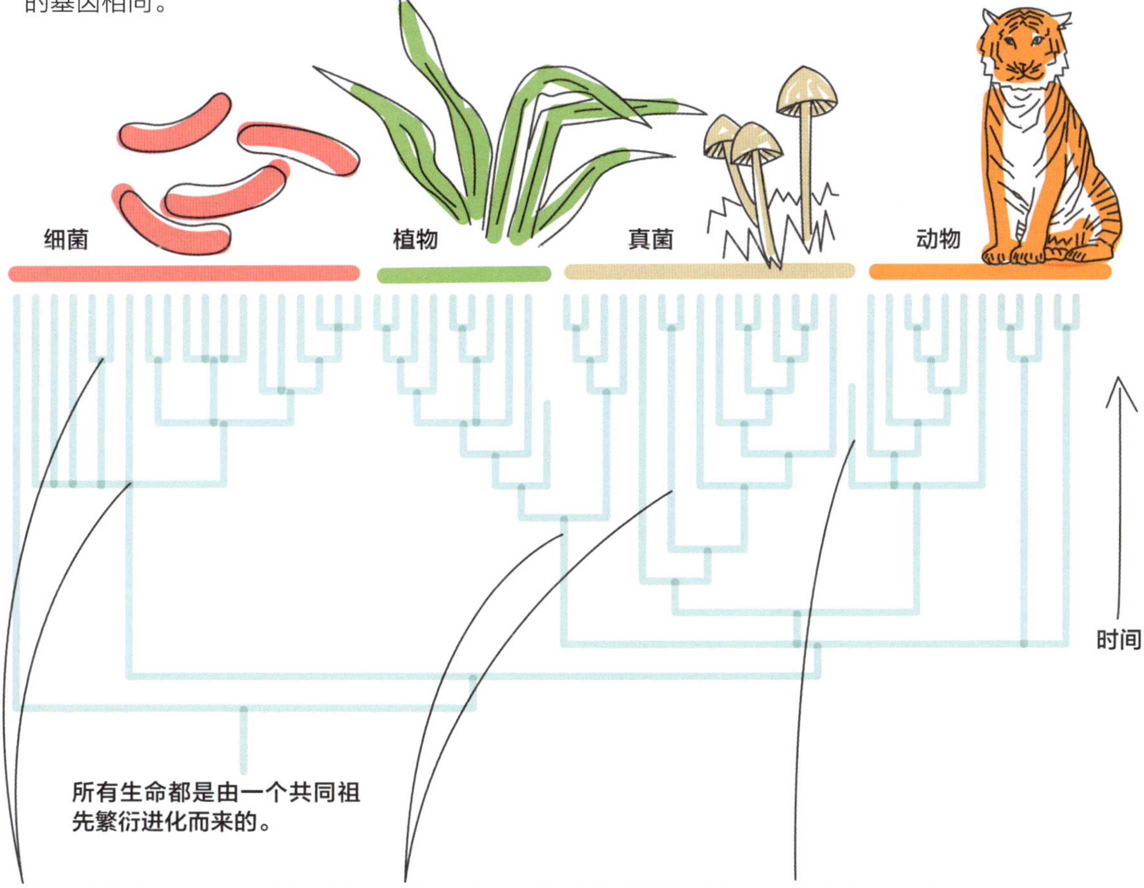

分叉的地方表示不同生物群体相互分离，并沿着不同的途径开始进化。

当两种不同的生物群体拥有相同的祖先时，他们的祖先称为**共同祖先**。共同祖先可在这棵进化树的干支上表现出来。

断支表示灭绝。

人类进化

人类进化的故事漫长、神奇、复杂。随着新证据的陆续出现，这个故事不断被提炼、升华。就物种而言，我们是**智人**。我们称自己为“现代人”，这是因为在我们之前，有许多人类近亲和类似人的物种曾经在地球上生活过。

人类进化时间表

700万年以前，人和黑猩猩有一个共同祖先。当这个群落分开后，一些后裔演化成为现代猿人；另一些继续进化成为人，这些人及其所有的后裔被称为**人类**。

南方古猿是人类的第一个远祖。在他们之后，还有很多后来者。我们的群体，即人类，出现在240万~150万年以前。当时有至少9个不同的人类种群，包括能人、直立人和尼安德特人。

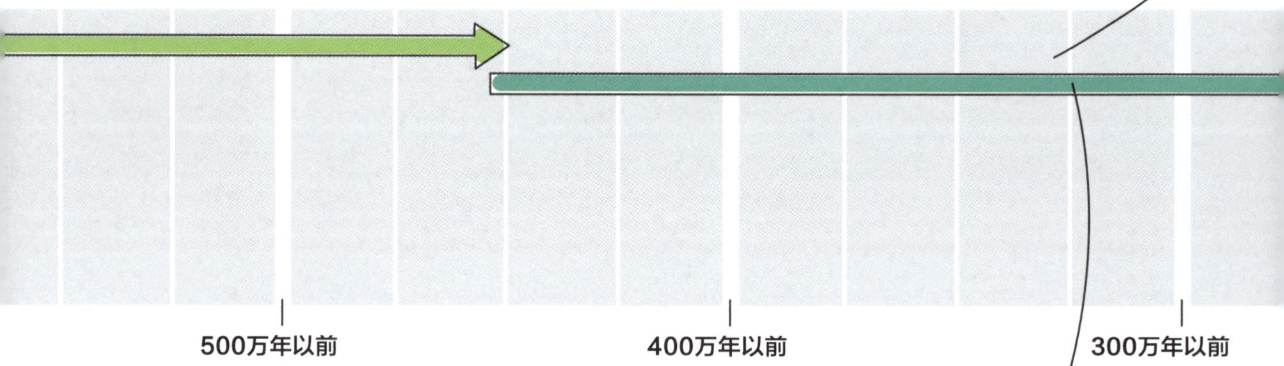

露西

修长而悬垂的手臂表明露西曾经像猿一样生活在树上。

骨盆的形状和位置显示露西能够像人一样站立。

身体下半部的骨骼表明露西能够像人一样直立行走。

小而像黑猩猩一样的颅腔

强壮的颌骨上长着像猿一样的牙齿。

南方古猿中的阿法南方古猿是最早进化的人类种群之一。这些像猿一样的人，最先离开森林并在广阔的热带草原上生活。他们具有人类和猿类共同的特征。最著名的例证是1974年在埃塞俄比亚发现的、昵称为露西的化石标本。

我们的祖先开始制造并使用石头工具。

人类开始控制火。

人类开始制作并且穿衣服。

能人：长着像猿一样的长长的手臂和一张颌骨突出的脸。与南方古猿相比，能人的脑容量更大、脸更小。

直立人：身体比例与我们现代人相似，这表明直立人已经适应在陆地上生活。

海德堡人：第一个在极寒气候环境中生活的人类种群。矮且宽的身材或许能够帮助他们保存身体热量。

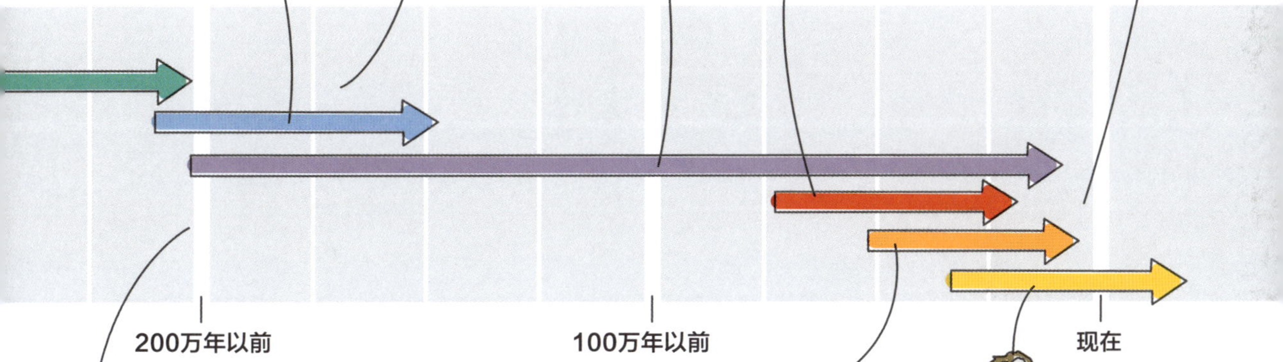

古人第一次离开非洲。

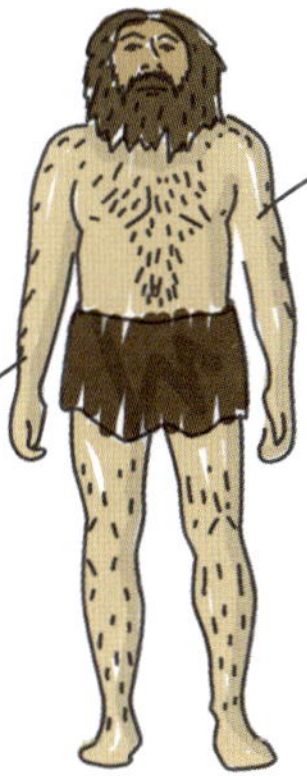

遗传学分析显示现代人和尼安德特人曾交配过。今天，我们当中不少人仍然含有尼安德特人的DNA。

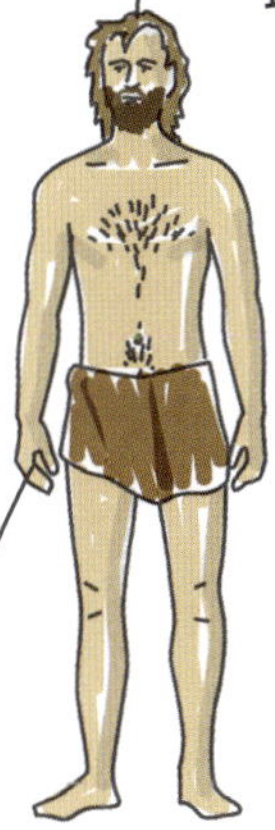

尼安德特人：已灭绝的与我们最近的人类亲缘。他们身材矮小健壮，鼻子宽大，适应在极寒的气候里生活。尼安德特人已是相对高级的物种，能够制作佩饰物、埋葬死者并且照顾残疾者。

现代人是今天的人类，而且仍在进化之中。在过去1万年里，我们获得了成年后依旧能够消化乳糖（在奶制品里发现的糖）的能力。

小结

查尔斯·达尔文提出了自然选择进化论，在当时引起争论，今天已被广泛接受。

关键人物

查尔斯·达尔文

吉恩–巴普蒂斯特·拉马克

吉恩–巴普蒂斯特·拉马克提出了另一种学说——拉马克学说，这个学说仍有待被证实。

阿尔弗雷德·拉塞尔·华莱士

像达尔文一样，阿尔弗雷德·拉塞尔·华莱士提出了自然选择进化论，在1858年发表了他的理论。

进化

人类进化

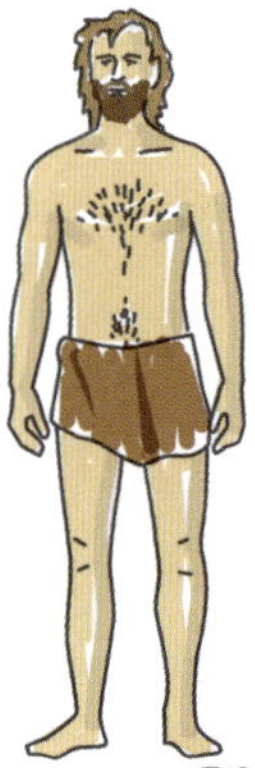

智人

智人即人类，大约在30万年前进化形成，今天仍然在进化中。

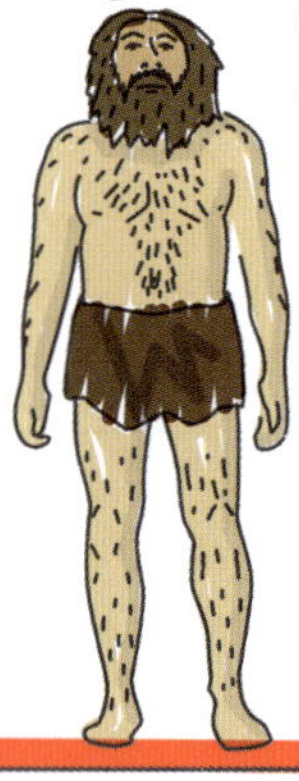

尼安德特人

尼安德特人是已灭绝的与我们最接近的近亲，与现代人曾交配过。

海德堡人

海德堡人生活在极寒的气候环境中，身体已适应保温。

直立人

直立人拥有与我们人类相似的身体比例，适应陆地上的生活。

能人

能人有猿一样的特征，如长臂和一块突出的颌骨。

物种中成员之间相似但又有区别，部分原因是基因突变。

变异

适应能力最强者生存并繁殖，即“适者生存”。

自然选择

遗传力

获胜基因被继承下来。生物体随着时间的推移而发生改变。

进化的理论

灭绝的发生用进化论可以推断，可在化石中观察到痕迹。

灭绝

物种形成

物种形成是进化的一种产物，可因隔离形成。

化石十分稀少，是进化中生命变化的记录。过渡化石显示混合的特征。

化石

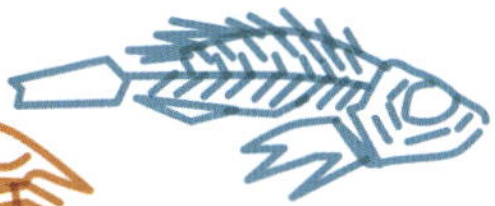

共同特征体现在身体构造以及基因上，如脊椎动物的尾巴和共同的基因。

共同特征

证据

南方古猿

南方古猿生活在广阔的热带草原上。如同在化石标本露西身上所显示的那样，南方古猿具有猿和人的混合特征。

正在进行的进化

这是一种快速发生的进化，如桦尺蛾的进化和细菌耐药性的产生。

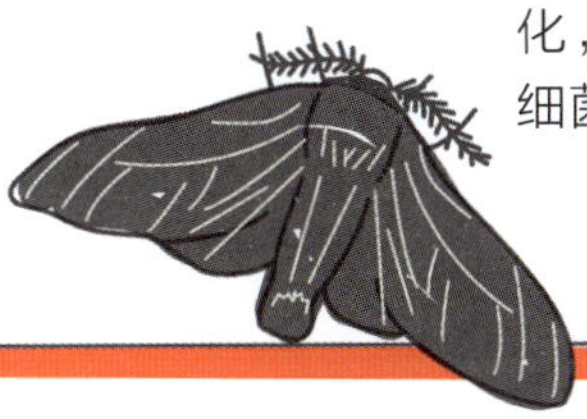

第五章

生物的体系

科学家估计地球上生活着约900万种不同的物种，这些物种从细菌这种简单的单细胞生物，到植物和动物等复杂的多细胞生物，种类繁多。然而，大多数物种仍有待我们去进一步研究。科学家倾向于根据生物的不同特征来划分它们的类别。在科学研究中，这称为分类。本章里我们将探索地球生物的多样性，并学习生物是如何分类的。

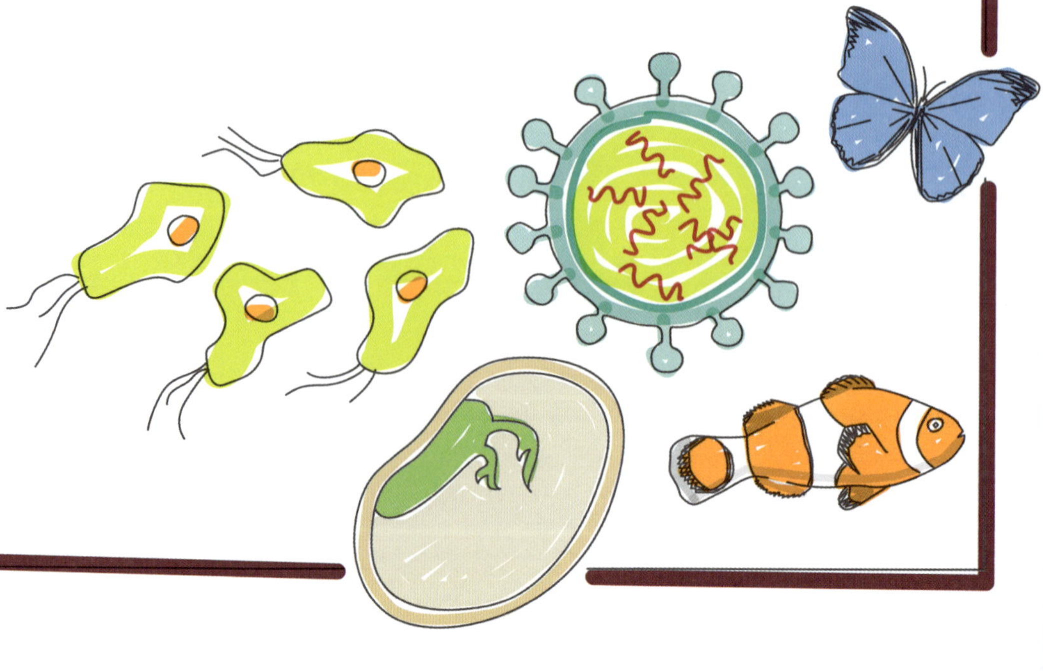

分类的重要性

研究物种分类的科学称为**分类学**。生物体归属的类群称为**生物分类学类群**。例如，某一物种就是一个分类学类群。

生物学家对生物体的分类基于多种不同原因：

★帮助我们认识现存生物的丰富多样性。

★帮助我们理解不同生物之间的相关性，以及进化是如何发生的。

★帮助生物学家研究新发现的生物。例如，如果新发现一个细菌物种，科学家就可以用它和已知的细菌进行比较，从而判断它是否具有传染性，以及传染性有多强。

★为生物学家提供一种共同语言。据此，全世界科学家可以用特定的名字命名特定的物种，避免发生混淆。

生物三域系统

过去，科学家们对生物分类的方法不同。现在，他们将生物划分为3种类型：细菌、古菌和真核生物。在此基础上，科学家进一步将其细化为更具体的类群，如界、科和种。

美国微生物学家卡尔·乌斯（Carl Woses）等人于20世纪70年代首先提出了“生物三域系统”分类方法。

细菌：真细菌是由单细胞构成的简单、微小生物。

生物

古菌：一种经常在极端环境中发现的原始细菌。

真核生物：一种复杂而分布广泛的生物，包括动物、真菌、植物和原生生物。

分类

在18世纪，人们主要根据瑞典科学家卡尔·林奈（Carl Linnaeus）提出的方法对生物进行分类。这个方法称为“**双名法**”。它由宽泛的生物类别一步一步细化为精细的类群。按此，界下分为门，门下分为纲，纲下再分为目、科、属和种。

科学家根据生物的共同特征进行归类。不同生物之间的共同特征越多，它们的关系就越接近。反之亦然。

科学家不断地改善生物的分类方法。过去，科学家主要通过比较生物的明显特征，如它们的结构和功能对其进行分类。现在，他们使用更先进的方法对生物的特征进行分析，包括遗传和化学分析，使生物的分类更加科学。

有些生物有常用名。灰狼是一种生活在北美洲和欧亚大陆的大型犬科。世界各地对这种狼的常用称谓有所不同。

数量上增长，相似度下降。

界：动物界
其成员以有机物为食物，呼吸氧气，可运动。

门：脊索动物门
其成员具有由软骨或硬骨组成的脊柱。

纲：哺乳纲
其成员是温血动物，有毛发或毛皮、乳腺和四腔心脏。

目：食肉目
其成员食肉。它们长有爪子和牙齿，用来捕食猎物。

科：犬科
其成员都长得像狗一样，包括狼、狗、豺，以及其他类似的动物。

属：犬属
其成员在体形上有所不同。它们都有发育良好的头盖骨、牙齿和长腿。

种：灰狼
其成员都有一个由两部分构成的拉丁语名字。第一部分是属，第二部分是种。狼属于犬属灰狼种。

林奈发明了“双名法”来命名物种。

界：
根据发育和获取营养方式的不同，生物划分为五界。例如，动物和植物属于不同的界，因为动物必须吃食物，而植物大多为自己制造食物。

门：
根据同一界中不同生物群体的特点进行划分。例如，开花植物和球果植物属于不同的门。

纲：
根据同一门下不同生物群体的特点进行划分。例如，双壳纲（蛤、贻贝）和腹足纲（蜗牛、蛞蝓）属于软体动物中不同的纲。

目：
根据同一纲中不同生物群体的特点进行划分。例如，蝎子和蜘蛛属于蛛形纲中不同的目。

科：
根据同一目中不同生物群体的特点进行划分。例如，狐猴和大猩猩同属灵长目不同的科。

属：
根据同一科中不同生物群体的特点进行划分。例如，玫瑰和樱桃是蔷薇科中不同的属。

种：
同种生物群体中的成员能够交配，并接续繁育后代。

数量上减少，相似度增加。

五界

动物：老虎等多细胞生物

植物：多细胞、可进行光合作用的生物

真菌：蘑菇、霉菌和酵母等生物

原生生物：不属于动物、植物或真菌的真核生物，如变形虫、疟原虫等。

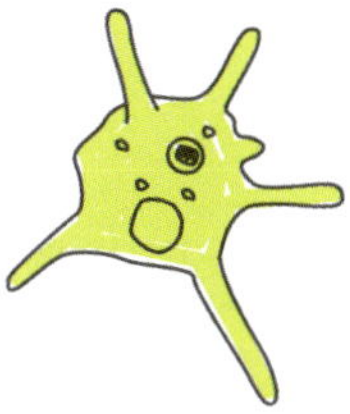

原核生物：单细胞生物，缺少大的被性细胞器，如细菌和蓝藻等。

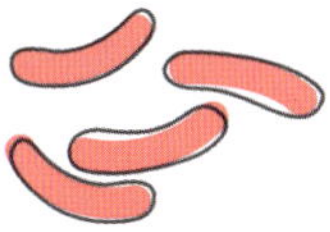

同一物种下的不同个体也可能存在很大差异。褐色产蛋母鸡与矮小、毛茸茸的矮脚鸡在外观上很不一样。

原核生物

原核生物是简单的单细胞生物，其核酸可以在细胞质中自由漂浮。原核生物可能很微小，但却非常重要。即使人类一夜间突然消失，地球上的其他生命依然可以延续。但是，如果原核生物消失了，地球上的生命将就此终结。原核生物发挥着许多重要的作用，例如，它们帮助营养物实现再循环，将分子转化为有用的生物形态，释放碳、氮及其他元素。

细菌的主要形态

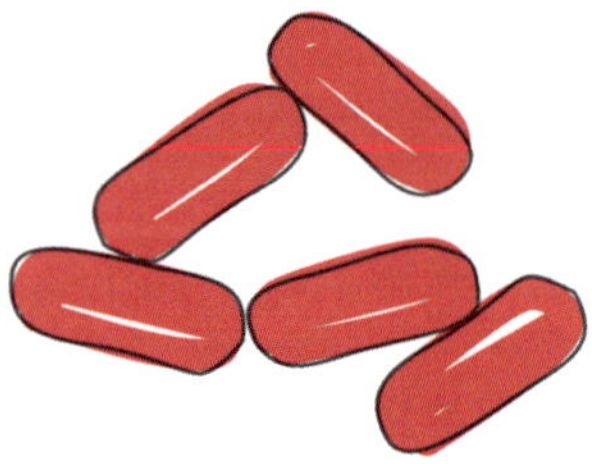

杆状细菌，如杆菌。

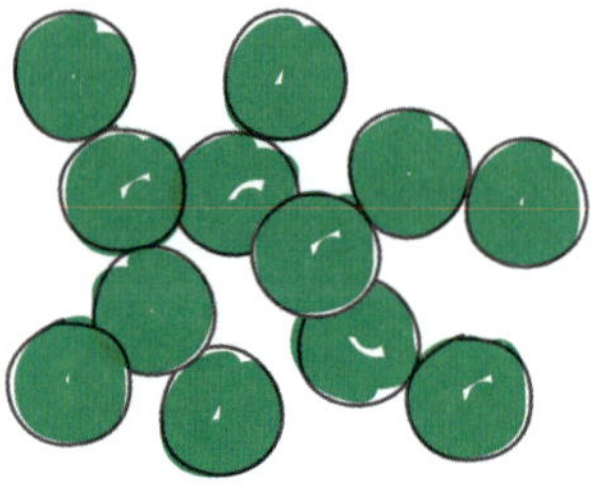

球状细菌，如球菌。

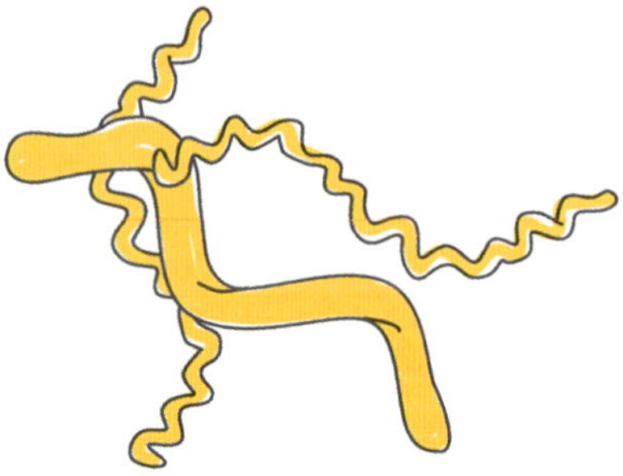

螺旋状细菌，如螺旋菌。

细菌

在所有原核生物中，细菌最具多样性，分布也最广泛，在地球上几乎每个地方都能发现它们。有些细菌即使在极端环境中，如酸性热泉和放射性废料中，也能顽强生长，甚至在地壳深处和地球大气边缘都有它们的身影。

细菌的形状各种各样，如杆状、球状和螺旋状。人们对其中一些细菌十分熟悉，如大肠杆菌和葡萄球菌；但对绝大多数细菌的性质、特征等还知之甚少。

这里所说的细菌是指“**真细菌**”，它有别于表面看上去很相似的古菌。细菌是生物进化的最初形态之一。

大多数动物都依靠细菌生存，因为细菌含有合成维生素B_{12}所需的基因和酶。它们通过食物链将其提供给动物。

有些细菌有害并且会引起人类疾病，但许多细菌是有益的。例如，生活在我们肠道内的细菌能帮助消化食物，并能预防肠道感染。

细菌的培养

细菌能在实验室中进行培养，这有助于科学家对细菌的研究和抗生素的研发。

一个有盖培养皿中装满了混合的营养物，这就是**培养基**。它可以是像琼脂那样的固体胶状物，也可以是液体状物质。

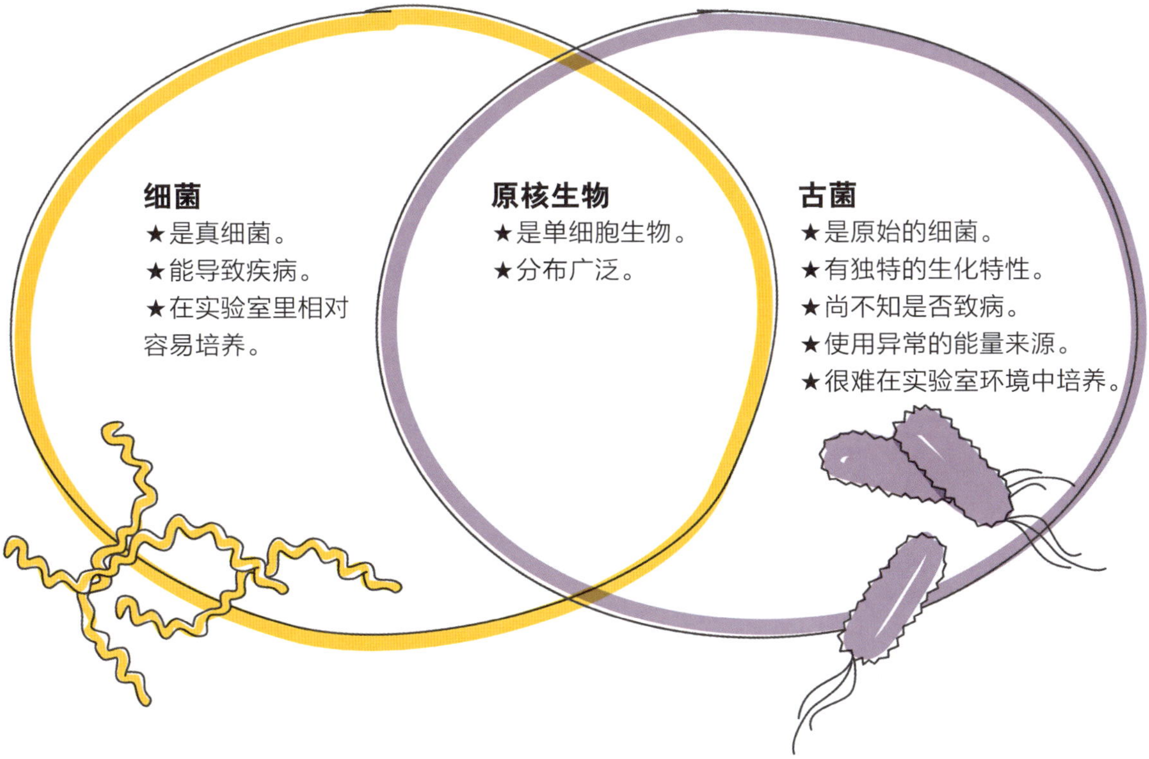

古菌

古菌生存在极端环境中，如火山泉和深海热水流火山口。在进行分类时，科学家最初将其分为**极端生物**（在极端环境中生存的生物）。但是，我们现在认识到它们其实分布很广。

古菌看起来比细菌更小。它们被认为是**原始细菌**，但实际上它们更接近真核生物而非真细菌。

古菌被细分为许多不同的门，不过由于它们很难在实验室中培育和研究，所以想要对它分类很难。

尽管细菌和古菌看上去很相似，但它们之间的生化特性和分子构成十分不同。例如，古菌的细胞膜由一种不同种类的脂质构成。

古菌能使用奇异的能量来源。从有机化合物（如糖）到无机物（如金属离子、氢气）以及太阳光线都是其能量来源。

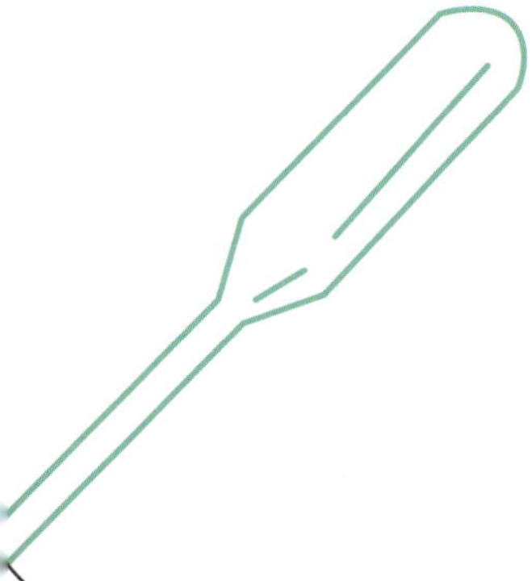

使用移液管和钢丝套圈将细菌转移到培养基中。

将有盖培养皿转移至温暖、潮湿的孵化器中，使细菌进行繁殖。如果细菌在琼脂上生长，就会在其表面形成肉眼可见的菌落。如果在液体中生长，就会形成细菌的云状悬浮物。

真核生物

真核生物是最具多样性的生物形态。真核生物包括所有我们熟悉的大型、多细胞生物形态，如动物和植物。此外，它们也包含许多简单的单细胞生物，如浮游植物。

真核生物可细分为四界：动物、植物、真菌和原生生物。它们占地球生物量的85%以上。

原生生物

大多数原生生物是简单的单细胞真核生物。它们包括有机体，如变形虫、硅藻和黏菌。原生生物形状不同、大小各异。有些原生生物形状很规则，有些则不规则。有些原生生物被“纤毛”这种细微毛发状结构所覆盖，这些纤毛可推动它们前行。另外一些长着称为鞭毛的鞭子状尾巴。就形状和功能而言，原生生物比动物、真菌和植物更具多样性。

原生生物以不同的方式获取营养。一些属于**自养型生物**：它们利用所处环境中存在的简单物质为自己制造食物，一些可将光作为能量（光合作用），还有一些可利用无机化合物（化学合成）制造食物。另外一些原生生物属于**异养型生物**：它们不能自己制造食物，而要通过摄取有机物来获得能量。还有一些原生生物兼具这两种方式，它们被称为**兼养型生物**。

有些原生生物是**寄生生物**。这意味着它们生活在其他生物的体表或体内，并对其造成伤害。通常情况下，寄生生物通过第三方转移至宿主，这个第三方生物被称为**病媒**，病媒不会因寄生生物而得病。例如，蚊子是疟疾的病媒，当蚊子叮咬其他生物时，它们传播名为疟原虫的致病寄生虫。

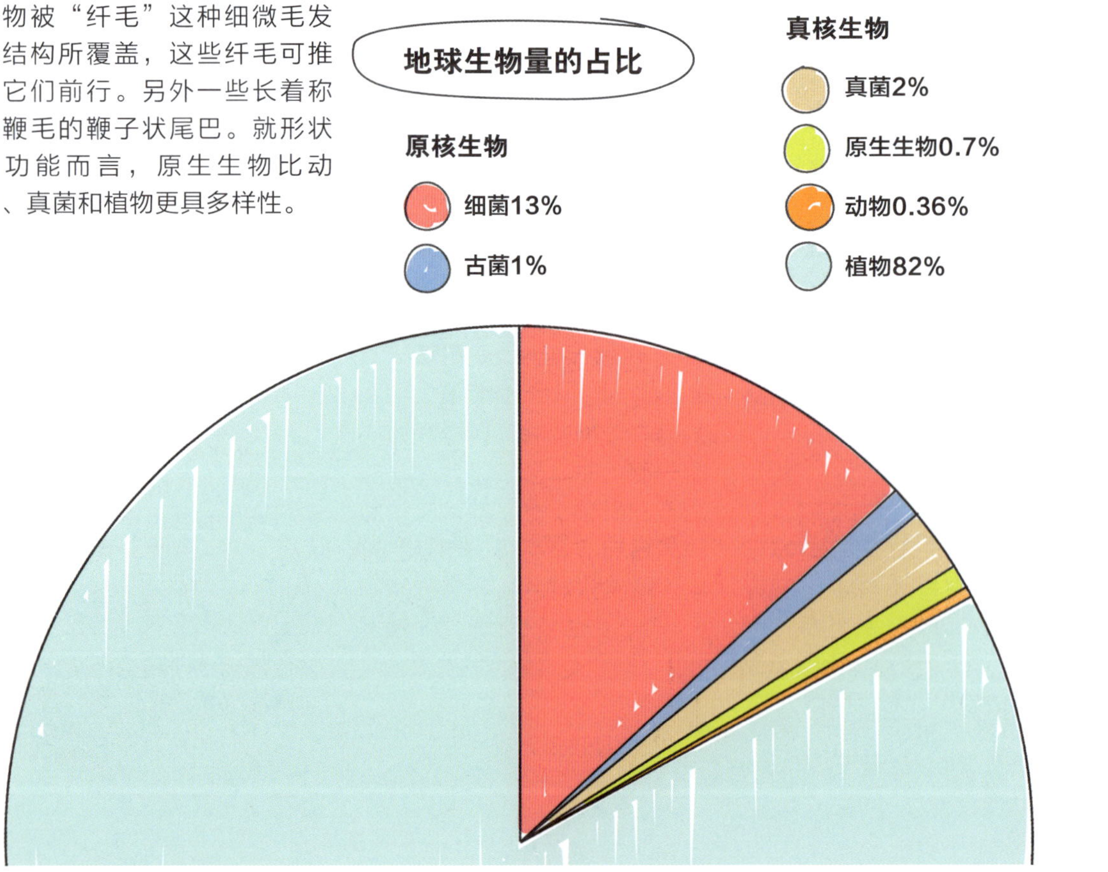

聚焦原生生物：黏菌

黏菌是原生生物中的一种，有900多个不同种类。人们通常能够在森林覆被物上、腐烂的原木上以及聚集雨水的沟槽盖板上发现它们。因为它们帮助分解腐烂的植物，并以细菌、酵母和真菌为食，所以它们发挥着重要的生态作用。

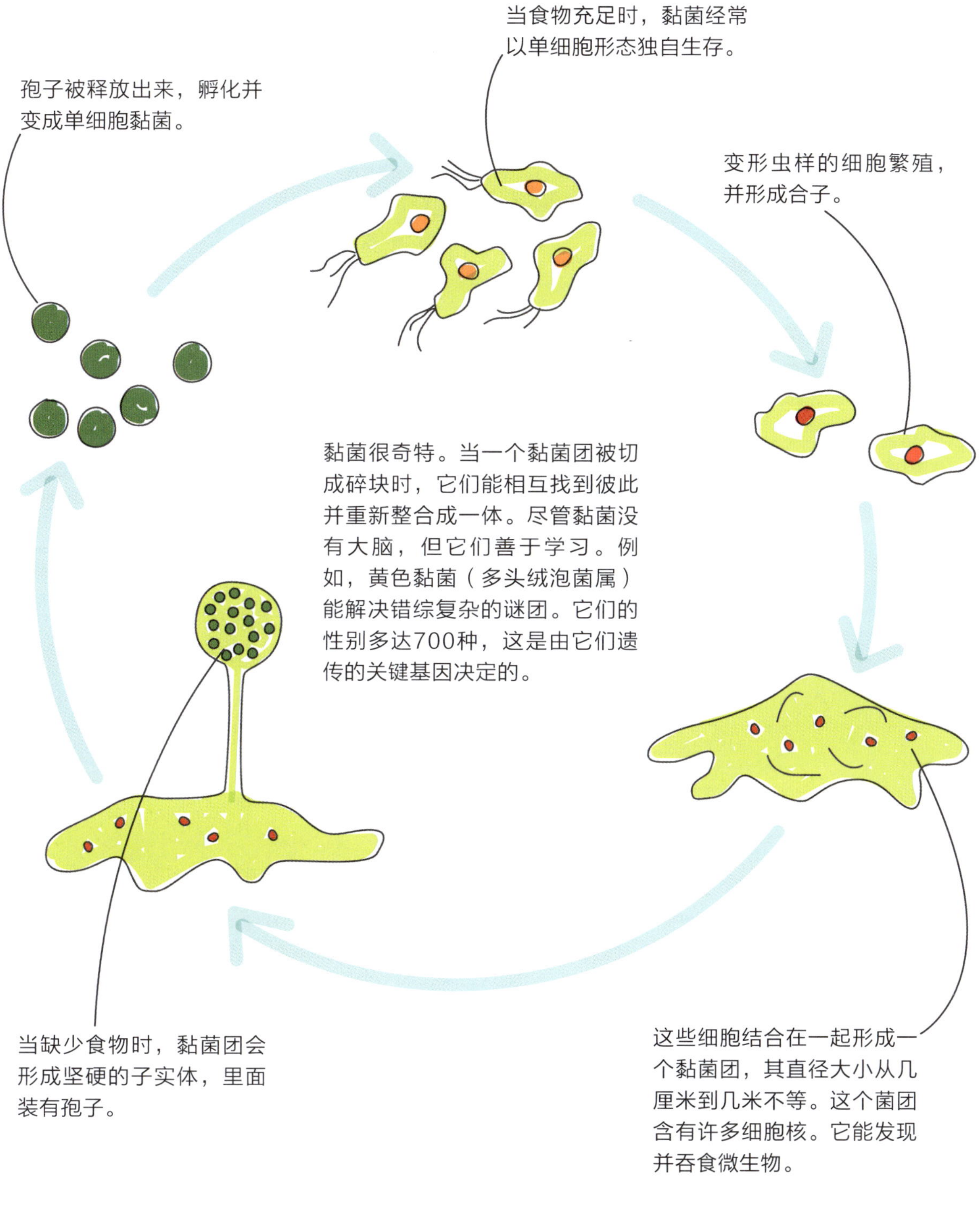

真菌

真菌属于真核生物。酵母、蘑菇和毒蕈都是真菌。它们既不能像植物那样给自己制造食物，也不会像异养型动物那样摄取食物。真菌是**异养型分解者**。它们通过吸取溶解的物质获取营养。

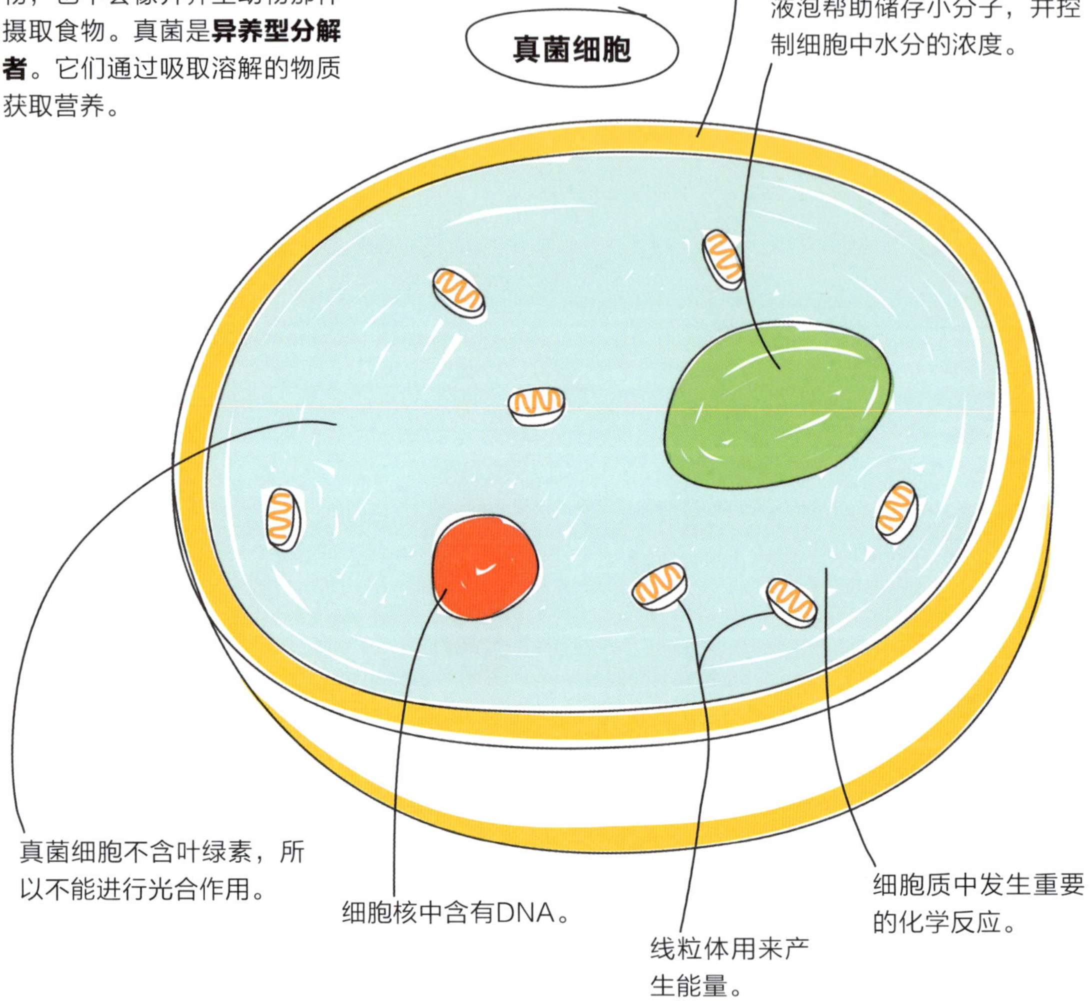

世界上有大量的真菌。一些是单细胞的，如酵母。另一些是多细胞的，如我们熟悉的蘑菇。

有的真菌是寄生的，如使甜菜植物发霉的真菌。另一些真菌与植物和动物等别的生物体形成互利的**共生**关系。

真菌的生态意义十分重要。它们是死亡和腐烂的有机物质的主要分解者，并帮助实现环境中的养分循环。

真菌被广泛用作人类的食物来源。一些被直接食用，一些用来发酵面包，另外一些被用作发酵其他食品，如葡萄酒和啤酒。一些真菌衍生的酶被用作洗涤剂成分，还有一些真菌被制成杀虫剂，用来杀死害虫以及预防植物病害。

有些真菌可致病。例如，枯萎病是一种影响马铃薯的疾病。当真菌侵入时，植物的叶子开始变黄，这使得植物很难进行光合作用，影响其生长。脚癣是影响人类的真菌性疾病。它使脚趾之间起疹子，并使脚皮呈片状龟裂脱落。它通过接触被感染者的皮肤传播，可使用抗真菌药物治疗。

真菌和它们的地下世界

真菌不能移动，所以它们通过生成和释放孢子来传播。这些孢子能发育形成新的真菌。有些真菌可进行有性繁殖。

蘑菇的子实体含有被称为**菌丝**的微小细丝。

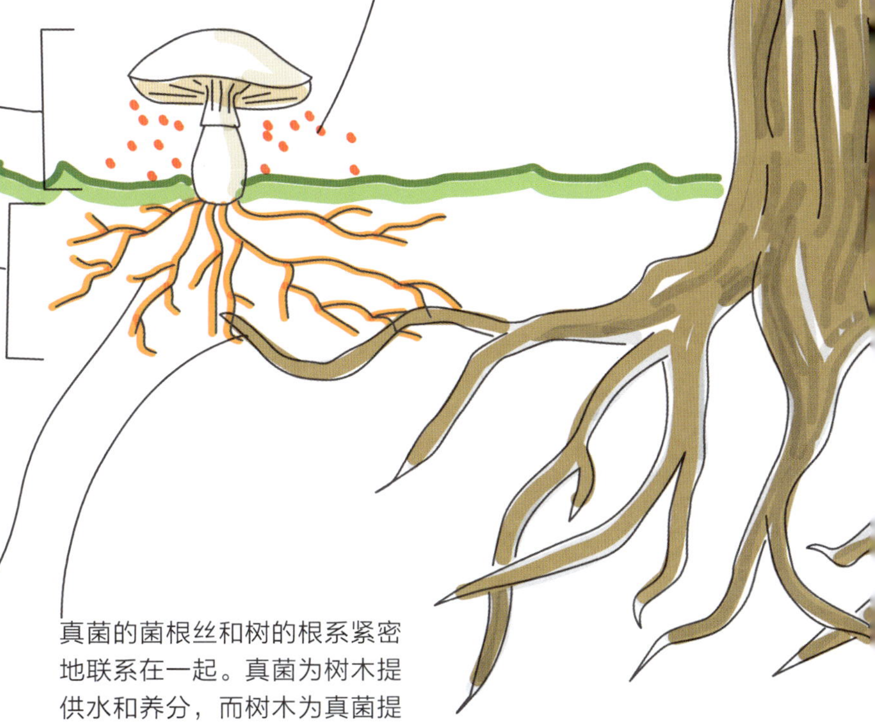

蘑菇的这些菌丝延伸到土壤里，聚集成一个相互交织的大块丝团。这个地下网络被称为**菌丝体**。

随着土壤中的菌丝生长扩大，它们不断地吸收养分。

真菌的菌根丝和树的根系紧密地联系在一起。真菌为树木提供水和养分，而树木为真菌提供其生长所需要的糖分。这是一种典型的共生关系。

菌根网络经常把许多不同的树连在一起，有时候，这被称为“树联网”。科学家认为一些植物通过树联网彼此沟通。

例如，如果一棵树受到昆虫的攻击，它会通过树联网发出信号，警告它周围的树木提高驱虫化学物质的分泌水平。

树木还通过树联网传输糖分。所以，一棵树的营养物质还可以滋养其他树的细胞。

植物

植物界的已知物种大约有32万种。它们包括藻类植物、苔藓植物、蕨类植物和种子植物。大多数植物都是多细胞的，但也有一些是单细胞的。植物可以进行有性繁殖和无性繁殖。植物占全球生物量的3/4以上，它们是地球上绝大多数生态系统的基础。

绿色植物通过光合作用制造食物。它们吸收碳，并将氧作为“副产品”释放出来。我们吸入的绝大多数氧气来自植物。植物被广泛当作食物。小麦、大麦和小扁豆是数千年前人类培育的第一批农作物。

许多动物与植物共同进化。例如，很多昆虫在采集花粉和花蜜时为花授粉；许多动物在吃进植物的种子后又通过粪便将它们排出体外，这起到了传播种子的作用。另外，还有一些植物属于食肉性植物。

聚焦植物：捕蝇草
捕蝇草是食肉植物。它们通过光合作用生成能量，并通过自己叶子的张开及闭合捕食小昆虫等有机食物。

植物的进化

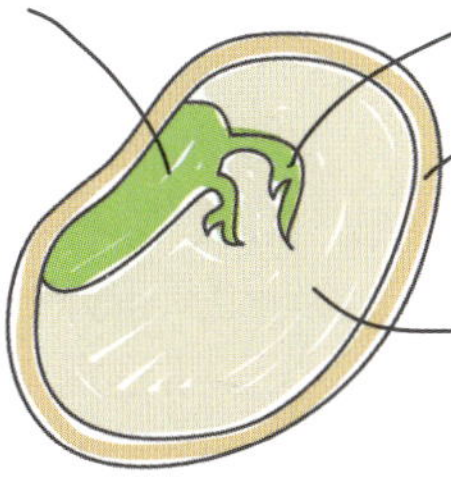

种子的剖析

松柏和苏铁是裸子植物。它们的种子不是被包裹着的，而是长在叶状结构表面的球果。

裸子植物

被子植物

向日葵和木兰是被子植物（开花植物）。被子植物的种子在花内的特殊结构中生长。

无种子植物不产生种子，它们通过风的力量传送孢子繁育。

无种子植物（如蕨类）

种子植物产生种子，种子是胚芽状的植物。

种子植物

无维管植物没有维管组织。它们的体积比较小，通过孢子而非种子繁殖。它们没有花、果实和木质结构。

藓类

苔类

金鱼藻

无维管植物

维管植物

诸如蕨类和树木，维管植物含有**维管组织**。维管组织是一些由细胞连接在一起构成的管道。这些导管能在植物体内运送水和营养物质，这使得维管植物长得比无维管植物高大得多。它们最早出现在4.25亿年前。现在它们主导着植物界。

大约4亿年前，植物进化出了在陆地生长的适应性，这帮助它们分化成几个主要的类群。

绿色、可进行光合作用的植物至少于10亿年前就开始进化了。这些简单的藻类生命形态含有分枝细胞和根状结构。

远祖绿藻

动物

到目前为止，科学家正式公布了约150万个不同的动物物种，其中有100万种是昆虫。动物的体形从微小到巨大不等，它们相互之间以及与自然环境形成了错综复杂的关系。

动物是多细胞真核生物，它们拥有大量不同的特化细胞，如神经细胞和肌肉细胞。这些细胞具有完成复杂任务的能力，如传导电信号以及运动等。

多数动物吃有机物、呼吸氧气、能运动，进行有性繁殖，从一个被称为**囊胚**（中间凹陷的微小球状细胞）的细胞开始发育至整个生命周期。

像真菌一样，动物属于异养型生物。它们不能为自己制造食物，只能从外部获取营养。与真菌摄取食物的方式不同，动物通过摄入和消化其他有机物来获得营养。

尽管动物多种多样，但它们身体的结构类型大同小异。

动物身体的对称性

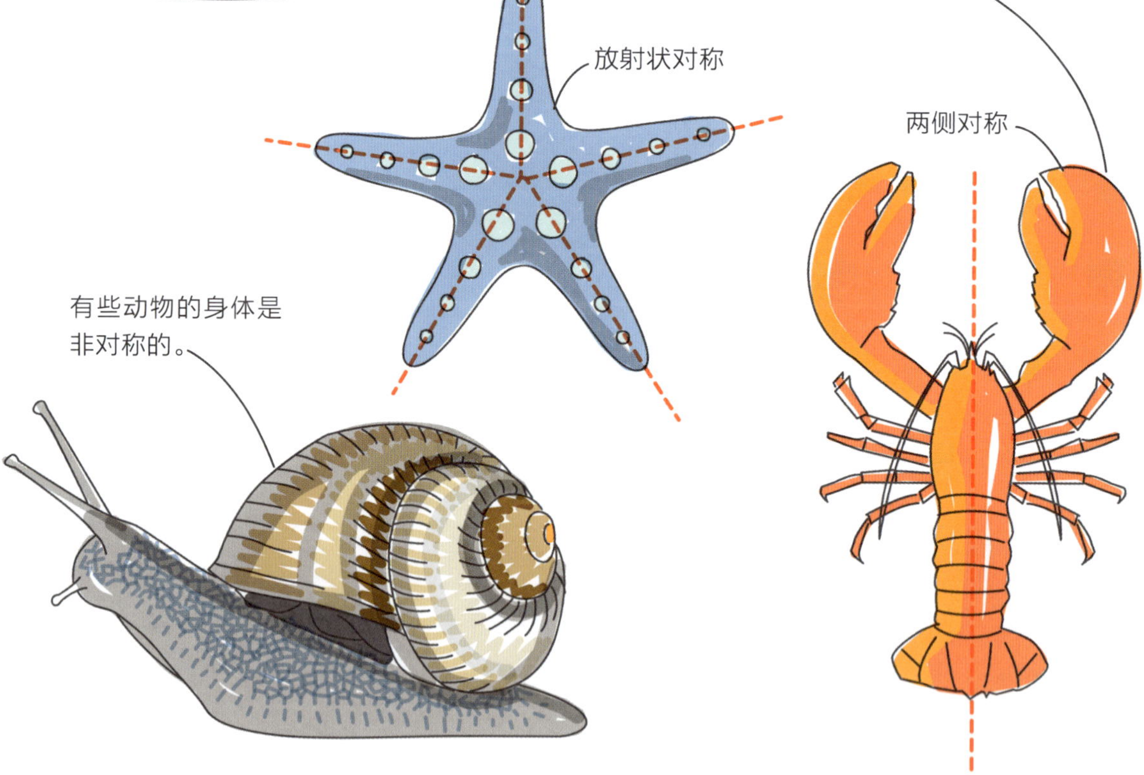

所有的腹足类动物都是**非对称动物**，例如，庭院中的蜗牛长有螺旋形的外壳。有些不会移动的动物也是非对称的，如海洋中的海绵。

一些海洋生物呈**放射状对称**，如海星和海胆等。它们的身体围绕中轴线对称。

大多数动物呈**两侧对称**，这意味着它们的身体分为几乎相同的两个“半边”，如龙虾。

动物的分类

尽管动物群体差别很大，但它们恰好可以分为两类——有脊柱的**脊椎动物**，以及没有脊柱的**无脊椎动物**。

脊椎动物

狗、蛙、鱼等我们熟悉的动物都是脊椎动物。目前，大约有7万种不同的脊椎动物，但它们在所有已知动物物种中只占不足5%。

所有脊椎动物都有硬且贯穿身体的脊髓。脊椎动物的口腔在身体的一端，肛门在另一端。

所有脊椎动物都属于脊索动物门。它们可分为5个不同的纲：鱼类、两栖动物、爬行动物、鸟类、哺乳动物。

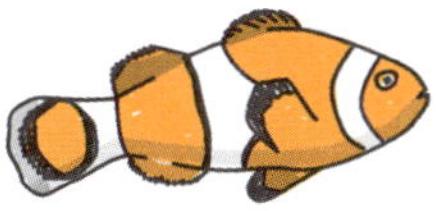

鱼类

★鱼鳃用来呼吸。
★鱼鳞用来保护身体以及使身体是流线型。
★充满空气的鱼鳔用来控制浮力。
★鱼鳍用来帮助身体移动。
★鱼在水中生活。
★**冷血动物：**体温随环境温度变化而变化。

两栖动物

★湿润的、可渗透的皮肤用来呼吸。
★产下果冻状的卵，孵化出像鱼一样的幼体。例如，蛙的卵孵化出蝌蚪。
★可以制造有毒的化学物质用以保护自己。
★可生活在水中和陆地上。
★冷血动物：体温随环境温度变化而变化。

爬行动物

★用肺呼吸。
★防水的皮肤在生长中需要蜕皮。
★产下有弹性外壳的卵，并孵化出外形和成体一样的微小幼体。
★可生活在水中或陆地上。
★冷血动物：体温随环境温度变化而变化。

鸟类

★羽毛用来保暖、防水和飞行。
★翅膀用来飞行。
★喙用来进食、梳理羽毛以及发现食物。
★产下硬壳卵，这些卵基本上都需要成年鸟孵化。
★**温血动物：**体内保持恒定的温度。

哺乳动物

★毛发用来保暖和伪装。
★长有特殊的牙齿，例如，尖利的门牙用来撕咬，扁平的大牙用于咀嚼。
★胎儿通常在母体内发育。
★大多数哺乳动物生产幼崽。
★幼崽靠母亲的乳汁喂养。
★温血动物：体内保持恒定的温度。

无脊椎动物

地球上的大多数动物是无脊椎动物。它们在进化中取得了极大成功，并形成了多种多样的种群。它们已经在地球上生活了4亿多年，它们的栖息地从海洋到陆地再到天空，无处不在。

无脊椎动物都拥有柔软的内体，它们被包裹在柔韧性很强的外层细胞里，或是被称为**外骨骼**的坚硬外壳覆盖着。

无脊椎动物可分为30多种不同的门，其中包括环节动物、节肢动物、刺胞动物、棘皮动物和软体动物等。我们或多或少对它们都有一些了解。

无脊椎动物的部分代表种类

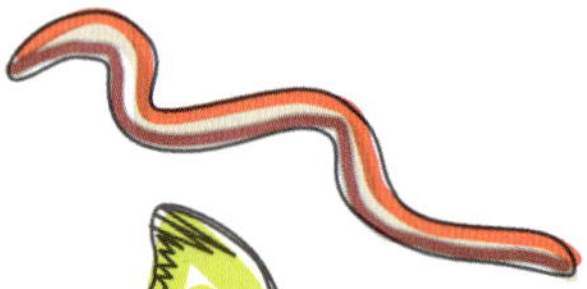	**环节动物** 如蚯蚓和水蛭	★拥有长而分节的身体。 ★伸出体外的细小体毛帮助移动身体。 ★既有陆生生物，也有水生生物。
	**节肢动物** 如蝴蝶和蜘蛛	★拥有坚硬的外骨骼。 ★拥有成对而有关节的腿。 ★既有陆生生物，也有水生生物。
	**刺胞动物** 如水母和珊瑚	★拥有简单的囊状身体。 ★拥有单一的体腔。 ★特殊的刺细胞用来捕捉猎物。 ★生活在水中。
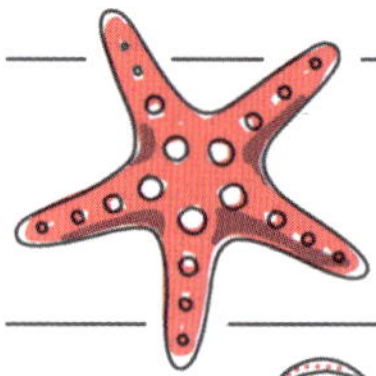	**棘皮动物** 如海星和海蛇尾	★成体的身体呈放射状对称。 ★拥有坚硬多刺的外壳或皮肤。 ★生活在水中。
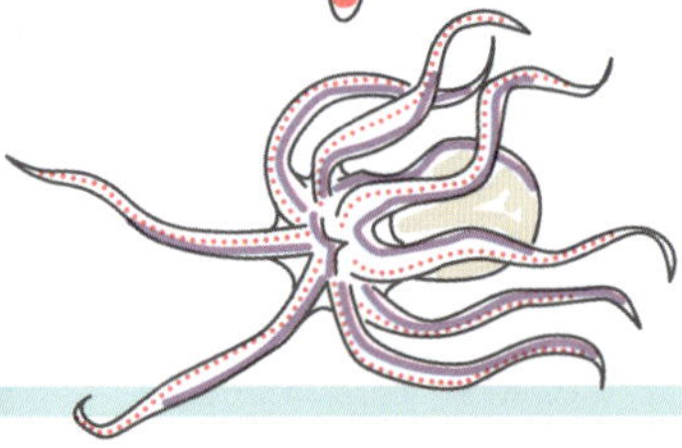	**软体动物** 如蜗牛、蛞蝓和头足纲（章鱼和鱿鱼等）	★拥有不分节的身体。 ★拥有肌肉发达的脚（有时兼有触须或只有触须）。 ★有称为“齿舌”的齿状舌头。 ★既有陆生生物，也有水生生物。

无脊椎动物的特性

许多无脊椎动物在生长过程中蜕皮。这期间，它们极易受到天敌的攻击。

昆虫和甲壳动物等许多无脊椎动物刚从卵中孵化出来时，其幼体外形与它们的成体外形完全不同。有时候它们的幼虫生活在另一个环境中。例如，食蚜蝇的幼虫生活在水中，而成虫却生活在陆地上。当幼体的外形变成与其不同的成体时，**蜕变**就发生了。

节肢动物

从分类的角度讲，节肢动物属于动物界中一个庞大的门。它们可细分为昆虫纲、蛛形纲、甲壳纲和多足纲等不同纲。

大多数节肢动物的体形相对较小。但日本的蜘蛛蟹是一个例外，它们体形巨大，其步幅是节肢动物中最长的。

100年前被捕捉到的一只日本蜘蛛蟹的体重超过一条可卡猎犬的体重，其臂展的长度超过大多数轿车的长度。

节肢动物纲

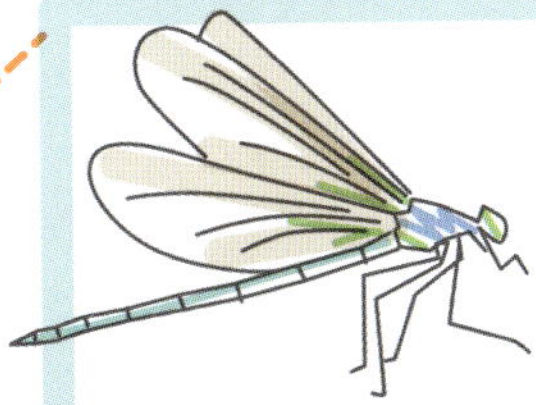	**昆虫纲** 如蜻蜓和蝴蝶	★身体分为3部分。 ★有6只带关节的脚。 ★通常有2对翅膀。 ★有1对触角。
	**蛛形纲** 如蜘蛛和蝎子	★身体分为2部分。 ★有8只带关节的脚。 ★没有触角。
	**甲壳纲** 如螃蟹和潮虫	★有很坚硬的外骨骼。 ★有10只带关节的脚。 ★有2对触角。 ★有3对口器。
	**多足纲** 如蜈蚣和千足虫	★长长的身体分为很多节。 ★每节都有1对脚。 ★有1对触角。

无脊椎动物的食物来源多而不同，包括植物、昆虫和甲壳动物等，所以无脊椎动物的口器也多种多样。例如，章鱼长有喙形的口器，蜘蛛有尖牙，甲虫有薄而锋利的下颚。

有些无脊椎动物，如蚜虫，可以进行有性繁殖和无性繁殖。再比如蜂王，它产下整个蜂群，受精卵孵化成雌性的工蜂，而没有受精的卵变成雄蜂。

病毒

微小、具有传染性的致病颗粒称为病毒。目前我们没有将病毒纳入生物分类中，因为生物体通常是由细胞构成的，而病毒却不是。病毒是由蛋白质外壳包裹着的、带有遗传物质的微生物。病毒能够感染包括动物、植物和细菌等在内的所有生物体，因此我们绝不能小看它。

生物体可以繁殖，但病毒自己不能繁殖。它们必须通过感染一个细胞，利用其内部机体，进而复制出新的病毒并释放出来。病毒是可以在地球上任何地方找到的微生物。

病毒呈规则形状。就体积来说，病毒很小，大多数病毒只有细菌的1/100大小。

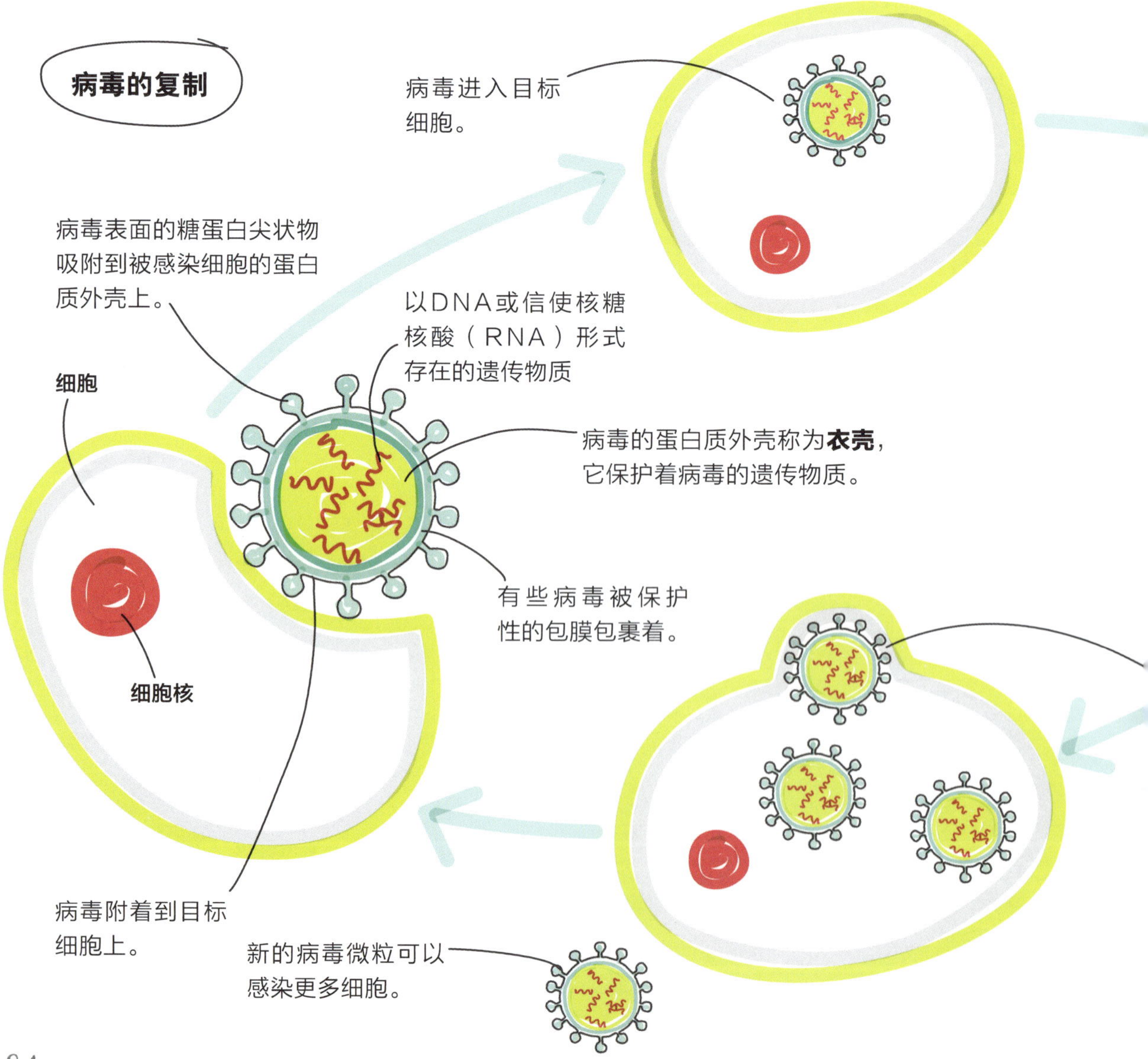

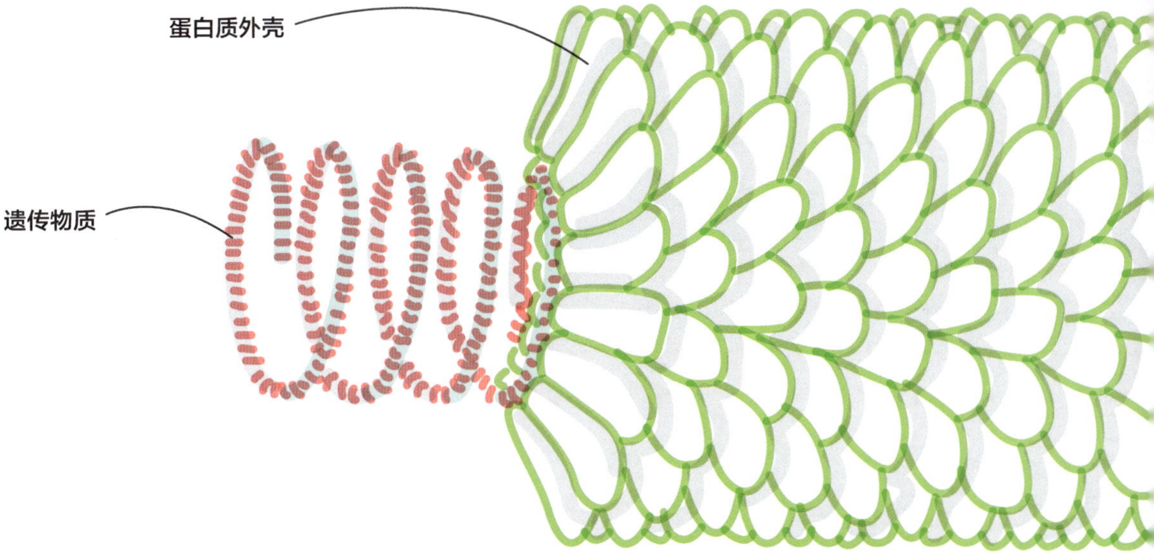

烟草花叶病毒结构示意图

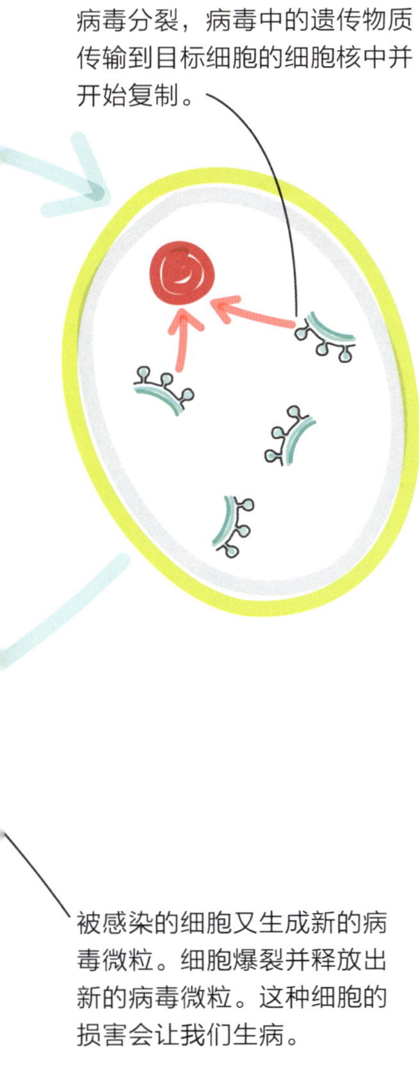

病毒的特性

多数病毒都具**有致病性**。这意味着它们能够引起疾病，其严重程度可高可低。其中，冠状病毒是病毒中一个很大的科。它们既能够引发普通的感冒，还能够导致急性呼吸综合征（SARS）和新型冠状病毒肺炎（COVID-19）等严重的疾病。

有些病毒属于**人畜（兽）互传病毒**。这意味着有时候这类病毒能够从动物传染给人类。感染引发中东呼吸综合征（MERS）病毒的源头宿主为蝙蝠，单峰驼是其中间宿主。人通过与患病骆驼接触而感染发病。

病毒具有**结构适应性**，这使它们能够感染生物体。例如，冠状病毒表面覆盖着细小的尖刺，这些尖刺能够使病毒与人类细胞中的关键蛋白质发生相互作用，这使得病毒能锁住细胞并侵入细胞内。

病毒同样能够感染植物。例如，烟草花叶病毒能够感染许多种不同的植物，其中包括烟叶和西红柿等。这种病毒能够导致植物的叶子褪色，形成斑驳状的“马赛克”图案，这会使植物难以进行正常的光合作用，从而影响植物的生长。

像生物体一样，病毒也在进化。宿主细胞在复制病毒遗传信息时发生错误，这就会引起突变。这种突变有时候不会引起什么后果，有时候能够降低病毒的传染性，但有时候又能够使病毒更具危险性。例如，一些突变能够使病毒更具传染性，还可能会使病毒在不同的物种之间传播。

小结

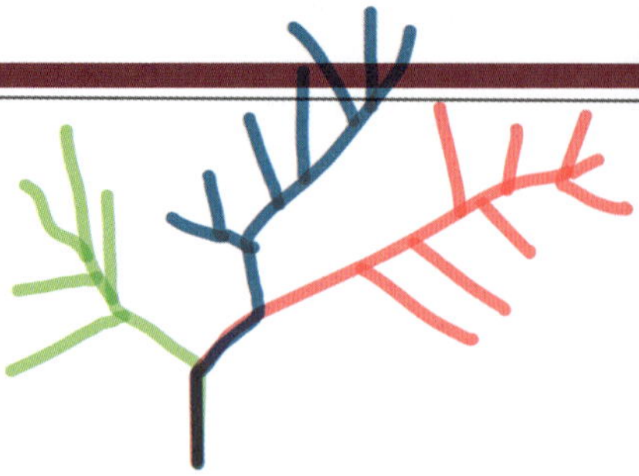

分类方法

分类学

把各组生物分成有条理的类别，有助于我们进一步认识生物。

生物三域系统

卡尔·乌斯把生物分成细菌、古菌和真核生物三类。

双名法

卡尔·林奈将生物分为界、门、纲、目、科、属和种。

生物的体系

病毒

致病性

病毒可使动物、植物和其他生物致病。

进化

随着时间的推移，病毒不断进化。活细胞在复制病毒基因时发生错误，引起突变。

人畜（兽）互传

有些病毒可以从动物传播给人类，如一些冠状病毒。

不同于传统意义的活着与死亡

我们没有将病毒纳入生物分类中。病毒只能在活着的生物细胞中繁殖。

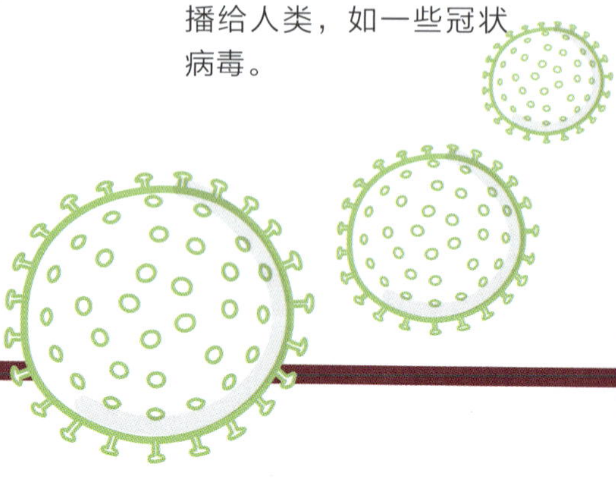

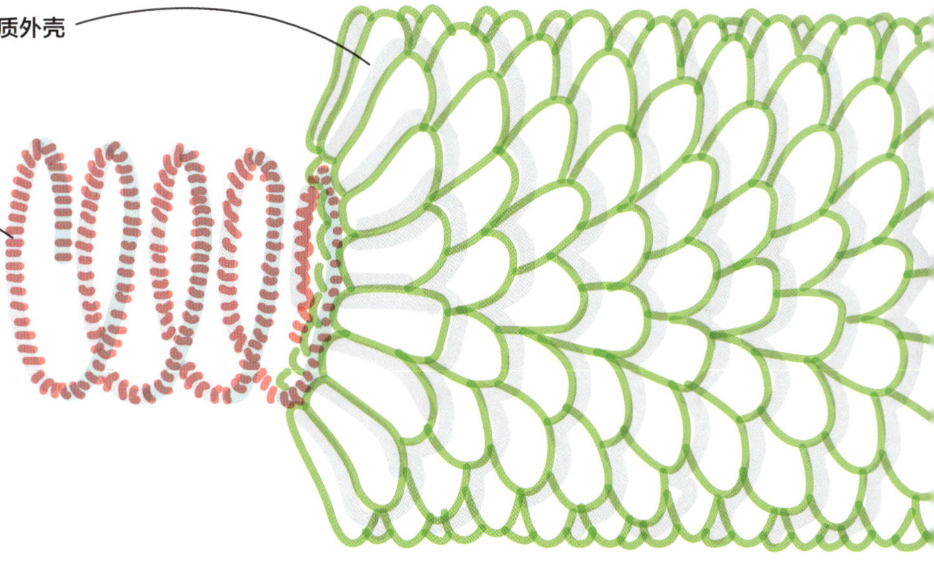

烟草花叶病毒结构示意图

病毒分裂，病毒中的遗传物质传输到目标细胞的细胞核中并开始复制。

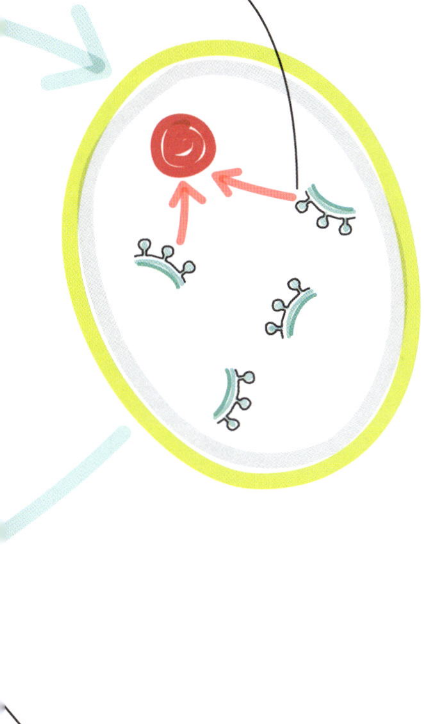

被感染的细胞又生成新的病毒微粒。细胞爆裂并释放出新的病毒微粒。这种细胞的损害会让我们生病。

病毒的特性

多数病毒都具**有致病性**。这意味着它们能够引起疾病，其严重程度可高可低。其中，冠状病毒是病毒中一个很大的科。它们既能够引发普通的感冒，还能够导致急性呼吸综合征（SARS）和新型冠状病毒肺炎（COVID-19）等严重的疾病。

有些病毒属于**人畜（兽）互传病毒**。这意味着有时候这类病毒能够从动物传染给人类。感染引发中东呼吸综合征（MERS）病毒的源头宿主为蝙蝠，单峰驼是其中间宿主。人通过与患病骆驼接触而感染发病。

病毒具有**结构适应性**，这使它们能够感染生物体。例如，冠状病毒表面覆盖着细小的尖刺，这些尖刺能够使病毒与人类细胞中的关键蛋白质发生相互作用，这使得病毒能锁住细胞并侵入细胞内。

病毒同样能够感染植物。例如，烟草花叶病毒能够感染许多种不同的植物，其中包括烟叶和西红柿等。这种病毒能够导致植物的叶子褪色，形成斑驳状的“马赛克”图案，这会使植物难以进行正常的光合作用，从而影响植物的生长。

像生物体一样，病毒也在进化。宿主细胞在复制病毒遗传信息时发生错误，这就会引起突变。这种突变有时候不会引起什么后果，有时候能够降低病毒的传染性，但有时候又能够使病毒更具危险性。例如，一些突变能够使病毒更具传染性，还可能会使病毒在不同的物种之间传播。

小结

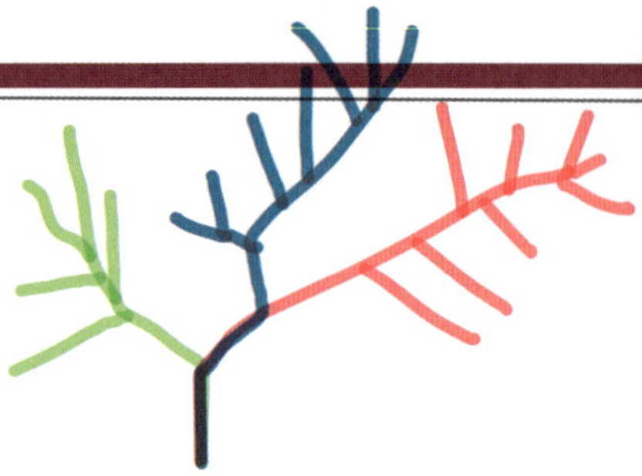

分类方法

分类学

把各组生物分成有条理的类别，有助于我们进一步认识生物。

生物三域系统

卡尔·乌斯把生物分成细菌、古菌和真核生物三类。

双名法

卡尔·林奈将生物分为界、门、纲、目、科、属和种。

生物的体系

病毒

致病性

病毒可使动物、植物和其他生物致病。

进化

随着时间的推移，病毒不断进化。活细胞在复制病毒基因时发生错误，引起突变。

人畜（兽）互传

有些病毒可以从动物传播给人类，如一些冠状病毒。

不同于传统意义的活着与死亡

我们没有将病毒纳入生物分类中。病毒只能在活着的生物细胞中繁殖。

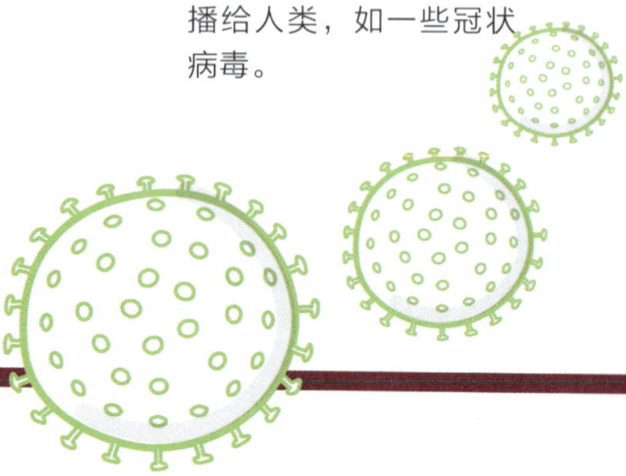

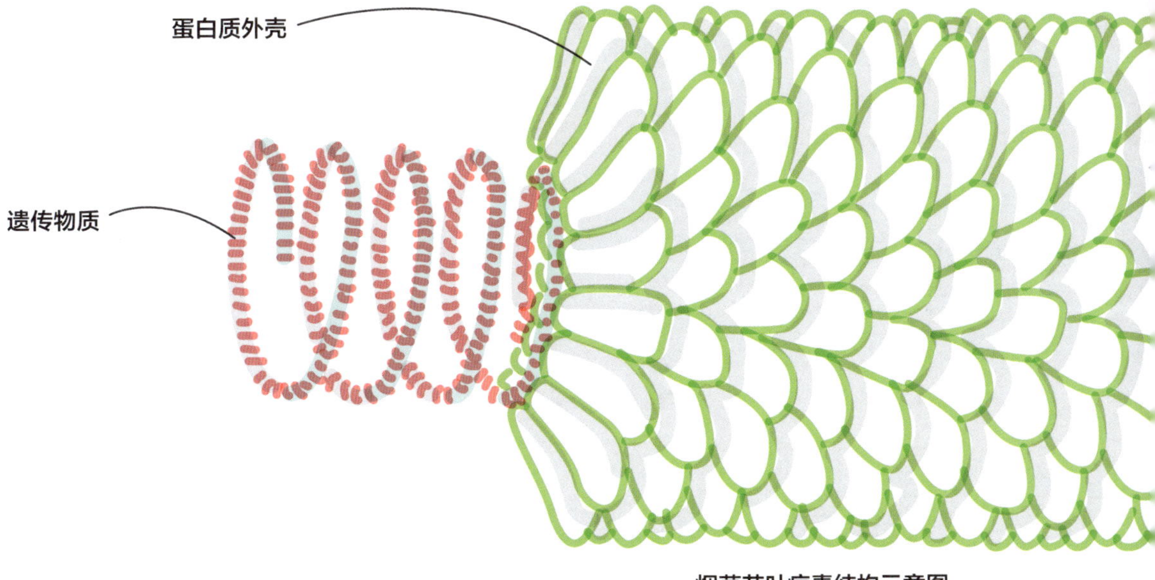

烟草花叶病毒结构示意图

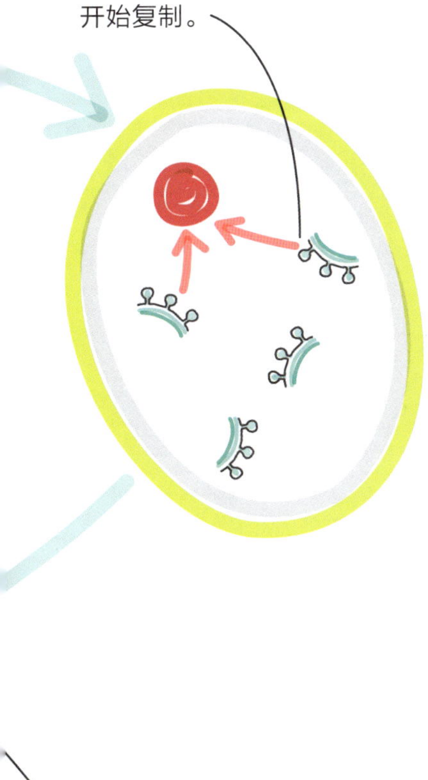

病毒的特性

多数病毒都具**有致病性**。这意味着它们能够引起疾病，其严重程度可高可低。其中，冠状病毒是病毒中一个很大的科。它们既能够引发普通的感冒，还能够导致急性呼吸综合征（SARS）和新型冠状病毒肺炎（COVID-19）等严重的疾病。

有些病毒属于**人畜（兽）互传病毒**。这意味着有时候这类病毒能够从动物传染给人类。感染引发中东呼吸综合征（MERS）病毒的源头宿主为蝙蝠，单峰驼是其中间宿主。人通过与患病骆驼接触而感染发病。

病毒具有**结构适应性**，这使它们能够感染生物体。例如，冠状病毒表面覆盖着细小的尖刺，这些尖刺能够使病毒与人类细胞中的关键蛋白质发生相互作用，这使得病毒能锁住细胞并侵入细胞内。

病毒同样能够感染植物。例如，烟草花叶病毒能够感染许多种不同的植物，其中包括烟叶和西红柿等。这种病毒能够导致植物的叶子褪色，形成斑驳状的“马赛克”图案，这会使植物难以进行正常的光合作用，从而影响植物的生长。

像生物体一样，病毒也在进化。宿主细胞在复制病毒遗传信息时发生错误，这就会引起突变。这种突变有时候不会引起什么后果，有时候能够降低病毒的传染性，但有时候又能够使病毒更具危险性。例如，一些突变能够使病毒更具传染性，还可能会使病毒在不同的物种之间传播。

小结

生物的体系

分类方法

分类学

把各组生物分成有条理的类别，有助于我们进一步认识生物。

生物三域系统

卡尔·乌斯把生物分成细菌、古菌和真核生物三类。

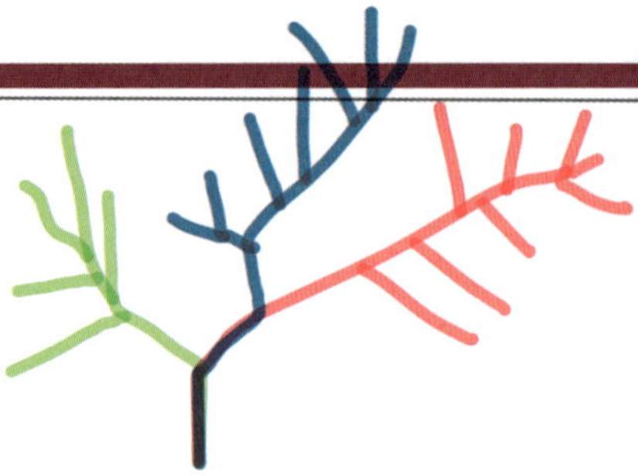

双名法

卡尔·林奈将生物分为界、门、纲、目、科、属和种。

病毒

致病性

病毒可使动物、植物和其他生物致病。

进化

随着时间的推移，病毒不断进化。活细胞在复制病毒基因时发生错误，引起突变。

人畜（兽）互传

有些病毒可以从动物传播给人类，如一些冠状病毒。

不同于传统意义的活着与死亡

我们没有将病毒纳入生物分类中。病毒只能在活着的生物细胞中繁殖。

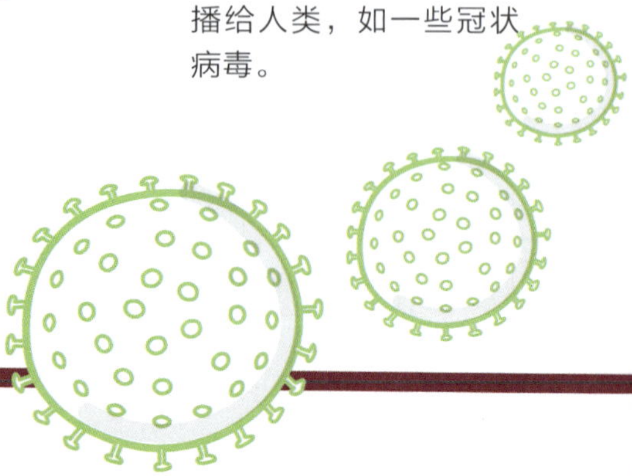

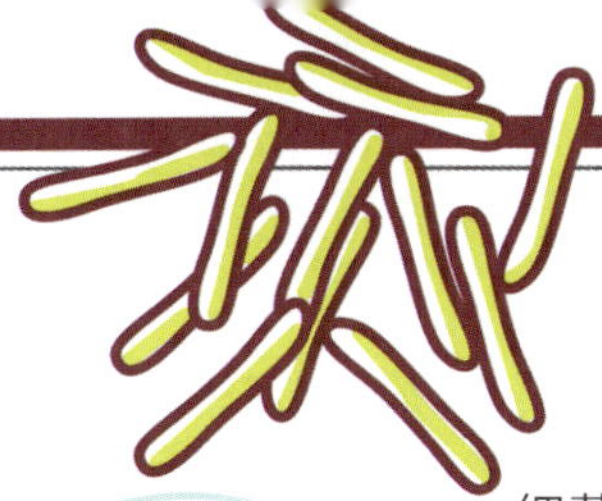

原核生物

原核生物是单细胞生物，缺少膜性细胞器。

细菌

细菌分布广泛，分为有益细菌和有害细菌，可在实验室中培养。

古菌

古菌分布广泛，使用奇异的能量来源，很难在实验室中培养。

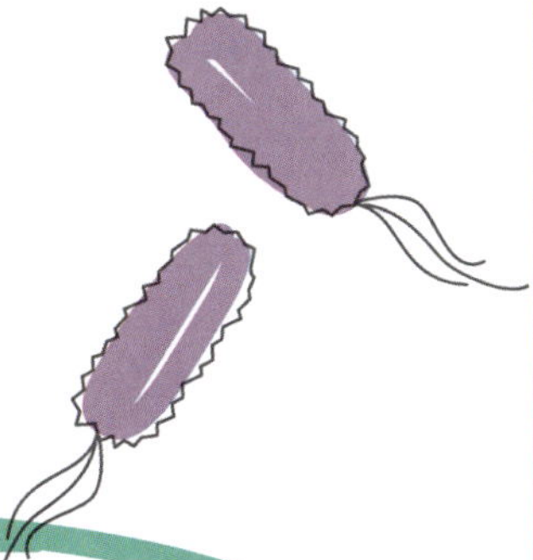

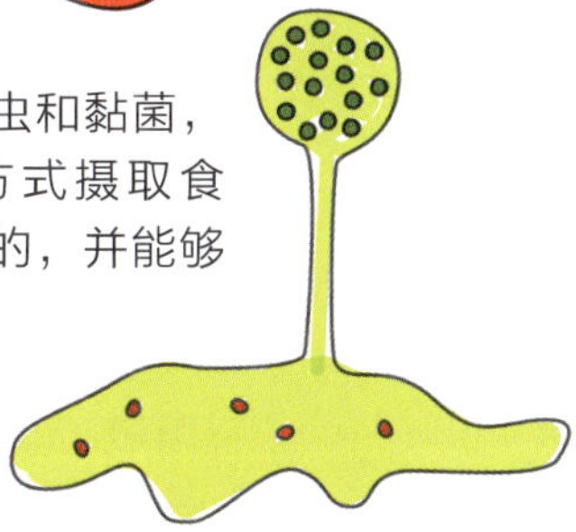

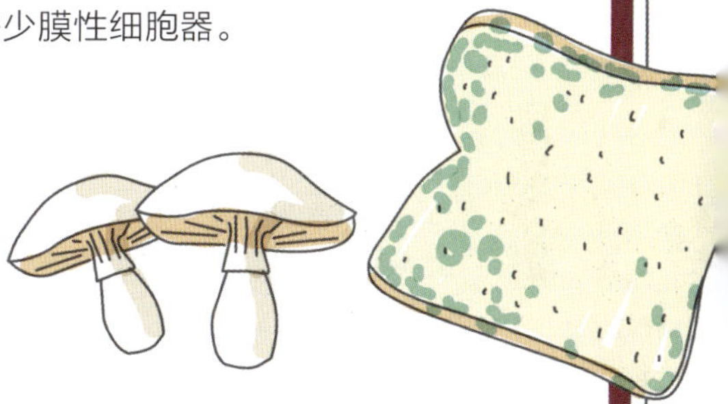

真核生物

真核生物有膜性细胞器，如细胞核。

原生生物

原生生物包括变形虫和黏菌，它们依靠不同的方式摄取食物。有些是寄生性的，并能够致病，如疟原虫。

真菌

真菌包括蘑菇和酵母，是异养型生物，其细胞壁含有甲壳质。它是自然界中重要的分解者和再循环“工匠”。有些可致病。

动物

动物是异养型生物，能运动，进行有性繁育，从囊胚开始发育。动物群体分为哺乳动物、鸟类和鱼类等脊椎动物，以及节肢动物和棘皮动物等无脊椎动物。

植物

植物通过光合作用为自己制造食物，吸入二氧化碳，释放氧气。植物可以无维管组织，如苔藓；也可以有维管组织，如蕨类和开花植物。植物可产生种子或孢子。